高等院校动画与数字媒体专业系列教材

省级一流专业建设成果教材

三维设计基础 Blender

彭玉元　姜林晖　编著

化学工业出版社
·北京·

内容简介

本书致力于为影视动画、游戏美术及相关3D应用领域的学习者提供系统、实用的Blender入门指引。全书通过精心编排的6章内容进行讲解，结构严谨、内容全面。第1章奠定基础，阐述Blender的核心概念、软件安装及基本使用方法。第2章专注于界面构成、视图操作与核心控制技巧。第3章深入介绍多边形建模技术。第4、5章分别详解材质纹理的创建与应用、渲染流程及其核心设置。第6章则引导读者进入动画创作的基础领域。在知识呈现上，本书力求精准阐释概念原理、工具命令、面板属性及操作步骤，语言简明清晰。为辅助学习与实践，本书配有丰富的数字资源，包含进阶知识点解析、配套教学视频、拓展案例步骤详解，帮助读者突破学习壁垒，深度掌握技能，可扫描书中二维码获取。本书配有教学课件、大纲、案例源文件，可登录化工教育网注册后下载使用。

本书既可作为高等院校及职业培训机构各类Blender相关课程的通用教材，亦可作为广大3D建模与动画爱好者系统学习、自主提升的必备工具书。

图书在版编目（CIP）数据

三维设计基础 ：Blender / 彭玉元，姜林晖编著.
北京 ：化学工业出版社，2026. 1. --（高等院校动画与数字媒体专业系列教材）（省级一流专业建设成果教材）.
ISBN 978-7-122-49509-9

Ⅰ. TP391.414

中国国家版本馆CIP数据核字第20254NY739号

责任编辑：张　阳　　　　文字编辑：刘　璐
责任校对：刘　一　　　　装帧设计：张　辉

出版发行：化学工业出版社
（北京市东城区青年湖南街13号　邮政编码100011）
印　　装：中煤（北京）印务有限公司
787mm×1092mm　1/16　印张10½　字数256千字
2026年3月北京第1版第1次印刷

购书咨询：010-64518888　　　　售后服务：010-64518899
网　　址：http://www.cip.com.cn
凡购买本书，如有缺损质量问题，本社销售中心负责调换。

定　　价：65.00元

PREFACE 前言

在3D内容创作领域，经过数十年的发展逐渐由Autodesk、Maxon等公司的专业软件主导着市场，形成了长期而稳固的行业标准。然而，这些传统3D软件巨头因创新步伐缓慢、昂贵的授权费用、用户体验落后于时代而受到用户诟病。在此背景下，3D软件Blender从一个三十多年默默无闻活跃在开源社区的“旁观者”，凭借近几年飞速的产品迭代，迅速成长为一个功能全面、免费开源但足以媲美商业软件的“搅局者”。它的崛起不仅打破了市场的垄断壁垒，催生了庞大且活跃的创作者生态，更催化3D软件行业的反思与变革，推动了3D建模、动画技术的平民化普及和多元化发展。

Blender日趋为行业所重视和广泛使用的同时，国内外高校、培训机构也顺应行业需求将Blender列入教学大纲，作为3D计算机图形学、视觉艺术设计、动画游戏设计、建模与雕刻技术等课程的必修软件。本书面向学生及初学者，提供具有普适性的全面教学资源，任何技术方向的学习者都可使用本书快速入门。

编写团队由高校动画专业教师、企业技术总监构成，具有丰富的虚拟现实、动画、游戏设计、数字孪生、建筑可视化设计与数字媒体艺术的理论教学与应用实践经验。

编写团队深谙软件学习过程中易被网络上的混沌信息所困。因此在架构本书时，力求打造坚实的知识框架，提取最应优先掌握的知识点、准确的功能命令详解作为内容，以期弥补艰涩难懂的官方文档与碎片化、不成体系的网络教程带来的缺憾。同时，本书仅对已经成熟、固化的功能进行讲解，保证向前与向后兼容各版本。本书结构设计清晰，具有良好的可读性，能在功能不明、用法遗忘或参数混淆之时代替官方文档，供学习者随时查阅解惑。希望本书能为大家提供长效助力。

本书采取的学习链路：从认识到使用，从整体到局部，从原理到方法，从简单到深入。分章节全面介绍了Blender的安装使用、界面操作、网格建模、纹理材质和动画制作。采用一种将各个系统有机“串起来”的学习方法，注重前后关联的整体性，而不是孤立地讲解每个部分。例如，在界面操作部分，首先介绍界面构成，拆分讲解每个部分的功能、每个功能的操作方法；之后通过界面操作过渡到“物体模式”下的构成、功能、操作方法；从“物体模式”再过渡到网格建模的“编辑模式”，一路承上启下。

本书配套丰富的数字资源，包含进阶知识点解析、配套教学视频与详细操作步骤，能有效帮助学习者突破学习壁垒，深度掌握技能。

由于媒介和篇幅限制，书中难免有疏漏，敬请广大读者谅解。相信读者在学会书中的通用逻辑、操作思维后，能具备从其它渠道迅速补充学习、进阶提高的能力。通过持续学习最终能完整地掌握软件的全部功能，为今后成长为优秀的3D创作者迈出一大步。

最后，与大家共勉：扎实的基础方为成功的“航标”，唯有摆脱对“炫技”的执迷，方能升华为“理性自信”——枯燥的系统化学习终将苦尽甘来，之后请尽情释放创造与艺术天赋。

编著者

CONTENTS

目录

拓展资源目录

拓展知识

拓展案例

第 1 章
初识Blender

本章学习目标：

- 了解Blender的功能与特性，掌握软件下载、安装及首次启动配置方法。
- 学会界面自定义方法，理解编辑器等核心组件的功能与布局调整技巧。
- 建立对偏好设置中各页面的基础认知，包括功能名称、位置和基本用户。
- 了解软件的当前状态及未来发展趋势。坚定学习决心，激发自主探索、持续学习兴趣。

本章学习重点：

- 厘清工作区、区域、面板和栏位等界面元素的定义。
- 确保安装软件的版本、界面和键位等配置与本书视觉一致、描述匹配。

本章学习难点：

“偏好设置”环节涉及很多繁杂的设置选项，按指导首先完成符合本书要求的 配置，待系统学习后再深入理解“偏好设置”的各项功能。

1.1 ▸ Blender概述

1.1.1 Blender

Blender 是一款免费且功能全面的 3D 创作软件（图 1-1-1）。借助它，用户能够完成 3D 静帧或动画的全流程创作。其免费开源的特性特别适合个人创作者和小型工作室使用。经过高速迭代更新，Blender 有望在未来接近甚至赶超主流付费 3D 软件。

图 1-1-1　Blender 标志

1.1.2 Blender的特性和应用

（1）Blender 的特性

• 3D 制作全流程。Blender 提供从建模、材质、灯光、骨骼绑定到物理模拟，直至渲染输出的全流程 3D 创作方案。亦可作为工序的一环高效配合其它软件。

• 免费开源。Blender 不仅完全免费且允许商业使用（图 1-1-2）。其开放的源代码吸引了全球开发者不断贡献功能脚本和插件，甚至衍生出各类功能增强的非官方版本。

图 1-1-2　GNU 通用公共许可证简称为 GPL

• 易学易用。Blender 以直观的界面和高效的快捷键体系著称，启动快速且运行流畅。可通过官方文档、纸质教程和网上丰富的教程快速掌握从基础到进阶的各项功能。

• 开放兼容各种工作流程。支持 OBJ、FBX、USD 等主流 3D 或 2D 文件格式，亦可通过桥接插件实现与 Maya、3ds Max、UE5、Unity 等软件的桥接，适配各类工作流程。

• 可编程和可自定义。得益于源代码开放与 Python API，用户可开发个性化插件甚至重写功能。模块化、响应式设计带来首屈一指的界面自由度，可创建专属工作环境。

• 高速迭代。Blender 工作室采用敏捷开发模式，由官方团队与全球开发者共同推进高频更新。甚至提供每日构建版，可以第一时间体验最新开发成果。

（2）Blender 的应用范围

• 个人学习者。对于个人学习者，Blender 是入门 3D 建模、渲染和动画的最佳选择。它不仅免费，而且免费资源众多。

• 个人从业者。无论是动画设计师、产品设计师、建筑师、平面设计师还是游戏开发者，都可用 Blender 独立完成全流程项目，或者将其作为一环纳入工作流程。

• 专业从业者。Blender 已广泛应用于多个专业领域。影视行业使用其制作特效和角色动画；建筑行业使用其建模渲染功能呈现设计方案；教育机构、科研领域使用其动画模块制作教学和演示视频；游戏开发者使用其完成从角色建模到 UV 贴图，再到骨骼绑定的全流程制作。

• 行业和机构。Blender 的用户既包括索尼、育碧、迪士尼等行业巨头，也包括全球知名小型工作室。

1.1.3 Blender的基本功能

（1）建模和雕刻

• 多边形建模：创建和编辑立方体、球体等基本几何体，然后使用各种编辑工具不断调整顶点、边和面来构建复杂模型（图 1-1-3 左）。

• 混合建模：利用曲线、曲面、修改器等工具辅助建模（图 1-1-3 右上）。

• 雕刻建模：借助雕刻工具，如同在真实黏土上操作，对模型进行精细雕刻，可塑造人物等的逼真细节，实现类似 Zbrush 等雕刻软件的基本功能（图 1-1-3 右下）。

• 节点式程序化建模：使用节点式几何编辑器进行建模，这是一套高速迭代的新工具。

（2）渲染和合成

Blender 的渲染能力虽然不及业界顶尖产品，但经过多次大型更新迭代的双渲染引擎，已实现专业级渲染效果且在效率与质量间取得良好平衡。同时，不断有第三方渲染器加入 Blender，但遗憾的是多数处于早期开发阶段。

• Cycles 是基于物理光线计算的渲染引擎，能模拟真实的光线传播和反弹，生成高质量的照片级图像（图 1-1-4 左）。

• EEVEE 是实时渲染引擎，其原理类似游戏引擎，可以完成复杂场景的秒级渲染（图 1-1-4 右）。

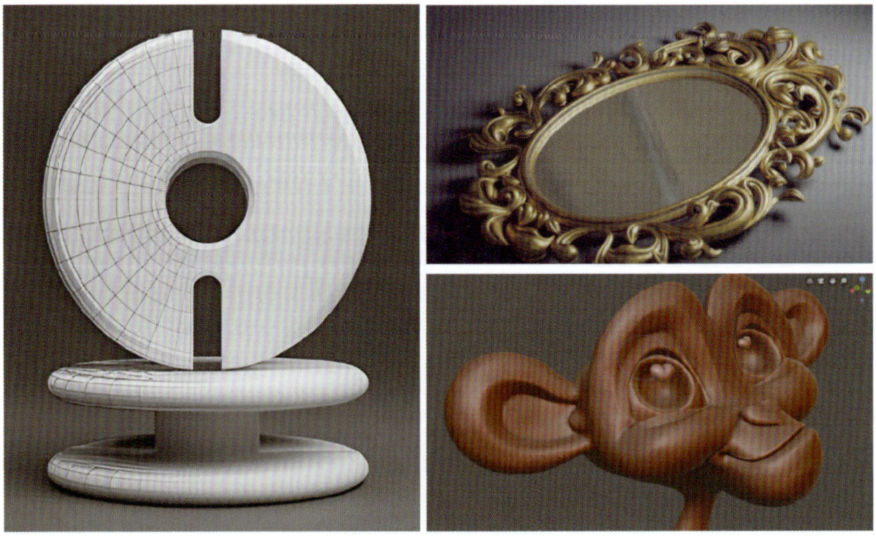

图 1-1-3　三种建模方式

图 1-1-4　Cycles（左）与 EEVEE（右）渲染

• 后期合成器：能够将不同的渲染层、图像和视频素材进行混合，然后在自带合成编辑器中将它们组合并且节点化添加各种特效，输出最终图像。

（3）绑定和动画

1）骨骼绑定

提供专业的骨骼绑定系统。为角色模型添加权重后，通过骨骼驱动模型变形。骨骼系统与其它软件保持兼容，可作为多软件流程的一环使用。

2）动画制作

可以制作常规物体关键帧动画、骨骼动画、形态键变形动画等，制作完成后支持以兼容格式导出动画，可供其它 3D 软件和游戏引擎使用。

（4）物理仿真模拟与粒子系统

能够模拟各种物理现象，用于动画或静帧中。

• 刚体模拟：支持坚硬物体的碰撞、破碎等效果。

• 软体、布料模拟：可展现弹性物体的变形与回弹，织物动态如飘动和褶皱。

• 流体模拟：模拟液体流动和泼溅等效果。

• 体积模拟：生成火焰、烟雾等自然现象。

• 物理毛发与粒子：带物理的毛发系统，也可用于模拟分布物体（如草地、碎石）。

（5）VFX 特效和视频编辑

提供完整的视觉特效制作流程。支持火焰、烟雾等体积和如图 1-1-5 中粒子特效的渲染。特效既可以直接渲染，也可单独输出为透明帧，再进行后期合成处理。

图 1-1-5　粒子特效

软件还集成了视频剪辑模块，支持渲染素材剪辑、外部素材拼接、配音和视频输出。

（6）蜡笔和 2D 动画

1）蜡笔工具（Grease Pencil）

独有的蜡笔工具支持在 3D 场景中直接绘制 2D 元素（图 1-1-6 左），适用于故事板和手绘动画创作。该工具提供时间轴编辑功能，既支持逐帧绘制，也能通过关键帧插值制作动画。使用蜡笔工具制作动画是一种独特、创新的 2D 动画制作方式，可以“用 3D 工具制作 2D 效果”。

2）“三渲二”图像

“三渲二”图像是一种将三维模型渲染成二维卡通风格的技术，在保留三维动画优势的同时，实现一定的手绘艺术效果（图 1-1-6 右）。

• 通过特殊材质、法线处理和描边技术营造漫画感。特有的 Freestyle 工具可实时生成几何体描边，专为“三渲二”定制。

• EEVEE 渲染器的特性十分适合制作实时且高效的“三渲二”效果。

图 1-1-6　蜡笔工具图像与“三渲二”图像

图 1-1-7　几何节点随机化石块与动画化花朵

（7）几何节点

几何节点系统是基于节点编辑的非破坏性建模与动画工具，借助可视化编程实现复杂的参数化建模和动态效果（图 1-1-7）。截至目前，几何节点系统仍在开发中。

（8）脚本和自定义

Blender 通过 Python API 提供强大的脚本化功能。

1）自动化与批量处理

• 批量处理模型、材质、动画数据。

• 程序化生成场景元素。

2）自定义工具开发

• 自制带 UI 的扩展插件。

• 深度修改核心功能模块，如开发适应 VR、AR 的版本。

• 重构物理系统、渲染系统等的专业定制版本。

小练习

访问并浏览 Blender 官方网站。

知识拓展 1-1：历史与基金会

1.2 ▸ 开始使用Blender

1.2.1　硬件要求和工作环境

（1）硬件要求

1）运算与存储设备

• CPU：最低 8 核 64 位处理器（推荐 Intel i7 或 AMD 锐龙 7 及以上）。

• 内存：最低 8GB，推荐 16GB（大型项目推荐 64 ～ 128GB）。

• 显卡：仅推荐主流英伟达显卡（RTX 3060/3070 及以上），8GB 及以上显存。

• 存储：推荐 SSD 作为系统盘以提升运行效率，大容量机械硬盘存储 3D 素材。

2）显示与输入设备

• 显示器：分辨率最低为 1920 像素 × 1080 像素，色彩敏感工作需专业显示器以求显色准确。

• 键盘：有数字键区的 104 键键盘（图 1-2-1 左），数字小键盘对提高效率十分有用；如果使用笔记本电脑，推荐额外购买一个单独的数字小键盘。

• 鼠标：带中键滚轮的三键鼠标（图 1-2-1 右），确保中键滚轮可用。

• 其它：支持绘图板、触控板、NDOF 设备（也称作 3D 鼠标）。

图 1-2-1　104 键键盘与三键鼠标

（2）操作系统

1）Windows 环境要求

推荐使用 Windows 10 或更高版本的 64 位操作系统。

2）其它支持的操作系统

· macOS：通常需要 10.13 及以上版本。

· Linux：可以选择 Ubuntu 等常见发行版本。

1.2.2　Blender的下载和安装

（1）如何下载

Blender 提供多平台下载渠道，所有版本均包含完整功能且支持中文界面，可自行选择下载源。软件不提供自动更新功能，可定期访问官网手动下载新版。

1）国际官网下载流程

· 访问 Blender 官方网站，后缀名为“.org”（图 1-2-2）。

· 点击页面中的“Download”按钮，在页面中直接下载最新稳定版。

· 在顶部列表中的“LTS”标签中获取各版本的 LTS 版（稳定版）。

· 在下载页面顶部列表中找到“Previous Versions”链接，进入后列出所有版本，以供对版本有特殊需要的用户选择下载。

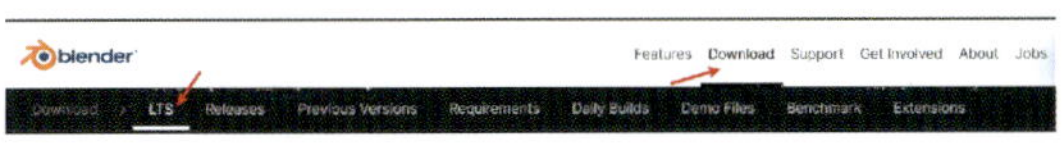

图 1-2-2　Blender 官网下载

2）斑斓中国镜像站

登录“斑斓中国官网”，选择所需版本进行下载。

3）其它下载方式

Steam 平台：如果已经是 Steam 用户，可以直接在 Steam 商店搜索 Blender，加入库后下载即可。

微软商店：在微软商店中搜索 Blender 并进行安装。

（2）版本介绍

1）LTS 版本

重大功能更新后稳定下来的阶段性完善版本（如 Blender 4.2 LTS 稳定完善的 EEVEE Next 引擎），推荐使用。

*注：本书使用版本为“Blender-4.2.5-windows-x64”，建议按此版本下载安装。因为 Blender 可以同时安装很多版本，所以学习本书时，不影响使用其它版本。

2）其它版本

· 历史版本（Previous Versions）：存档所有版本，以供维护旧项目时下载。

· 每日构建版（Daily Builds）：最新开发测试版，含未稳定功能。

（3）Windows 环境下的安装方式和路径

1）安装方法

· “.MSI”安装包：双击运行→接受协议→选择默认目录→等待完成安装。

· “.ZIP”压缩包：解压至目标文件夹（推荐使用下文介绍的“默认路径”）后运行“blender.exe”。启动完成后可以使用“偏好设置”中的“注册”手动将解压后的软件关联为默认打开 blend 文件版本（图 1-2-3）。

*注：推荐使用官网直接下载的“.MSI”安装包。

图 1-2-3　注册为默认 Blend 文件打开程序

2）默认路径

默认安装到“<系统盘符>：\Program Files\Blender Foundation\Blender”下。例如系

统安装在C盘，即“C：\Program Files\Blender Foundation\Blender”。

*注：使用默认安装路径，方便与本书的路径描述保持一致。

> **小练习**
>
> 下载“Blender-4.2.5-windows-x64”，并安装到默认目录。

1.2.3 第一次打开Blender

（1）打开 Blender 的几种方式

• 桌面快捷方式：双击图标启动。

• 开始菜单：在 Windows 开始菜单中找到并启动 Blender 软件。

• 安装目录：进入默认安装目录并运行“blender.exe”（推荐建立快捷方式）。

（2）首次启动时快速设置

首次启动会弹出“快速设置”窗口（图1-2-4左），对应做出如下设置：

• 语言：选择简体中文。

• 主题：保持默认配色，学习完后可按照喜好更改。

• 键位映射：保持默认。鼠标选择：右。空格键动作：播放。

• 设置完成后点击“继续”按钮，进入“启动画面”。

*注：按照要求配置 Blender，这是为了与书中描述保持一致，也是普遍通用的设置。

（3）启动画面

每一次启动 Blender，默认弹出“启动画面”（图1-2-4右）。执行任何新建或打开命令后自动关闭，也可按 Esc 键忽略并退出。

• 新建文件：打开一个新文件（启动文件）。

• 打开文件：浏览指定目录，选择要打开的文件。

• 恢复会话：自动载入最后一次备份。

*注：启动画面在每次启动时都会显示，可在偏好设置中永久禁用（不推荐）。

> **小练习**
>
> 对照上文配置好“快速设置”。

1.2.4 配置和保存偏好设置

偏好设置集中了各类参数配置选项。掌握常用功能的设置是优化软件使用的关键步骤。本节挑选高频配置选项，并提供推荐的设置方案，以确保读者与本书的软件设置统一。

（1）打开偏好设置

有以下几种方法可以打开 Blender 的偏好设置：

• 找到标题菜单栏，在“编辑”菜单中选择“偏好设置”（图1-2-5）。

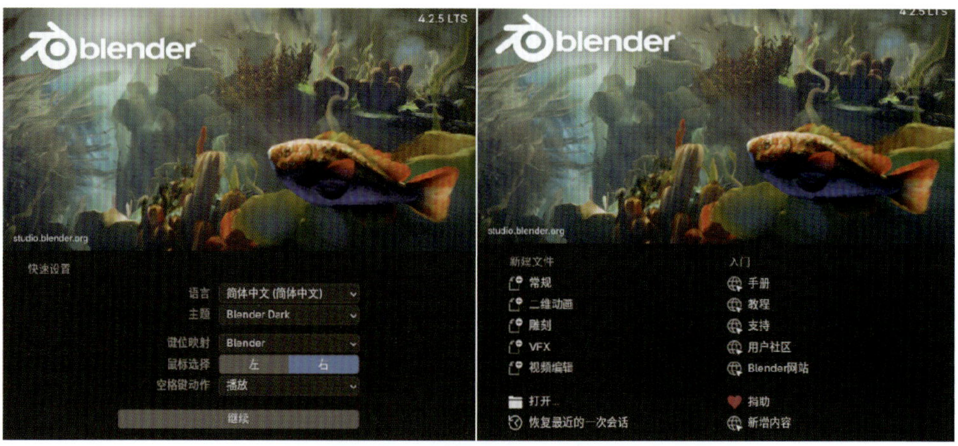

图1-2-4 快速设置与启动画面

图 1-2-5　在“编辑”菜单中打开“偏好设置”

• 按 F3 键打开“搜索框”并键入“偏好设置”，选择搜索列表结果（图 1-2-6）。

图 1-2-6　在“搜索框”键入“偏好设置”

• 输入快捷键“Ctrl+，”直接打开偏好设置。

（2）偏好设置中的“界面”页

用于配置界面显示和语言文字等设置（图 1-2-7）。

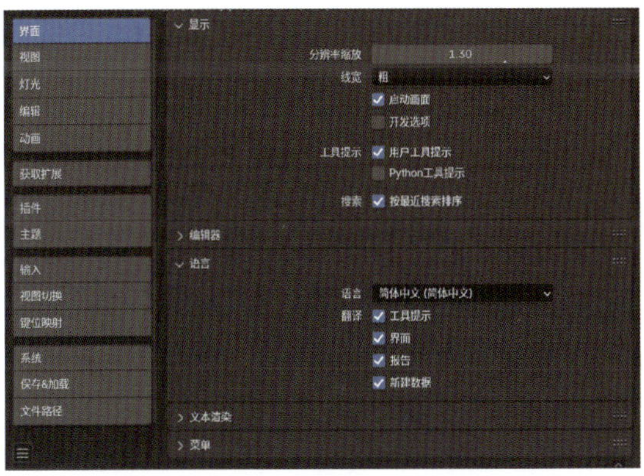

图 1-2-7　偏好设置中的“界面”页

• 分辨率缩放：调整整个 UI 界面的显示比例（推荐 0.9 ～ 1.3）。当使用高分辨率的大尺寸显示器时适当放大界面使按钮和文字更清晰；显示器较小时推荐缩小界面以确保操作空间。

• 线宽：控制界面元素（如按钮边框、3D 视图边线或顶点、灯光或相机图标等）的线条粗细比例。推荐保持默认或选择较粗的设置。

• 启动画面：控制 Blender 启动时是否显示初始欢迎界面。

*注：推荐开启此功能。

• 语言设置：在“翻译”选项中勾选“翻译界面”，通过“语言”下拉菜单切换界面语言（如简体中文、英文等）。

*注：本书使用中文界面学习，掌握后推荐切换至英文界面以熟悉英文术语。

> **小练习**
>
> 打开偏好设置，并对照上文配置好“界面”页。

（3）偏好设置中的“获取扩展”页

链接到插件服务器端快速下载官方免费插件（图 1-2-8）。

*注：如本页不可用，可到官方扩展下载网站手动下载安装插件。

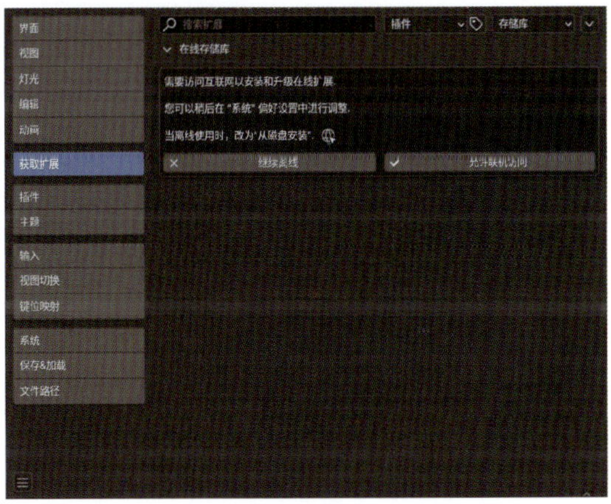

图 1-2-8　偏好设置中的“获取扩展”页

（4）偏好设置中的“插件”页

• 插件安装：在偏好设置的“插件”选项卡中，点击右上角下拉按钮，在弹出的菜单中选择“从磁盘安装”，可导入“.zip”格式的插件包。安装成功后，插件自动出现在列表中被单独显示。详细安装方法见下面的“知识点 1-2”。

• 插件管理：通过搜索功能可快速启用或禁用插件。这些插件能扩展 Blender 的功能，包括导入导出、建模工具、布尔运算、骨骼绑定、UV 编辑等各类增强工具。

• 插件配置：部分插件提供自定义选项，启用插件后点击左侧 “>” 按钮展开详情面板，可进行个性化参数设置（图 1-2-9）。

*注：插件默认目录：“< 系统盘符 >：\ 用户 \% 用户名 %\AppData\Roaming\Blender Foundation\Blender\4.2\scripts\addons”。

小练习

从 Windows 资源管理器中找到并进入默认插件目录。

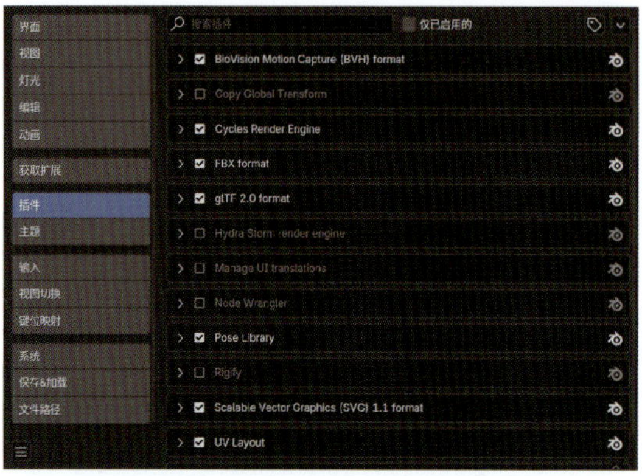

图 1-2-9　偏好设置中的“插件”页

知识拓展 1-2：插件安装方法详解

（5）偏好设置中的“键位映射”页

配置鼠标、键盘和快捷键（图 1-2-10）。

1）鼠标按键设置

• 鼠标按键选择：设为“右”。即右键选择，是本书唯一推荐的方式。

*注：因为有特殊的“3D 游标”功能存在，所以有别于其它 3D 软件，“右键选择，左键游标”成为 Blender 传统有效的操作方式。

• 右键功能：切换为“选择工具”模式，避免误操作（移动物体）。

2）饼菜单设置（Pie Menu）

需选中并启用以下功能：

• Tab 键调用饼菜单。

• 拖动激活饼菜单。

• 增强着色饼菜单项。

*注：饼菜单能随时调用以快速访问常用功能，是提升操作效率的重要工具，必须开启并且勾选其下必要选项。如阅读本书对照操作时，某个饼菜单无法调出或无法正常使用，请回顾并检查此设置。

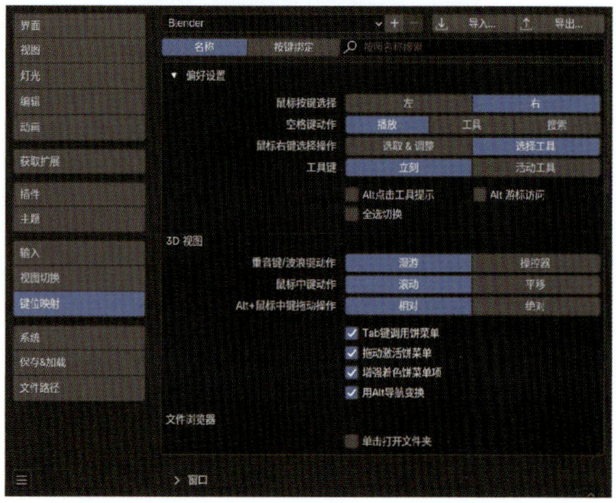

图 1-2-10　偏好设置中的“键位映射”页

3）快捷键自定义

支持修改操作快捷键映射以适应个人习惯，暂时保持默认设置不要更改。

小练习

参照上文和图中选项一一对应进行“键位映射”页的配置（图 1-2-10）。

（6）偏好设置中的“系统”页

配置渲染硬件、内存相关的设置（图 1-2-11）。

1）Cycles 渲染设备

根据电脑情况选择对应的渲染设备（该设置仅影响 Cycles 渲染器，不影响 EEVEE 渲染器）。若显卡设备性能达到推荐配置或更高，强烈推荐选择 GPU 渲染以获得比 CPU 渲染更高的渲染效率。各选项说明如下：

• 无：使用 CPU 进行 Cycles 渲染计算。适用于 CPU 性能显著优于 GPU 的配置，或仅配备核显的电脑。

• CUDA：支持所有兼容的 NVIDIA 显卡（需 CUDA 计算架构）。

• OptiX：20 系及更高的 NVIDIA 显卡

（要求支持 RTX 光线追踪）。

• HIP：支持主流 AMD 显卡（需 HIP 计算架构）。

• oneAPI：支持主流 Intel 显卡（需 one API 计算架构）。

2）操作系统默认

通过“使用该版本的 Blender 打开 blend 文件”中的“注册”功能，可将当前 Blender 版本设置为默认的“.blend”文件启动程序（当系统安装多个版本 Blender 时）。

3）撤销次数设置

在“内存 & 限额”面板中，通过“撤销次数”选项的数值框调整撤销次数上限。

＊注：过高的撤销次数会显著增加内存占用，需斟酌增加，一般不超过 64。

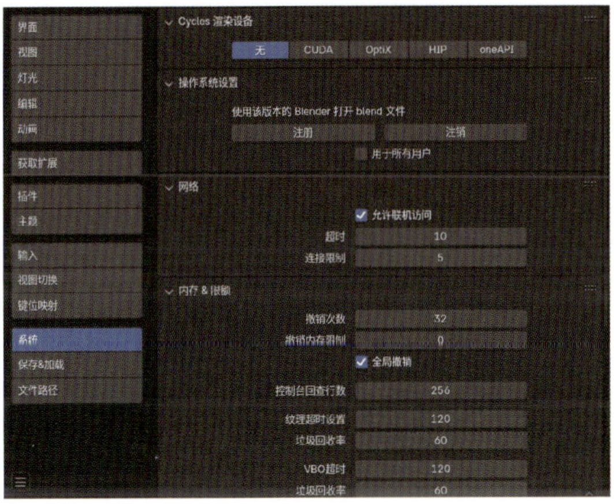

图 1-2-11 偏好设置中的“系统”页

> **小练习**
>
> 根据自己的电脑显卡情况，配置好 Cycles 渲染设备。

（7）偏好设置中的“保存 & 加载”页

用于配置 Blender 的保存功能相关的设置（图 1-2-12）。

1）保存版本

在保存 Blend 文件时，可设置备份文件的数量。启用此功能后，系统会在同一目录下自动生成备份文件，命名格式为“.blend1”“.blend2”等，数字越大表示备份越旧。当备份数量达到设定的最大数量后，系统会自动覆盖最早的备份文件。

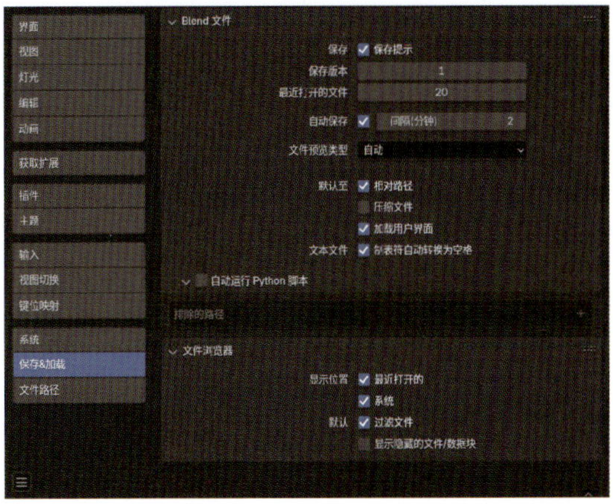

图 1-2-12 偏好设置中的“保存 & 加载”页

＊注：推荐将备份数量设为 1。如需使用备份文件，只需将自动备份的“.blend1”（无法直接打开）等后缀改为“.blend”（可以直接打开）即可正常加载。

2）自动保存

开启此选项后，Blender 会按照设定的时间间隔自动保存备份文件。推荐启用此功能，并将间隔时间设为 20 分钟，以平衡安全与性能。

（8）完成并保存用户设置

完成偏好设置后，单击偏好设置窗口中的左下角按钮，在弹出的菜单中进行偏好设置的保存或恢复（图 1-2-13）。

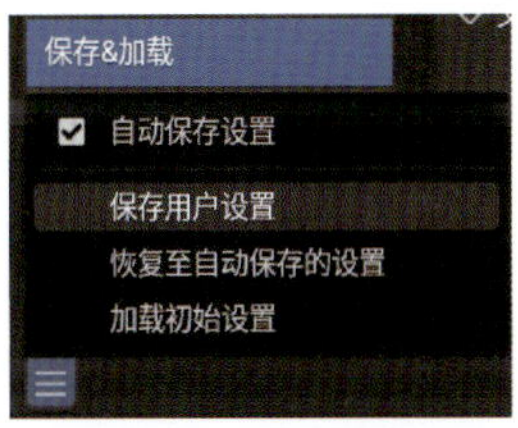

图 1-2-13 保存用户设置

• 保存用户设置：将当前设置保存为用户默认配置。

• 恢复至自动保存的设置：撤销未保存的修改，还原到上次保存的状态。

• 加载初始设置：重置所有偏好设置为软件初始默认值。

> **小练习**
>
> 将本节介绍的所有设置一一对应配置好，经过仔细核实后“保存用户设置”，在学习的过程中不要更改它们。

1.3 ▸ 工作界面详解

1.3.1 初识工作界面

工作界面是 3D 创作的全部交互环境，默认由多个功能区域组成，每个区域都有其特定的用途。Blender 界面响应迅速、逻辑统一、全自定义，习惯之后得心应手。

（1）界面三大构成

每一次打开软件并关闭“启动画面”后，看到的 Blender 界面称为默认工作界面（图 1-3-1）。

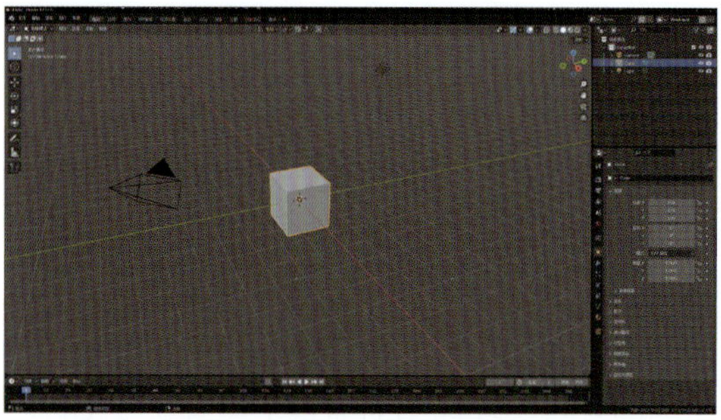

图 1-3-1 默认工作界面

Blender 的工作界面主要可以分为三个部分，分别是标题栏（图 1-3-2 ①）、工作区（图 1-3-2 ②）、状态栏（图 1-3-2 ③）。

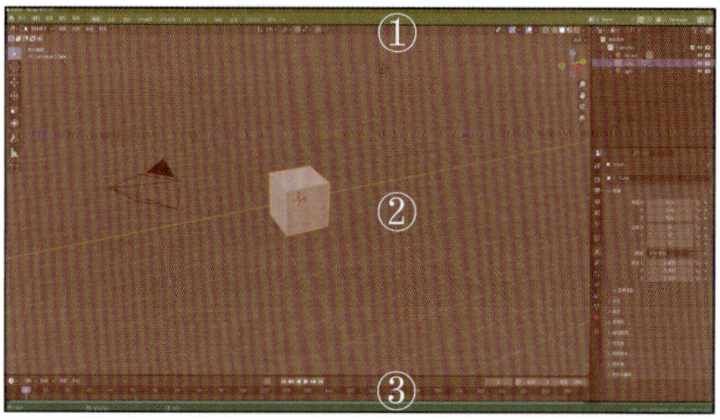

图 1-3-2 默认官方启动文件三大构成

1）标题栏

包含主菜单栏、工作区切换选项卡和场景视图与图层切换工具。

2）工作区

初始工作区又称“Layout”，包含四个区域，分别是“3D 视图”“大纲视图”“属性编辑器”“时间线”。

*注：本书只采用 Blender 默认工作区“Layout”来进行讲解。

3）状态栏

位于窗口底部，显示各类实时信息。状态栏可以通过禁用主菜单“窗口”中的“显示状态栏”或从状态栏顶部边缘向下拖动来隐藏。

（2）界面的特点

Blender 的工作界面设计围绕“模块组合”“全自定义”“全快捷键”“目的感知”四大理念体现其独特优势。

1）模块组合

每个工作区都由“编辑器”区域（如“3D 视图”“着色器”“时间轴”等）构成，每种编辑器均附带专属的子界面系统（菜单、列表、属性设置等），再由编辑器区域组合成千变万化的工作区。

2）全自定义

用户可以根据当前项目的工作内容，组合出多套最顺手的自定义界面，并存储为一个个的自定义布局（工作区），亦可以在今后的其它项目文件中调用之前使用的工作区。“一个项目，一套界面”就是 Blender 工作界面灵活度的最高体现。

3）全快捷键

Blender 几乎对全部操作项和命令进行了快捷键覆盖，每项操作还有快捷键形式的附加选项。在默认没有被快捷键覆盖的地方，例如菜单、面板选项，甚至自定义脚本也可以添加自定义快捷键。快捷键体系有如下几个特点：

• 脱离界面直接操作：最少触及界面，特别是菜单，纯快捷键就可以完成大量操作。

• 组合式快捷键语法：可以接连输入数个快捷键命令来完成一系列复杂操作，构建了一套独有的、具有高度逻辑性的组合式快捷键语法。

4）目的感知

界面中很多属性面板都添加了“目的感知、自动切换”功能，将界面功能的堆砌度大大降低，这点与其它 3D 软件的“功能固定堆砌”型界面截然不同。

1.3.2 探索工作界面

（1）顶部的标题栏

1）主菜单栏

主菜单栏包含了一系列通用菜单，分类总结了各类全局性设置或项目级别的命令（图1-3-3）；其包含“文件”“编辑”“渲染”“窗口”“帮助”。

图 1-3-3 顶部标题栏——主菜单栏

• “文件”菜单如图 1-3-4 ①，主要包含：与文件操作相关的功能，如新建、打开、保存、另存为等命令；还能导入、导出外部模型、图像等资源。

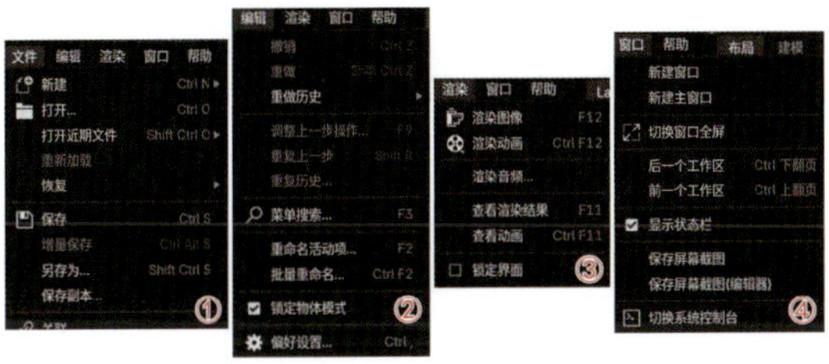

图 1-3-4 “文件”菜单

• “编辑”菜单如图 1-3-4 ②，主要包含：撤销、重做、菜单搜索、重命名、偏好设置等命令。这些通用编辑命令是每次使用都会高频用到的。

• “渲染”菜单如图 1-3-4 ③，主要包含用于启动渲染和查看渲染结果的功能，如开始渲染图像或动画，以及从渲染缓存中调出并查看图像或动画渲染结果。

• “窗口”菜单如图 1-3-4 ④，主要包含与界面布局、工作区管理和多窗口操作相关的功能，如新建窗口、切换窗口全屏、保存屏幕截图等。

• “帮助”菜单主要包含：官方文档、教程等官方在线资源。

2）工作区和切换工作区选项卡

在标题菜单栏右侧，可看到不同的工作区选项卡（图 1-3-5），如“Layout”（布局）“Modeling”（建模）“Sculpting”（雕刻）等。点击相应选项卡，能快速切换到不同预设工作区，让界面布局适应不同的工作阶段。也可以将自定义布局保存为新的工作区（图 1-3-6）。

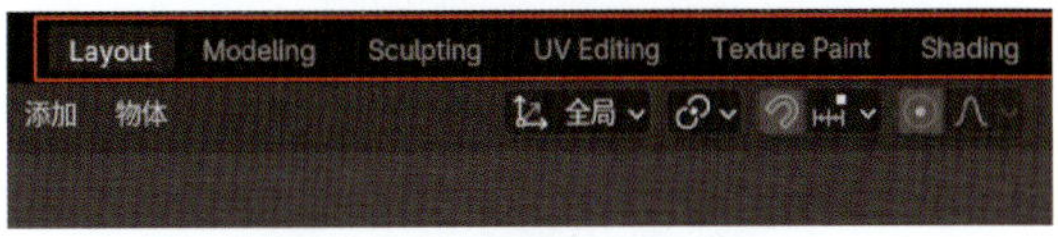

图 1-3-5 切换工作区选项卡

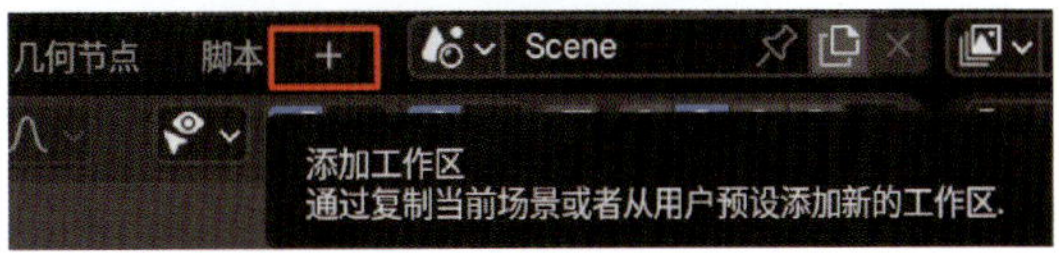

图 1-3-6 将自定义布局保存为新的工作区

知识拓展 1-3：场景和视图层

（2）中间的工作区

工作区是为特定任务或工作流程预设的区域布局组合，用户在这里进行建模、动画、材质编辑等操作。不同工作区对应不同的区域布局组合，分别针对建模、动画、材质、渲染等不同阶段进行了布局优化，可以随时切换工作区。

1）以初始的 Layout 来认识工作区

启动 Blender 后默认进入“Layout”（布局）工作区（图 1-3-7）。此工作区提供了一个综合泛用性的界面布局，适合快速启用大多数功能。工作区包含以下几个编辑器：

图 1-3-7 Layout 工作区

• 3D 视图：占据最大面积（图 1-3-8 ①），是“眼睛”也是操作台。它是显示和操作 3D 空间的区域，大部分操作围绕 3D 视图进行。

• 时间线：位于底部（图 1-3-8 ②），用于处理动画关键帧和播放动画。

• 大纲视图：位于右上角（图 1-3-8 ③），以层级结构展示场景中的物体和集合。

• 属性编辑器：位于右下角（图 1-3-8 ④），用于调整选中物体的属性参数，其响应式设计会根据选择的物体不同而自动切换。

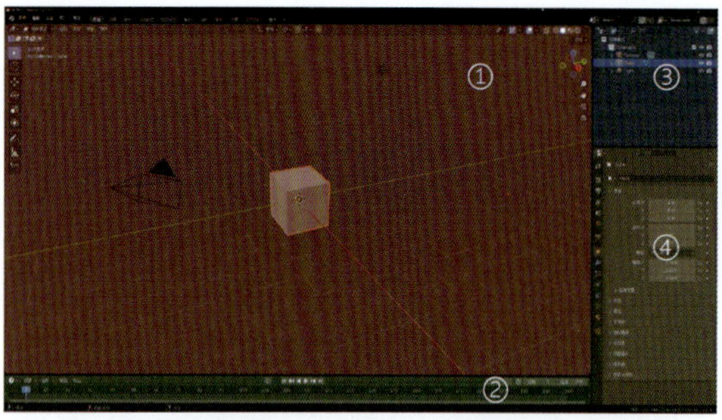

图 1-3-8　默认 Layout 工作区的编辑器布局

2）区域和编辑器

编辑器是 Blender 按照不同用途将特定功能和命令整合形成的一系列独立工作台。每个编辑器都专精于完成各自指定的任务（表 1-3-1），不同编辑器负责不同任务。用户可以根据当前的工作需要，将任何区域切换成所需要的编辑器。

每个区域对应一个编辑器，例如“3D 视图”“属性编辑器”等。单击每个编辑器左上角的“编辑器类型”按钮（图 1-3-9 ①），会弹出编辑器切换菜单，在其中进行任何选择都可以将当前区域切换成其它编辑器（图 1-3-9 ②）。

＊注：任何区域都可切换为任意编辑器，区域的调整方法均相同。

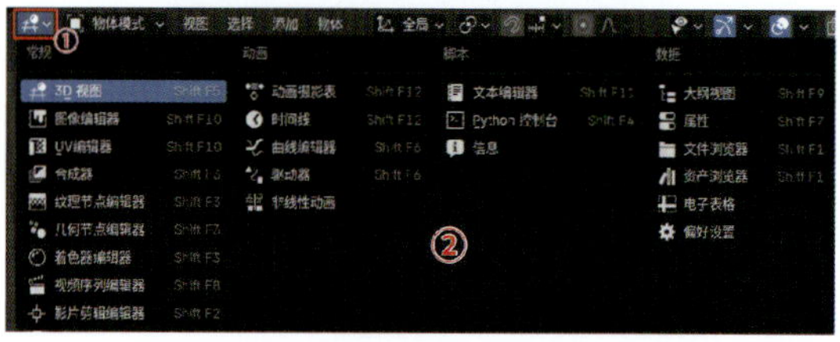

图 1-3-9　切换编辑器按钮与菜单

表1-3-1　常用的编辑器类型及其作用

图标	名称及快捷键	功能和作用
	3D视图 （Shift+F5）	用于查看3D场景和进行3D视图操作
	大纲视图 （Shift+F9）	以树状形式列出场景中各类物体和集合
	属性 （Shift+F7）	属性编辑器中包含：①通用属性，包含渲染设置、场景和世界环境等；②列出活动物体的数据、属性参数，按当前活动物体自动切换
	时间轴 （Shift+F12）	显示和设置帧的范围，设置当前帧，播放动画，以及处理动画关键帧的相关操作
	文件浏览器 （Shift+F1）	用于所有与文件“进出”相关的操作，包含浏览磁盘路径、导入或导出文件、打开或保存文件等
	着色器编辑器 （Shift+F3）	又称材质编辑器，节点式创建和编辑渲染用的材质，主要包含物体材质和场景材质

3）区域菜单栏

位于每个区域的顶部（也可切换到底部），容纳该编辑器的常用选项（图 1-3-10）；不同的编辑器对应的菜单栏内容和功能各不相同。

图 1-3-10　3D 视图编辑器的顶部菜单栏

（3）底部的状态栏

状态栏实时显示当前的活动工具、系统资源和错误等信息，以帮助用户了解当前的工作状态。状态栏可以自定义要显示的信息，使用方法是在状态栏上单击鼠标右键，弹出状态栏显示菜单（图 1-3-11）。

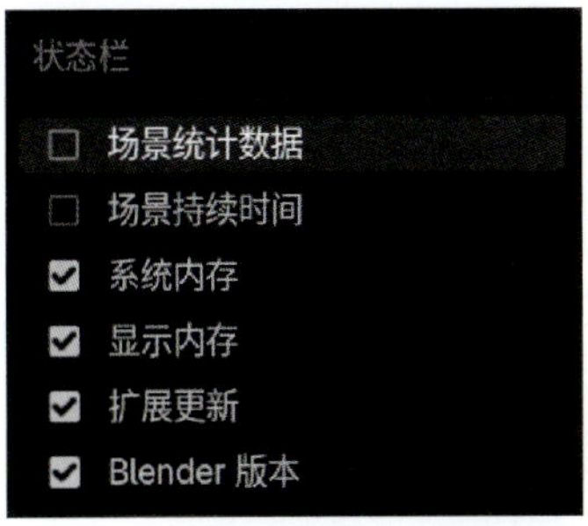

图 1-3-11　状态栏右键显示菜单

1）状态栏——显示当前的活动工具信息

状态栏左侧动态列举出了激活的当前活动工具的提示信息及快捷键，用户可实时了解该工具的操作方式和叠加组合快捷键。

*注：养成经常查看状态栏上工具提示信息的良好习惯。

例如：激活移动工具后，提示栏会切换到如何使用鼠标、快捷键，以及为此操作叠加轴向约束、吸附或其它附加选项（图 1-3-12）。

图 1-3-12　当前活动工具操作提示信息

2）状态栏——提示信息

状态栏中间部分显示当前场景的错误信息（如果有）、播放动画状态（动画播放时），以及自适应显示的其它提示信息。

3）状态栏——资源信息

状态栏右侧显示场景资源信息，如内存、显存用量。当场景变得过于复杂、模型面数增多或渲染时间很长时，可通过查看资源信息了解软件运行状态，及时排除问题。

（4）选项卡与属性栏

1）区域

区域是工作区内的一个矩形部分，每个区域可容纳一个编辑器（图 1-3-13 ①）。

2）选项卡面板

选项卡面板是在同一区域中容纳不同功能的可切换面板（图 1-3-13 ②），可以通过点击按钮切换不同的选项卡面板。

3）属性栏

属性栏是选项卡内进一步细分的区域，每个栏包含一组紧密相关的属性参数、选项，可以被折叠和展开（图 1-3-13 ③）。

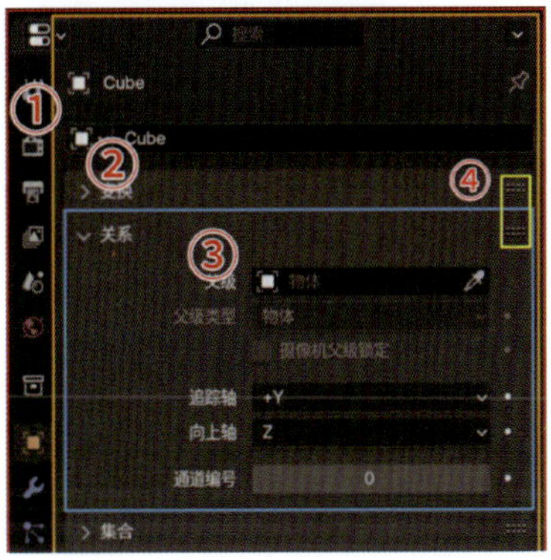

图 1-3-13　区域、选项卡面板与属性栏

4）面板内的操作与钉固方法

以“属性编辑器”为例，“选项卡面板”（本书简称“面板”）有无法容纳的过多内容时，会分“栏位”（本书简称“栏”）展现，其中包含的各类操作如表 1-3-2。

*注：面板可以被切换，面板中包含的栏可以被折叠或展开。

表1-3-2　面板内的操作

操作名称	操作方式	操作详解
内容滚动	中键按住上下拖动，中键滚轮滚动	将鼠标光标放置在面板上；按住鼠标中键上下拖动，或直接滚动中键滚轮
面板顺序调整	左键按住面板调整标记并拖动	可以调整面板的自定义上下顺序：在每个面板右上角，有一个“：：：：”的调整标记（图1-3-13④），按住鼠标左键拖动可调整面板顺序
面板钉固	单击面板右上角的图钉按钮	可将面板“钉固”为当前活动物体，切换物体时不变

（5）菜单搜索窗口

1）打开方式

按下快捷键 F3 或执行“编辑”菜单的“菜单搜索”，即可弹出菜单搜索窗口（图 1-3-14）。

2）搜索命令并执行

在输入框中输入关键词，会列出带关键词的相关命令，点击执行。

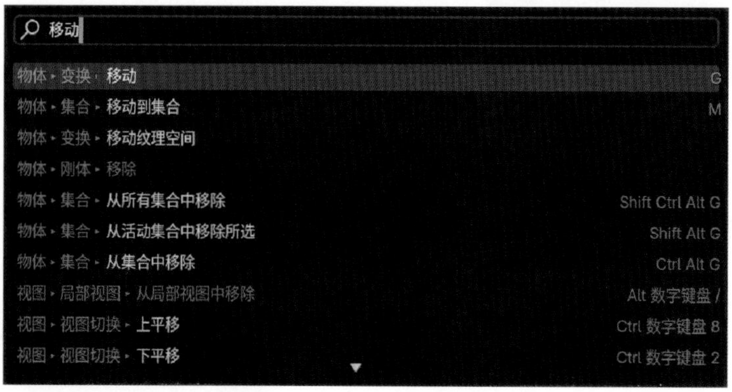

图 1-3-14　F3 菜单搜索窗口

*注：菜单搜索窗口是非常便捷的命令查找器，在整个学习和使用过程中，如果有任何遗忘的命令都可以通过此窗口查找关键词。

1.3.3　自定义区域和侧栏

（1）区域的自定义操作

每个区域都可以自定义，如调整大小、合并、拆分、区域互换等（表 1-3-3）。

表1-3-3　区域的自定义操作

操作名称	操作方式	操作详解
调整大小	光标对准两个区域的边界，呈双向箭头，按住左键并拖动即可调整区域大小	适用于调整3D视图、属性栏、时间线等区域的大小；拖动边界时，相邻区域的大小会自动调整以适应变化
合并	光标对准两个区域交界处一角，呈十字形，按住左键并向一侧拖动，直到出现白色箭头，释放左键即可合并两个区域	合并操作会将两个区域合并为一个；合并时，必须确保目标区域与当前区域的位置兼容，否则无法合并
拆分	光标对准区域角落，呈十字形，按住左键并向内拖动，释放左键即可拆分区域	拆分操作会将一个区域分成两个独立的区域，拆分后的区域可重新分配编辑器
区域互换	按住Ctrl键，光标对准区域角落，呈十字形，按住左键并拖动到目标区域，释放左键即可互换内容	用于互换两个区域的编辑器，两个区域不必相邻，但必须在同一工作区内
将区域复制到新窗口	光标对准区域的角落，呈十字形，按住Shift+左键拖动到新位置，释放即可创建新窗口	适用于多显示器，可以将区域复制到独立的浮动窗口中；新窗口是一个浮动编辑器窗口，可以自由调整大小和位置
区域最大化	光标对准目标区域，按下Ctrl+空格键即可将其最大化	用于将某个区域放大到整个窗口以专注于特定任务，再次按下Ctrl+空格键复原

（2）侧栏的自定义操作

1）侧栏

侧栏又称“N 面板”，通常位于各类编辑器的右侧，用于收纳当前编辑器通用选项或选择物体的可用属性参数和选项。常见的侧栏包括 3D 视图和着色器编辑器的侧栏（图 1-3-15）。

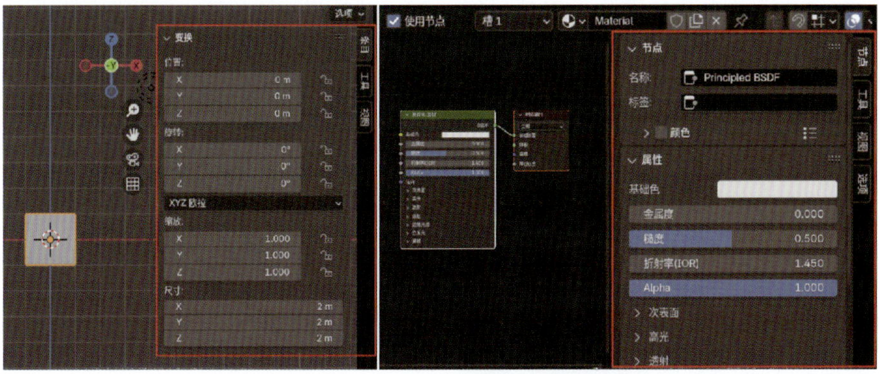

图 1-3-15　3D 视图和着色器编辑器的侧栏

2）侧栏的操作

侧栏的基本操作与其它面板类似，其操作方式见表 1-3-4。

表1-3-4　侧栏的操作

操作名称	操作方式	操作详解
内容滚动	中键按住上下拖动，中键滚轮滚动	将鼠标光标放置在侧栏上；按住中键上下拖动，或滚动中键滚轮
面板栏位顺序调整	左键按住一个栏位的调整标记并拖动	找到面板右上角的“：：：：”调整标记（图1-3-16①），按住左键拖动可调整栏位顺序
面板钉固	右键单击调整标记弹出菜单；快捷键：Shift+左键单击调整标记	“钉固”栏位，显示在所有面板上；在“：：：：”调整标记上单击右键，在弹出的菜单中选择“钉”或按下快捷键；面板上显示出图钉则钉固成功（图1-3-16②）
显示	按下快捷键N即可显示侧栏	可以通过快捷键N快速显示或隐藏，或点击区域右侧的“<”按钮显示侧栏
隐藏	按下快捷键N即可隐藏侧栏	
调整侧栏宽窄	将光标对准侧栏边界，变成双向箭头，按住左键并拖动	适用于调整侧栏的宽度，以满足不同的显示需求

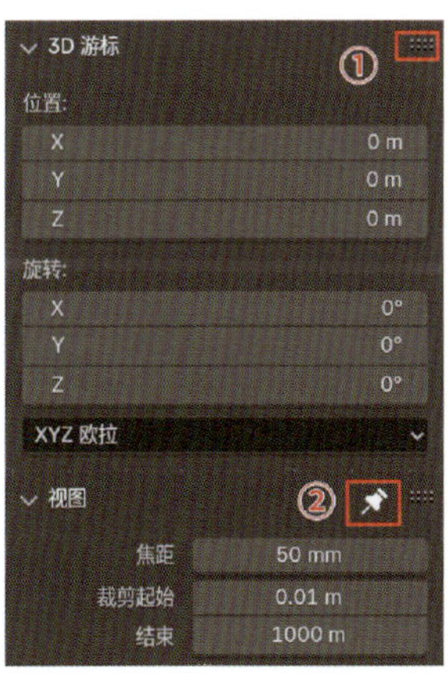

图 1-3-16　侧栏的顺序调整与钉固

1.3.4　默认场景与启动文件

（1）启动文件

1）启动文件的概念

启动文件是一个全功能基础模板，每次打开 Blender 时都会加载并呈现，用于快速开始工作流程。

＊注：自带的启动文件称为“官方启动文件”，同时也是本书默认的启动文件。

启动文件的本质是一个“.blend”文件，保存了 Blender 的界面布局（窗口分割模式、工具面板位置等）、调整好的各面板选项，以及配置好的初始物体。

用户可预先设置好 UI 布局、默认物体、默认摄像机参数、光照环境、渲染引擎配置等，此后每次开启 Blender 都会显示这一套配置。

*注：用户可按照工作习惯快速启动新项目，保证每个新文件的一致性。

2）启动文件的存储路径

启动文件以“.blend”格式保存，其保存路径位于默认目录（<系统目录>：用户 \% 用户名 %\AppData\Roaming\Blender Foundation\Blender\ 版本号 \config），找到“startup”（图 1-3-17）。

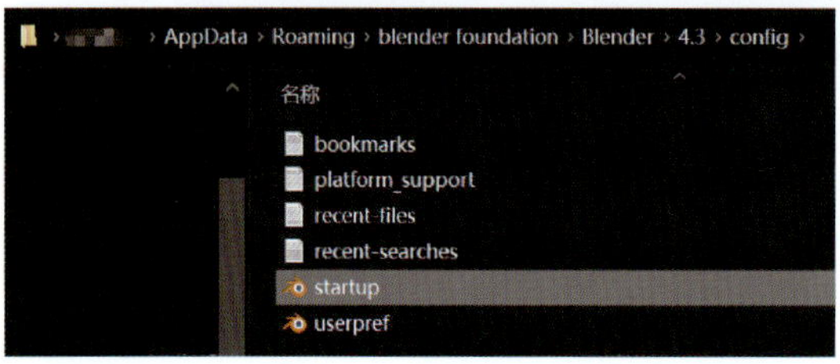

图 1-3-17　启动文件“startup.blend”的位置

3）目录下两个“.blend”文件的差异

启动文件“startup.blend”与用户偏好设置文件“userpref.blend”（图 1-3-17）存在逻辑分层：前者侧重场景级配置，后者专注偏好设置。当两者冲突时，启动文件的场景参数优先级更高。

（2）自定义启动文件

假设对默认启动文件做出如下操作：

• 增减物体、灯光，更改背景色、场景单位等任意设置。

• 改变工作区、区域布局、编辑器类型和视图显示选项等任意设置。

• 修改默认渲染器、渲染属性设置、渲染分辨率和帧范围等渲染设置。

所有设置结束后，执行“文件”菜单→“默认”→“保存启动文件”，即可将当前的所有设置存储为默认目录下的“startup.blend”文件，覆盖旧的启动文件。

保存后，下次启动 Blender 时将加载自定义的启动文件，可以随时继续修改并按照同样的方法保存更新启动文件。

*注：本书采用默认工作区布局和官方默认启动文件演示。如果要进行修改启动文件练习，参照图 1-3-17，将“startup.blend”备份再练习，结束后将备份的官方默认启动文件覆盖回原目录。

课后实践

1. 界面识别练习

下载 Blender，按照 1.2 节的要求配置好 Blender。找出并指出界面中以下区域的位置：3D 视图、大纲视图、属性编辑器、时间轴、状态栏。简要描述你认为它们各自的主要作用。

2. 精通区域操作

使用学到的区域调整方法，尝试将默认工作区的“Layout 布局”复刻成“Shading 着色”布局。

3. 键盘视图导航练习

打开一个默认场景。仅使用小键盘数字键，依次完成以下操作：将视图切换到顶视图，将视图平移一段距离，将视图旋转到另一个角度，最后将视图缩放至默认立方体充满视窗。

4. 首次项目流程练习

请完成一个从启动到保存的完整微型“项目”流程。步骤如下：

• 启动 Blender。

• 在 3D 视图中，将视图切换为“顶视图”。将时间线编辑器切换为着色器编辑器，并将它放大至适合操作的大小。

• 保存此空白场景文件到指定文件夹（文件菜单→保存），命名为“我的第一份文件 .blend”。

第 2 章

Blender的基础操作

本章学习目标：

- 掌握3D视图导航、文件系统及物体模式下的基础变换操作。
- 初识约束和修改器功能。
- 开始培养成为一名三维设计师应具备的思维模式（“坐标思维”“空间思维”“操作思维”）、学习方法和职业态度。

本章学习重点：

- 建立3D空间认知，了解视图原理、坐标系、坐标和坐标增量等概念。
- 培养物体模式下的操作思维，同步提升3D视图操作熟练度与快捷键使用水平。
- 掌握物体模式下的3D物体变换元逻辑，它是后续学习其它模式的基础。

本章学习难点：

- 本章涉及一些如坐标、原点、轴向、变换轴心和3D游标等名词，它们是理解和实操3D变换的基础，需要通过理论和实操结合，记忆它们的作用和操作方法。
- 对于“约束”和“修改器”等琐碎复杂的功能，推荐先建立初步认知后暂时跳过，后续可结合实际需求深入学习。

2.1 视图导航核心操作

2.1.1 有关3D视图的基础知识

许多 Blender 初学者常陷入“模型明明近在咫尺，却找不到观察角度”的困境；或是在复杂场景中迷失方向，导致操作流程割裂；抑或是视野被物体遮挡，严重影响观察。学习本节将解决这些问题。

（1）3D 视图解析

Blender 的 3D 视图本质是 3D 空间的 2D 投影，是全部空间的部分区域。

1）关键词“3D 空间”

在计算机图形理论中，3D 空间是由特定应用程序根据笛卡儿空间坐标系建立的一个虚拟的无限延展的数学概念，它可以被计算但无法被直接看到。

2）关键词“2D 投影”

在 3D 视图中看到“3D 空间”的原理是：将当前视图相机矩形视锥里的空间，投影到 2D 平面，通过屏幕呈现在用户的面前（图 2-1-1）。如果一个物体超出了 2D 矩形显示范围，那么它就会被裁剪不显示（图 2-1-1 中的绿色球体）。

2D 视图投影与其上的各类 UI 和指示器、操控器共同组成了 3D 视图。3D 视图承担大多数显示、编辑任务，是最常使用的视图。

＊注：视图“2D 投影”平面的本质是虚拟“视图相机”平面（图 2-1-1）。

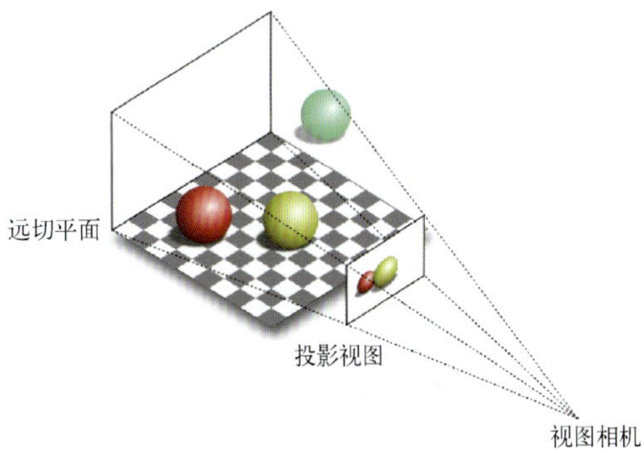

图 2-1-1　3D 空间的 2D 投影示意图

（2）世界坐标系解析

1）基面与栅格

在 3D 视图的可视空间中，其下平铺的网格称为“基面”，红色和绿色两条无限延展的线分别为 X 轴和 Y 轴，蓝色的线是 Z 轴。坐标轴交汇的点是“世界坐标原点”（图 2-1-2）。

*注：Z 轴在 blender 中默认不显示，打开方式详见“视图叠加层”介绍。

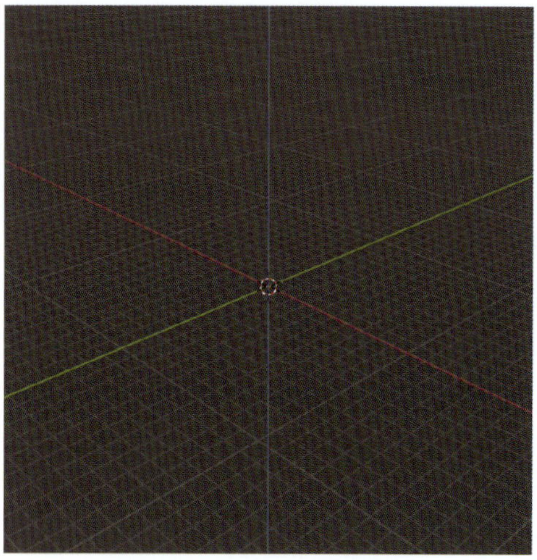

图 2-1-2　世界坐标轴和基面

• 基面——视图中平铺的灰白网格：与 X 轴（红线）和 Y 轴（绿线）平行平铺的网格为基面（图 2-1-2）。

• 栅格——基面上划分的大小网格：基面上一个大网格边长为一个长度单位（图 2-1-3）。

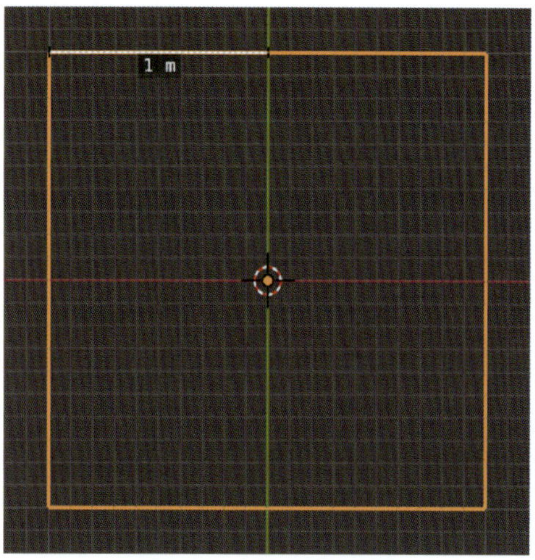

图 2-1-3　基面栅格增量

• 栅格增量——以栅格边长为单位表示增加值：基面上的每一个大栅格边长是一个默认单位。例如 Blender 的默认场景单位是 m、缩放 1，也就是基面中一个大格子的边长是 1m（图 2-1-3）。一个小栅格边长是十分之一个默认单位，那么一个小栅格边长就是 0.1m。

*注：基面网格单位大小根据场景单位设置而变动。

小练习

认识基面

打开一个默认 Blender 场景，按下数字键盘上的 7 键，进入顶视图（或点击 3D 视图右上角的视图漫游操控器中的蓝色 Z）。分别通过栅格数计算以下物体的间距：

• 摄像机和灯光物体在 Y 轴上的间距。

• 立方体右侧边缘与摄像机物体在 X 轴上的间距。

计算好之后记录下来，用 3D 视图左侧工具栏中的“测量”工具验证。

2）坐标增量与点坐标

有了坐标轴、增量和单位，就可以得出每个点的坐标。每个点的坐标由（X，Y，Z）三个数值来表示，这个点从世界坐标起，分别在 X、Y、Z 轴上的增量数值，就是点坐标。

如图 2-1-4 所示，从世界坐标轴原点（0，0，0），沿 3 条坐标轴各移动 2m 距离，就是小球所在的位置，小球的点坐标为（2，2，2）。

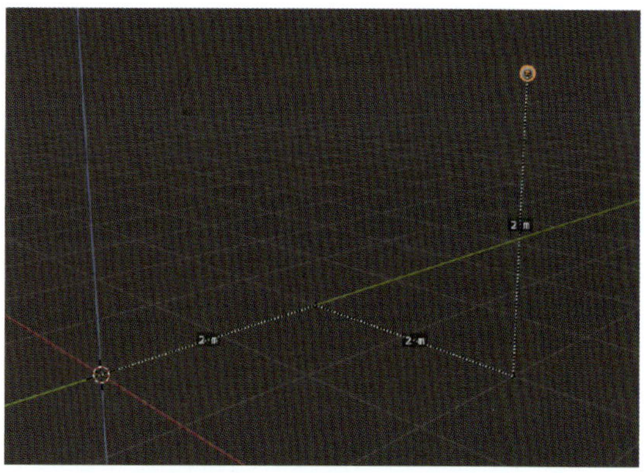

图 2-1-4　坐标点（2，2，2）

另外，每条坐标轴均被世界坐标原点分割为两个向量，一边为正半轴，另一边为负半轴。坐标数值受位置影响：位于正半轴，就是正数；位于负半轴，就是负数。

如图 2-1-5 所示，小球从世界坐标原点（0，0，0），沿 3 条坐标轴各移动 2m 距离，但 X 轴移动是在负 X 轴区间，所以小球所在的点的坐标就是（–2，2，2）。

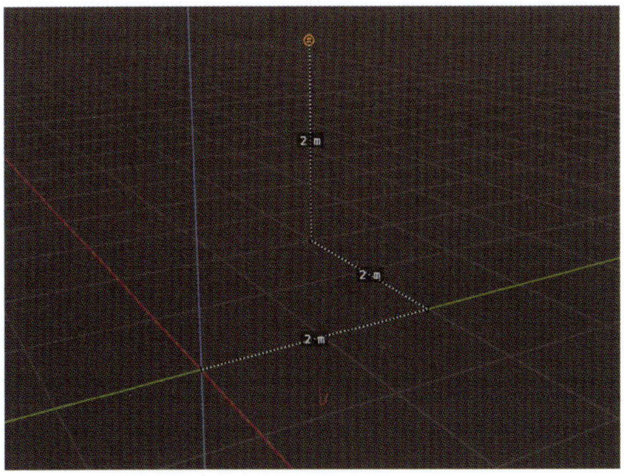

图 2-1-5　坐标点（–2，2，2）

3）世界坐标轴的方向

可以用左手定则来快速理解世界坐标轴的方向：拇指方向是 Z 轴的正方向，食指是 Y 轴的正方向，中指是 X 轴正方向（图 2-1-6 左）。

世界坐标轴的数值：左手三个手指指向的方向为正值，相反则为负值（图 2-1-6 右）。

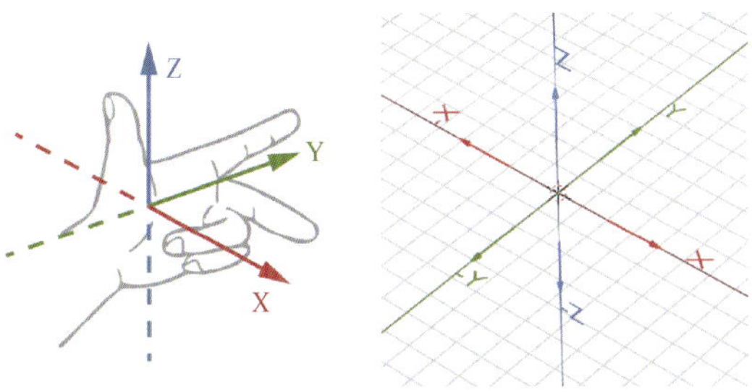

图 2-1-6　左手定则与世界坐标轴方向示意图

4）世界坐标象限

3D 空间由坐标原点引出三条相互垂直的数轴，分别为 X 轴（横轴，代表左右方向）、Y 轴（纵轴，代表前后方向）和 Z 轴（竖轴，代表上下方向）。它们从坐标原点出发，具有相同的长度单位。其中又由 XY、YZ、XZ 三个平面，将 3D 空间切割成了八个象限（图 2-1-7）。

同时，XY、YZ、XZ 三个平面，也是三个基本视图平面，分别形成了六大基本视图，分别为：顶视图（Z）、底视图（–Z）、前视图（–Y）、后视图（Y）、右视图（X）和左视图（–X）。

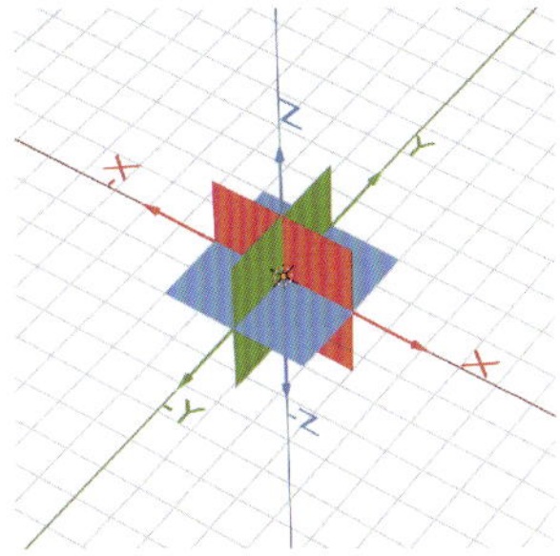

图 2-1-7　世界坐标象限示意图与三视图

小练习

认识坐标

在 A4 纸上绘制一个世界坐标，以“左手定则”为参照，标记上 X、–X、Y、–Y、Z、–Z 六个方向的箭头。

• 判断以下坐标点在哪个象限：A（–4，5.3，2）、B（–6，–4.6，–5.4）、C（10，–8.45，1.7）。

• 画出以下平面：A（X，–Y）、B（–Z，–X）、C（Z，Y）。

（3）视图相机解析

视图相机本身不可见，它只位于 3D 视图的视角背后。用户对视角的移动、旋转、缩放，本质上是在调整视图相机的位置、角度。

视图相机的设置在 3D 视图中按 N 键调出的侧栏中第三个选项卡——“视图”选项卡中（图 2-1-8）。

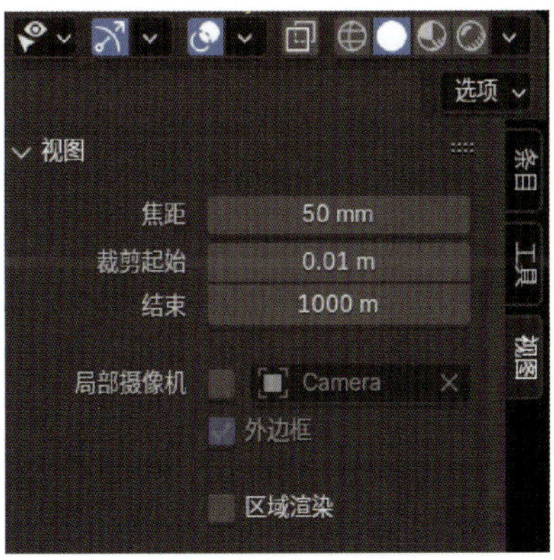

图 2-1-8　3D 视图中按 N 键调出侧栏中的“视图”选项卡

① 焦距：改变视图相机的焦距。焦距越大，透视越小，视野越窄；反之亦然。

• 如果感觉视图透视畸变太大，视野范围太宽，就调大该值。

• 如果需要看到更大更广阔的视野，就调小该值，该值过小会造成镜头畸变。

② 裁剪起始：调整距视图相机最近的裁剪面，更近的物体被裁剪不显示（图 2-1-9 中绿色平面前的球）。如果发现太近的物体被裁剪掉，阻碍观察或操作，就调小该值。

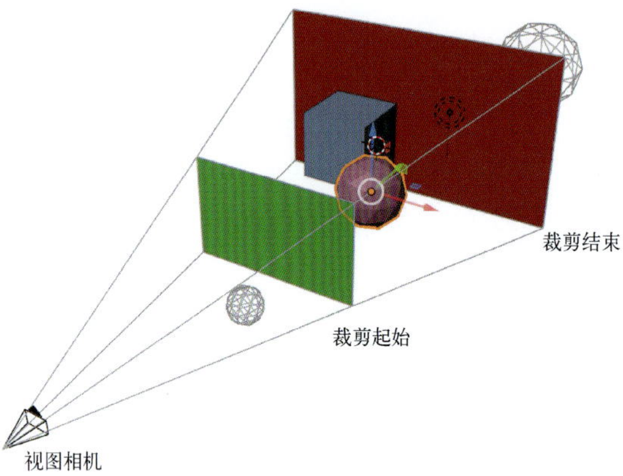

图 2-1-9　视图相机裁剪范围示意图

③ 裁剪结束：调整距视图相机最远的裁剪面，更远的物体被裁剪不显示（图 2-1-9 中红色平面后的球）。如果发现太远的物体被裁剪掉，阻碍观察或操作，就调高该值。

④ 如图 2-1-9 所示，在视图相机视锥范围内，且在裁剪起始和裁剪结束之间的物体，才会被 3D 视图显示；范围以外的物体均会被裁剪，不会被显示。裁剪有助于裁剪掉复杂场景中一部分不显示的物体，停止它们的自动刷新，提高视图响应速度。

2.1.2　视图导航全解

（1）绕转视图

绕转视图指围绕“关注点”来旋转视图，按照指定角度观察场景。关注点可以是图 2-1-9 中平面上的任意点，用作视图平面的旋转中心。表 2-1-1 详解了几种绕转视图操作。

（2）平移视图

平移视图指视图平面沿自身平移，不用旋转视角就能移动观察到视图以外的物体，其主要操作见表 2-1-2。

（3）缩放视图

缩放视图指视图沿自身轴线拉近、推远（本质也是移动）。轴线指从视图平面中心出发到关注点方向的射线。表 2-1-3 详解了几种缩放视图的操作方法。

表2-1-1　绕转视图的操作方法

操作名称	操作方法	操作详解
拖动绕转	按住鼠标中键拖动	围绕当前关注点旋转视图，松开确认
中途取消	拖动时单击鼠标右键	绕转操作中，单击鼠标右键取消并返回绕转前的视图
设置关注点	按住Alt+单击鼠标中键	将光标位置设为新的绕转关注点，之后按住鼠标中键拖动将围绕新的关注点旋转
对齐到基本视图	同时按住Alt+鼠标中键→拖动鼠标	拖动的方向决定了绕转到哪个基本视图
键盘绕转	按数字键盘4或数字键盘8	数字键盘4：向左绕转固定角度； 数字键盘8：向右绕转固定角度
导航操控器	使用3D视图右上角的导航操控器（红绿蓝轴）	方式1：用鼠标左键按住导航操控器并拖动； 方式2：单击任意圆点跳转对应基本视图

表2-1-2　平移视图的操作方法

操作名称	操作方法	操作详解
拖动平移	同时按住Shift+鼠标中键→拖动鼠标	上下左右拖动视图平面，松开确认
中途取消	单击鼠标右键	平移操作中，单击鼠标右键取消并返回平移前的视图
键盘平移	按住Ctrl+按下数字键盘上的8、2、4、6	Ctrl+数字键盘8、2、4、6分别是上、下、左、右的非连续平移
导航操控器平移	按3D视图右上角的手形状按钮	用鼠标左键按住并拖动3D视图右上角导航操控器的移动视图图标（手掌形状）

表2-1-3　缩放视图的操作方法

操作名称	操作方法	操作详解
滚动缩放	滚动鼠标中键滚轮	向上滚放大，向下滚缩小；最常用的方式
平滑缩放	同时按住Ctrl+鼠标中键→拖动鼠标	向上拖动放大，向下拖动缩小；此缩放方式更加平滑
键盘缩放	按数字键盘的“+”或“–”	“+”键放大，“–”键缩小；非连续的缩放
框选放大	按下Shift+B调出选择框并拖动	选择框内的物体将会被放大； 单击鼠标左键确认，右键返回并取消
导航操控器放大	按3D视图右上角的放大镜形状按钮	按住鼠标左键并拖动3D视图右上角导航操控器的缩放视图图标（放大镜）

2.1.3　高级视图导航

（1）视图导航：行走

Blender 提供了两种游戏交互的导航方式：飞行、行走。由于飞行缺乏实用性，这里只介绍行走。执行“编辑”菜单→“偏好设置”→“视图切换”→“飞行 & 行走”，切换为“行走”（图 2-1-10）。

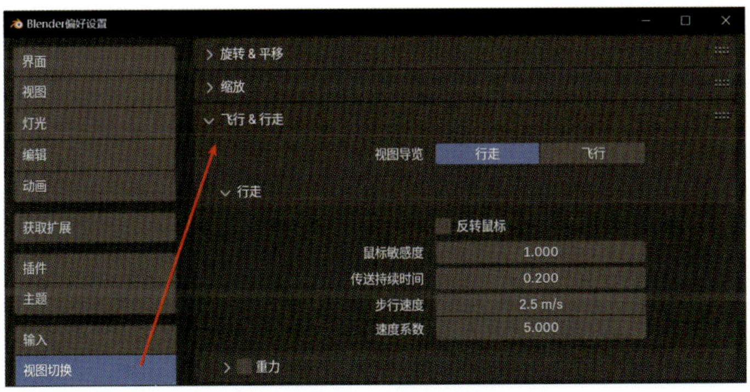

图 2-1-10　视图导航设置

行走导航类似于典型的第一人称游戏，用键盘操作移动，用鼠标操作视角，沉浸式在场景中漫游，操作方法如表 2-1-4。

表2-1-4　行走导航的操作方法

操作名称	操作方法	操作详解
行走导航开启	Shift+～（上波浪键）	按下后开启行走导航，需要通过键盘和鼠标来操作，在确定位置或取消导航前，以下按键均可用；速度设置：“偏好设置”→“视图切换”→“飞行&行走”→“行走速度”
方向	W、A、S、D键或方向键	按下对应按键，执行前、后、左、右行走移动
调速	在行走中用鼠标中键滚轮上下滚动	控制行走速度加快或减慢
确认	单击鼠标左键	确认导航结果，停止导航
取消	单击鼠标右键	取消导航，回滚到导航前的视图

（2）切换基本视图

3D空间共有六大基本视图（图2-1-11）。分别为：顶视图（Z）、底视图（−Z）、前视图（−Y）、后视图（Y）、右视图（X）和左视图（−X）。

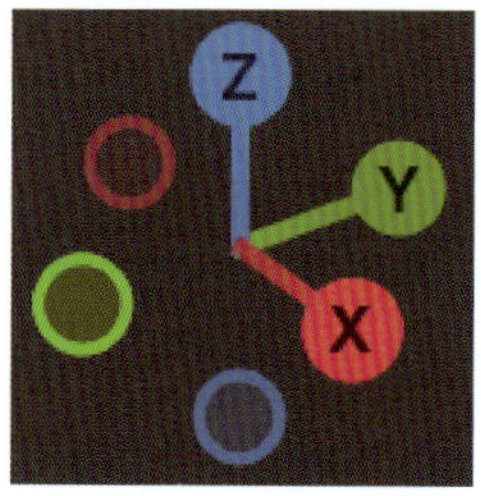

图2-1-11　用视图导航操控器切换六大基本视图

日常操作中经常遭遇无法准确在3D空间定位某个操作的难题，此时需要切换到2D视图。从3D视图转换为2D视图，从三轴定位转为两轴定位，切换方式见表2-1-5。

表2-1-5　基本视图的切换方法

操作名称	操作方法	操作详解
导航操控器	找到3D视图右上角的视图导航操控器	单击导航操控器上的圆形图标，切换对应视图
饼菜单	按住“～”键调出饼菜单（图2-1-12）	按住“～”键调出饼菜单，向某个方向滑动鼠标并停留在按键上，松开“～”键即可（图2-1-12）
快捷键	按下数字键盘上对应的数字键，或Ctrl+相应数字	前视图（1）、后视图（Ctrl+1）、顶视图（7）、仰视图（Ctrl+7）、右视图（3）、左视图（Ctrl+3）
鼠标拖动	按住Alt和鼠标中键 并向一个方向拖动鼠标	拖动的方向决定了绕转到哪个基本视图
菜单切换	找到“视图”菜单中的“视图”菜单	在菜单中选择切换到哪个视图

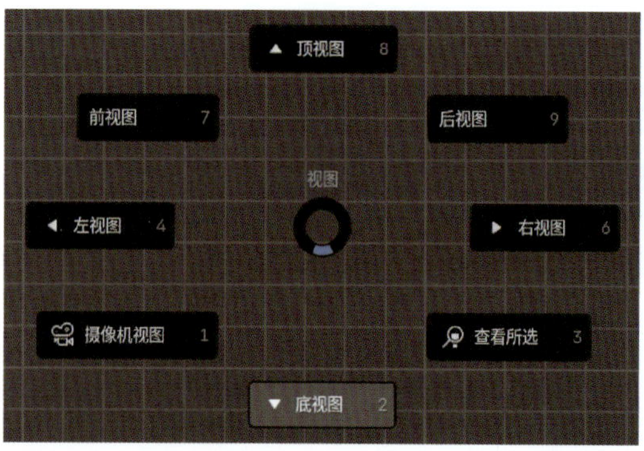

图2-1-12　视图切换饼菜单（按住“～”键后弹出）

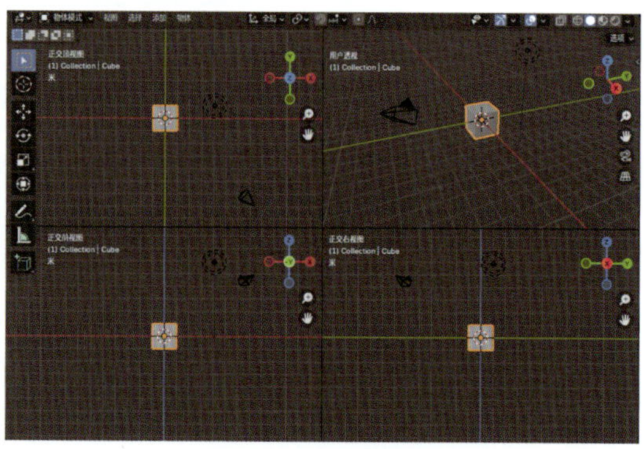

图2-1-13　四格视图

（3）切换四格视图

四格视图是指将3D视图四等分，同时显示透视图和三个基本视图（图2-1-13），可以同时观察当前物体在不同视图上的形状，切换方式如表2-1-6。

表2-1-6　四格视图的切换方法

操作名称	操作方法	操作详解
按快捷键切换	Ctrl+Alt+Q	按一下组合键开启，再按一下组合键关闭
选择菜单命令切换	执行“视图”菜单→“区域”→“切换四格视图”	单击菜单项目开启，再单击一次关闭

2.1.4　快速定位视图

在日常操作中，常会出现视图混乱、找不到方位或者不跟手的情况，此时需要对视图进行重新定位，以迅速恢复操作流程。

（1）框显所选

将所选物体居中并全部显示在视图框中的操作，称为“框显所选”。这个操作还有重置视图的功能，使所选物体对齐。操作方法见表2-1-7。

表2-1-7　框显所选的操作方法

操作名称	操作方法	操作详解
按快捷键框显所选	按数字键盘的点（Del）	选择物体后按下快捷键
选择菜单命令框显所选	执行“视图”菜单中的“框显所选”	选择物体后，执行菜单命令

（2）视图全局复位

这项功能又称“框显全部”，执行后重置视图并使其包括全部物体，在场景较大、物体较多、迷失视角时非常有用。框显全部的方法见表2-1-8。

表2-1-8　框显全部的操作方法

操作名称	操作方法	操作详解
按快捷键框选全部	按下Home键	单击快捷键框显全部
选择菜单命令框选全部	执行“视图”菜单中的“框显全部”	选择菜单项目执行命令框显全部
3D游标复位并框显全部	Shift+C	3D游标归零到世界坐标原点，并框显全部

（3）隔离所选物体单独显示

隔离所选物体，使其在视图中单独显示即“局部视图”（图2-1-14）。这对于处理相互遮挡的物体或在其它物体内部的物体时很有用。需要注意的是，局部视图并不等同于隐藏其它物体，只是一种视图显示模式，不影响任何物体的“可见”属性。操作方法见表2-1-9。

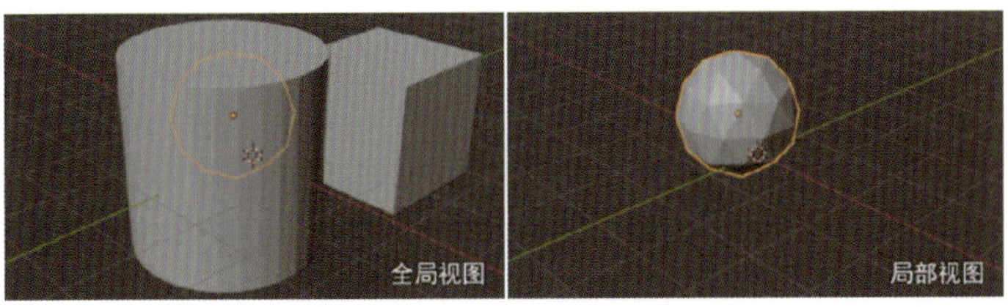

图2-1-14　切换局部视图

表2-1-9　隔离所选物体单独显示的操作方法

操作名称	操作方法	操作详解
按快捷键操作	/（斜杠键），/（数字键盘斜杠键）	选择一个物体或多个物体，按快捷键开启局部视图，再按一下退出局部视图
选择菜单命令操作	执行“视图”菜单→“局部视图”→“切换局部视图”	按下菜单命令即可实现开启和关闭
进阶操作	Alt+/（斜杠键），Alt+/（数字键盘斜杠键）	在多个物体被局部视图显示的时候，选中其中一个物体，按下快捷键，就可以将这个物体踢出局部视图，这时局部视图中就少了一个物体

2.2 ▸ 视图着色方式和显示内容

视图着色方式指切换 3D 视图中物体的显示效果，以满足不同任务的显示效果要求。开发者预设了大量不同的着色方式和调节选项。

视图显示内容是自定义 3D 视图中显示、隐藏各类对象的工具集，分成三个下拉面板，以自定义此时此刻 3D 视图中显示哪些物体、UI 对象或者信息。

2.2.1　视图着色方式

（1）切换视图着色方式

1）视图着色方式面板

3D 视图顶部菜单栏中，如图 2-2-1 从左到右的按钮功能分别是：

• 切换透视模式（快捷键 Alt+Z）：半透明显示场景中的几何体。

• 线框：纯线框表现场景中的物体，兼具透视功能。

• 实体：默认着色方式，最常用。包含很多着色器类型和丰富的选项。

• 材质预览：使用 EEVEE 渲染器配合预设光照环境，适合用于调节材质和纹理。

• 渲染：用当前渲染引擎对 3D 视图进行交互式渲染，用于预览渲染最终效果。

• 下拉面板（下箭头）：列举当前着色方式包含的选项。

图 2-2-1　视图着色方式面板

2）着色方式饼菜单

在 3D 视图中按住 Z 键，调出着色方式饼菜单（图 2-2-2）。按住 Z 键的同时移动光标指向某个按钮后，松开 Z 键切换完成。饼菜单的操作方法在本书中称为“滑选”。

＊注：饼菜单“滑选”操作：按住 Z 键，将光标拖动到一个按钮上，松开 Z 键。

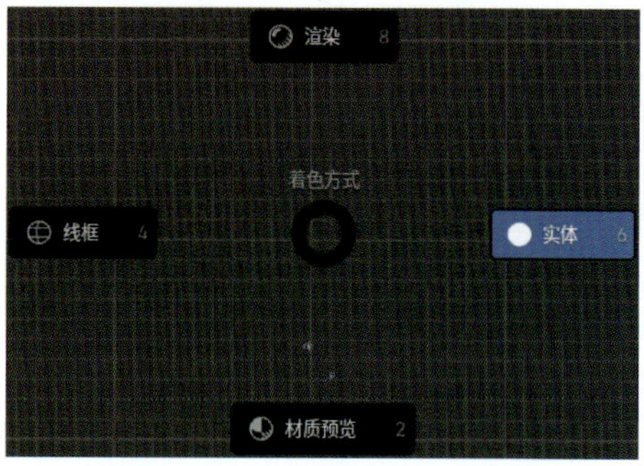

图 2-2-2　视图着色方式饼菜单

（2）线框模式

线框模式是除实体模式以外最常用的着色方式。它有以下优势：

• 在物体模式中，方便选择物体内部的其它物体，或被遮挡的物体。

• 在编辑模式中，选择被遮挡的顶点、边、面，特别是选择背面时。

（3）实体模式

实体模式下视图着色方式面板（图 2-2-1 最右侧下拉面板）中的选项如下。

1）视图着色方式——光照

光照面板下可以切换“棚灯”“快照材质”和“平面”三种视图着色器（图 2-2-3）。

• 在“棚灯”和“快照材质”两种着色器下，可以点击球体（图 2-2-3），打开更多着色器选择（图 2-2-4）。这些着色器仅更改网格物体“实体”模式下的显示效果。

• 平面着色器会去掉所有光影效果，在某些情况下有用，例如纹理绘制或顶点绘制，可以排除光影干扰专注固有颜色（需要打开实体模式的纹理显示）。

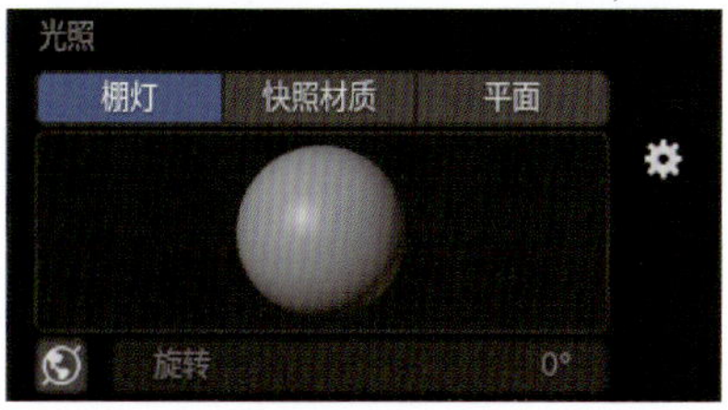

图 2-2-3　视图着色方式——光照

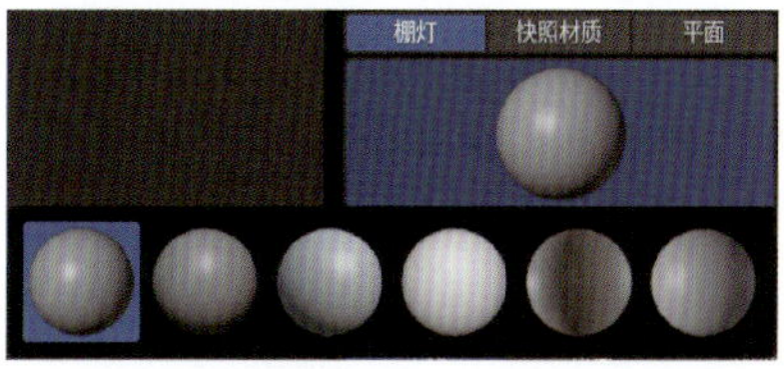

图 2-2-4　选择并切换“棚灯”着色器

2）视图着色方式——背景颜色

背景栏用于调整 3D 视图背景颜色（图 2-2-5）。

• 主题：3D 视图背景颜色由主题决定。在“偏好设置”中的“主题”中指定。

• 世界：找到“属性编辑器”→“世界环境”→“视图显示”→“颜色”，点击打开颜色选择控件后指定颜色。

• 视图：选择此选项将在其下显示一个取色器，直接指定背景色。

图 2-2-5　视图着色方式——背景

3）视图着色方式——选项

提供一系列额外选项以改变着色效果（图 2-2-6）。

• 背面剔除：隐藏显示几何体的内侧面（法向反面）。

• 透视模式：打开透视模式，并调节半透明度。

• 阴影：打开阴影效果，并调节阴影透明度。

• Cavity：一种特殊的显示模式，突出显示几何体的“脊”（突出部）和“谷”（凹陷）。

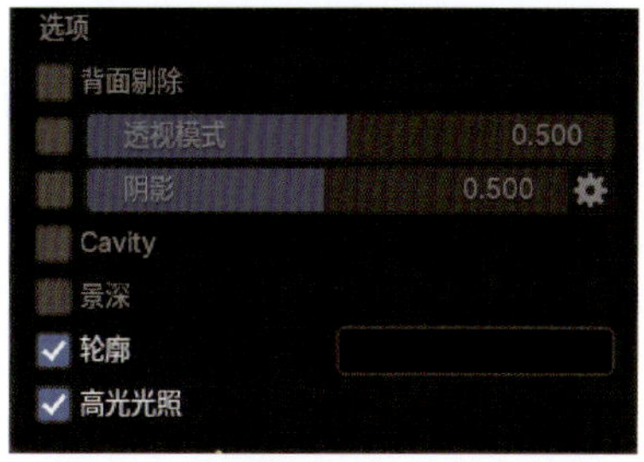

图 2-2-6　视图着色方式——选项

• 景深：在摄像机视图下模拟景深效果。

• 轮廓：控制场景中所有物体的轮廓，并可以调节轮廓色。

• 高光光照：控制着色器的高光效果。

（4）材质预览模式

材质预览模式是使用 EEVEE 渲染器和预设 HDRI 环境渲染 3D 视图。此模式特别适合预览材质和纹理绘制，可在制作材质和贴图的时候开启材质预览模式。

材质预览模式下拉面板中的常用选项（图 2-2-7）：

图 2-2-7　材质预览选项面板——光照

• 场景灯光：是否启用场景中的灯光影响，默认关闭，只受 HDRI 环境影响。

• HDRI 球：单击 HDRI 球，可以切换预设 HDRI 环境，改变光照和颜色。

*注：HDRI 是一种贴图类型（.hdr），是带有光照和颜色的环境贴图。

• 旋转：旋转 HDRI 环境，改变灯光角度。

• 强度：HDRI 光照强度。

• 世界不透明度：拉高会将场景背景逐渐替换为 HDRI 环境色。

• 模糊：调节场景背景 HDRI 环境色的模糊程度。

(5）视图交互渲染模式

使用场景选定的渲染引擎，对 3D 视图进行交互式渲染，作为场景最终渲染效果的预览。视图渲染时不影响其它操作。其设置见渲染场景章节。

2.2.2 视图叠加层

叠加层可理解为 3D 视图上除了 3D 物体以外的指示类对象和浮动 UI。关闭叠加层显示有助于排除视觉干扰，专注3D模型本身（图 2-2-8）。

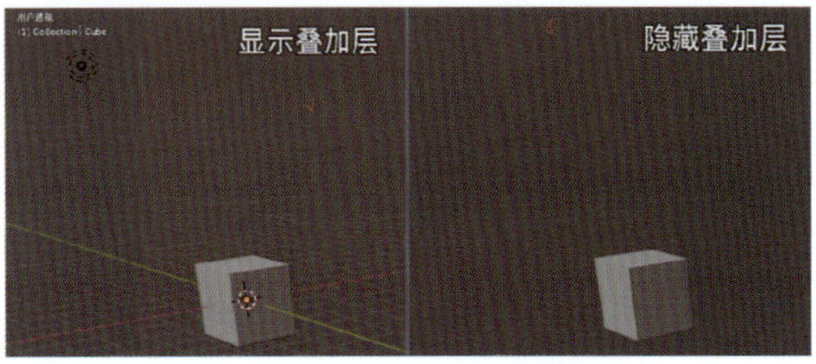

图 2-2-8　显示、隐藏叠加层

(1）位置和入口

视图叠加层的位置在 3D 视图顶部菜单栏的右侧（图 2-2-9）。由两个按钮组成：“开关全部叠加层”（Shift+Alt+Z）和详细设置下拉面板。

图 2-2-9　视图叠加层

(2）常用选项

下面介绍常用的视图叠加层开关选项（图 2-2-10）。

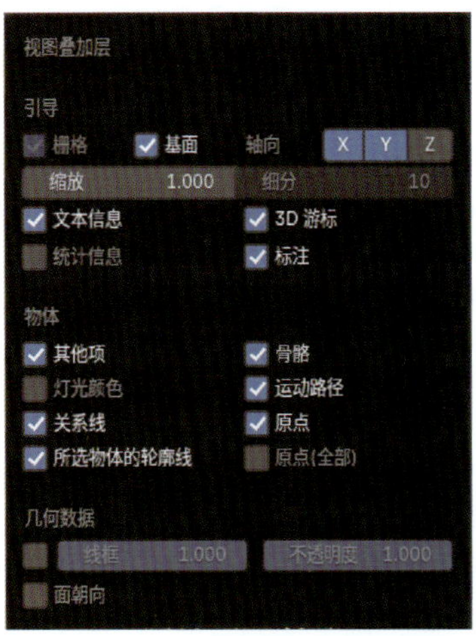

图 2-2-10　视图叠加层开关选项

1）视图叠加层——引导

分类中列举 3D 视图的各类场景信息和轴向（世界）、文本信息（场景统计）、3D 游标（是否显示）、标注（“工具栏”中的“标注”工具），按需开关。

2）视图叠加层——物体

分类中列举 3D 视图中的物体相关指示器和显示标记，按需开关。

3）视图叠加层——几何数据

• 线框：打开后 3D 视图无视着色器类型，强制显示物体线框。其后“线框”滑块调节线框密度，对过密的线框自动优化显示；“不透明度”滑块调节线框的透明度。

• 面朝向：打开几何体法线方向显示模式。开启后，实体网格物体会叠加一个颜色层，其中的蓝色表示这个面是外侧面（法向为正），红色表示这个面是内侧面（法向为反）。

⋆注：法线是垂直于给定对象的矢量射线，分顶点法线和面法线两种。法向就是法线的方向，每个面法线都有两个方向，法向为正（$\boldsymbol{n}_1$）是外侧面，法向为反（$\boldsymbol{n}_2$）是内侧面（图 2-2-11）。

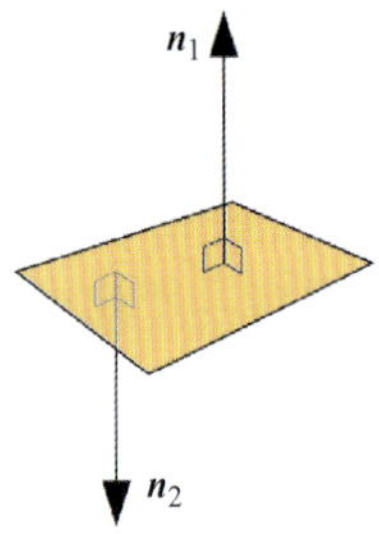

图 2-2-11　面法向的正反两个方向

2.2.3 显示操控器

操控器是指 3D 视图中有关导航和物体操控的 UI（图 2-2-12）。操控器开关位于 3D 视图顶部菜单栏的右侧（图 2-2-13 第二项）。它

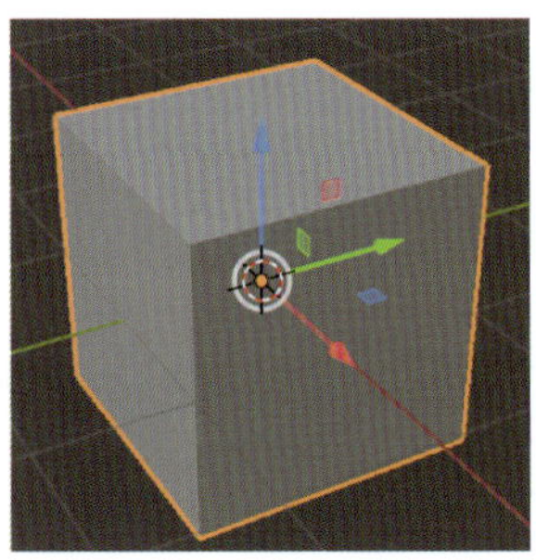

图 2-2-12　移动操控器

由两个按钮组成：开关全部操控器（Ctrl+ ～）和详细设置下拉面板（可以取消某单项操控器的显示）。

2.2.4 可选择性&可见性

（1）位置和入口

位于3D视图顶部菜单栏的右侧（图2-2-13第一项），单击它后会展开下拉菜单。

图 2-2-13 可选择性 & 可见性下拉菜单按钮

（2）常用选项

图2-2-14列举了所有3D物体类型，每类物体右侧有两个按钮：左列按钮是“可选择性”，关闭此按钮则该类物体不可在3D视图中被选择；右列按钮是“可见性”，关闭此按钮则该类物体在3D视图中不可见（该选项不等同于物体的隐藏属性，仅仅是排除显示）。

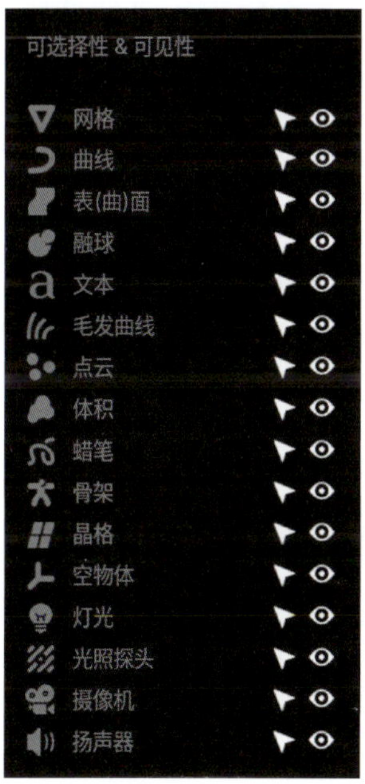

图 2-2-14 可选择性 & 可见性下拉菜单

2.3 ▸ Blender文件操作

2.3.1 Blender文件概述

Blender文件（.blend）是一个自包含的数据块（Data-Blocks）容器，类似一个分门别类打包了一套文件夹和各类文件的压缩包，它不仅存储场景中的物体、材质、动画等信息，还记录了用户界面设置、偏好配置等数据。

在“大纲视图”的“Blender文件视图”显示模式（图2-3-1）中，可以清晰地看到此“.blend”文件中的数据块目录结构。切换方式：按下大纲视图左上角的第2个按钮，在“显示模式”菜单中选择“Blender文件”。

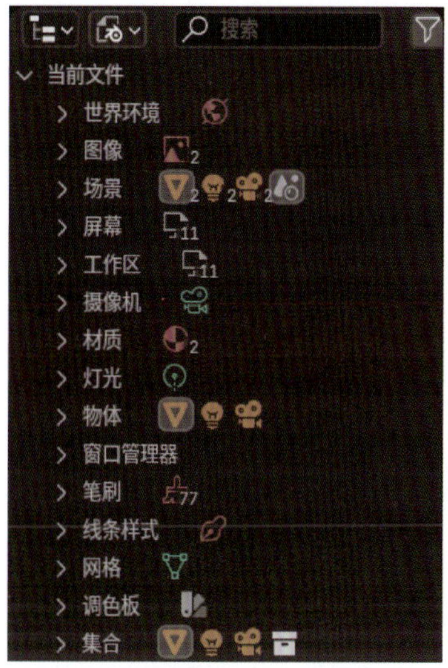

图 2-3-1 大纲视图的“Blender文件”显示模式

知识拓展 2-1：数据块

知识拓展 2-2：“.blend”兼容性

知识拓展 2-3：外部数据

2.3.2 保存与打开

（1）保存“.blend”文件

通过保存文件，将当前3D场景的所有物体的数据块（Data-Blocks）和场景设置打包存储为“.blend”文件。表2-3-1介绍各种保存文件相关的操作方法，需要重点区分它们的差别。

表2-3-1 保存文件相关的操作方法

操作名称	操作方法	操作详解
保存	执行“文件”菜单的“保存”，快捷键：Ctrl+S	新建保存文件（从未保存过），或覆盖保存（已经保存过）
增量保存	执行“文件”菜单的“增量保存”，快捷键：Ctrl+Alt+S	只在已保存过“.blend”文件时可用，作用为在当前文件目录下保存一个带有递增数字的副本
另存为	执行“文件”菜单的“另存为”，快捷键：Shift+Ctrl+S	增加保存一个新“.blend”文件，并将新保存的文件变成当前打开的文件。通常用来在复杂操作前增加一个用于回滚操作前的备份
保存副本	执行“文件”菜单的“保存副本”	额外保存一个“.blend”文件副本，并保持旧文件为当前打开的文件。通常用来增加备份

（2）文件视图

文件视图（图2-3-2），又称文件浏览器，是一个编辑器，用于所有与外部文件交互相关的操作。多数需要打开外部文件或保存内部元素的场景都会打开文件视图。

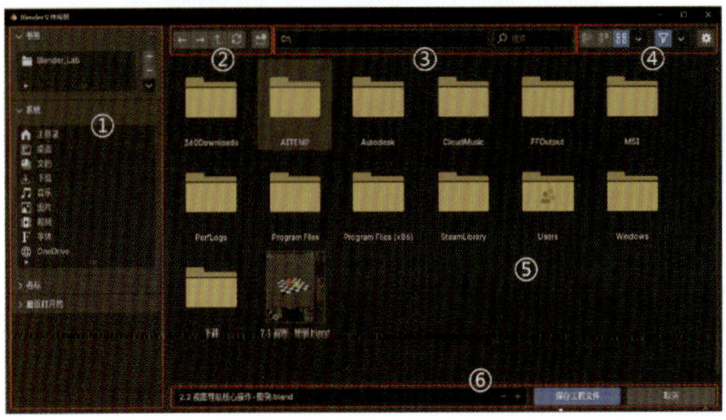

图2-3-2 文件视图

1）快速访问（图2-3-2①）

• 书签：单击“+”按钮，将当前打开的目录收藏为书签，书签在所有文件中通用，单击书签可直接跳转目录。

• 系统：列举默认常用目录。

• 卷标：列举所有驱动器根目录。

• 最近打开的：列举最近在文件浏览器访问过的目录，所有文件通用。

2）目录导航（图2-3-2②）

与Windows资源管理器相同。

3）地址栏（图2-3-2③）

• 目录：当前文件夹路径。

• 搜索：按文件名、字符或通配符搜索当前目录，并列出结果。

4）显示和功能（图2-3-2④）

• 显示模式（三个按钮）：垂直列表、水平列表和缩略图。

• 过滤文件（漏斗）：按文件种类过滤显示的文件。

• 选项（齿轮）：是否通过右侧栏来显示一些额外选项。

5）文件区块（图2-3-2⑤）

列出文件、文件夹或“.blend”文件的内容。

• 此区块中可以重命名文件：F2。可以删除文件：X。

• 选择文件：单击鼠标左键选择；按住Ctrl+鼠标左键多选；按住左键拖动框选；按A键全选。

6）执行栏（图2-3-2⑥）

• 文件名输入框：输入文件名。如果文件名标红则表示重名；通过左侧“+”和“−”按钮，自动为文件名添加数字序号。

• 确认操作按钮：点击右下角按钮（不同任务有不同名称）。

• 取消：取消并关闭文件浏览器可单击右上角的“×”按钮。

（3）打开“.blend”文件

打开文件，将关闭当前场景，并打开目标场景（“.blend”文件），载入所有物体的数据块（Data-Blocks）和场景参数。表 2-3-2 介绍了各种打开文件类相关的操作方法，重点区分它们的差别。

表2-3-2　打开文件类相关的操作方法

操作名称	操作方法	操作详解
打开	执行“文件”菜单的“打开”，快捷键：Ctrl+O	打开文件视图，找到任何目录下的“.blend”文件，确认并打开
打开近期文件	“文件”菜单的“打开近期文件”，快捷键：Shift+Ctrl+O	列举最近打开过的“.blend”文件，选择任何一项打开
重新加载	执行“文件”菜单的“重新加载”	执行重新加载后，将放弃场景在最后一次保存文件之后的一切更改，恢复上次保存状态
恢复	执行“文件”菜单的“恢复”	打开最近会话（上一个文件）或自动保存的文件（会打开Blender自动备份文件的目录）

2.3.3　关联与追加

（1）从其它“.blend”文件关联数据块到场景

文件菜单中的“关联”功能是一种在“.blend”文件之间引用数据块的机制，允许将外部“.blend”文件中的物体、集合、材质等数据块关联到当前文件中。

关联的数据块在当前文件中无法直接编辑，需在源文件中修改；在源文件中修改后，所有关联该数据块的文件都会同步更新。可将其理解为快捷方式。操作方法如下：

• 执行“文件”菜单中的“关联”，在弹出的文件浏览器中找到需要关联的外部“.blend”文件，并双击打开。

• 目标“.blend”文件被打开后，在文件浏览器中展现的是该“.blend”文件内部的数据块分类（图 2-3-3）；选择数据块类型目录（文件夹）并双击进入，找到所需的数据块，选择并点击右下角的“关联”按钮（图 2-3-4）。

图 2-3-3　文件视图中展开的“.blend”文件数据块分类

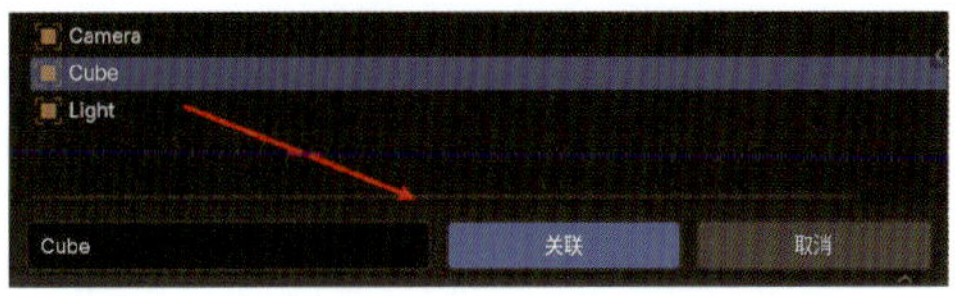

图 2-3-4　“.blend\Object\”下的物体数据块

• 观察大纲视图，被关联进场景的物体的名称前有一个“锁链”标志（图 2-3-5）。

*注：如果被关联进场景的是一个非物体数据块（如贴图、材质、动画片段等），那么它不会在 3D 视图和大纲视图中出现，只在对应功能处可被选择和使用。例如：操作导入的材质需要到材质编辑器，操作导入的贴图需要到图像编辑器等。

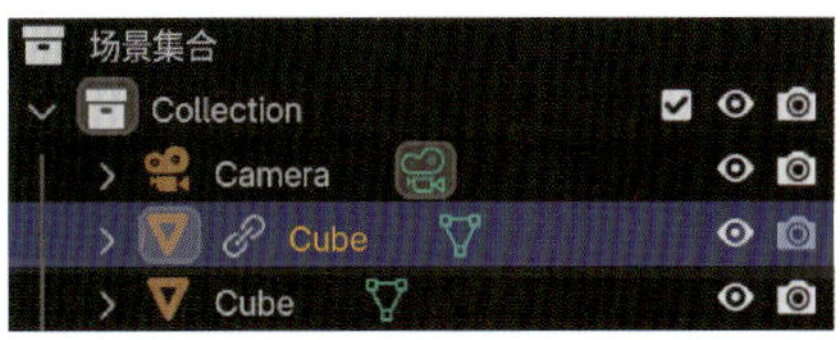

图 2-3-5　被关联进场景的物体在大纲视图中的样子

（2）从其它“.blend”文件追加数据块到场景

文件菜单中的“追加”功能（执行“文件”菜单中的“追加”）允许将外部“.blend”文件中的物体、集合、材质等数据块导入当前文件中。与关联功能不同，追加的数据块会完全复制到当前文件中，成为独立的本地数据，不再与源文件保持关联关系，修改源文件不会影响当前文件。

2.3.4 导入与导出

（1）导入一个物体到场景

导入功能（执行“文件”菜单中的“导入”）允许将外部 3D 文件格式（如 OBJ、FBX、STL 等）导入当前场景中，是 Blender 与其它 3D 软件或资源库进行模型交换的桥梁。

导入模型的方法：

① 在大纲视图中，选定一个集合，例如要将导入物体放入集合“模型 1”中，那么就先将“模型 1”集合选定，再执行导入操作。

② 执行“文件”菜单中的“导入”，选择一项导入格式，弹出文件浏览器，通过目录找到支持的外部 3D 文件，单击选中。

③ 根据需要配置导入选项（如缩放比例、材质处理、是否动画导入等），单击“导入”。

④ 检查导入数据，排查问题。

• 由于不同 3D 软件的单位和坐标轴设置可能存在差异，需首先检查其尺寸和方向。

• 若模型包含材质和贴图，可在材质预览模式下检查显示是否正常；若带有动画，可拖动时间轴预览动画效果。

• 若导入失败，需检查文件格式是否兼容。若问题仍无法解决，可尝试通过其它 3D 软件转换格式后重新导入 Blender。

（2）导出场景中的一个物体

导出功能允许将当前场景中的物体、集合、动画等数据导出为外部 3D 文件格式（如 OBJ、FBX、STL 等）。

• 导出模型的方法：选择一个或多个物体（可以被导出的），执行“文件”菜单中的“导出”，选择一个导出格式，弹出文件浏览器，选定导出目录。

*注：特别需要注意“仅选中项”（图 2-3-6），如果不启用，本次导出就会将场景中所有可以被导出的物体导出到一个文件；如果打开此选项，则只导出选中的物体。

• 根据需要配置其它导出选项，如是否包含材质、动画等，单击“导出”按钮。

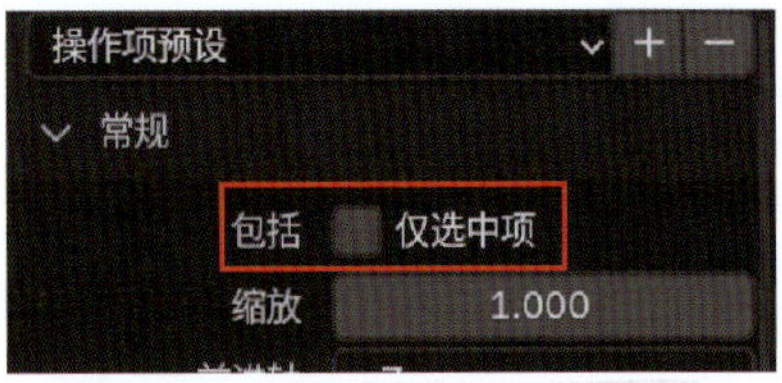

图 2-3-6 导出操作中的仅选中项

• 验证导出文件：使用 Blender 或目标软件，导入刚刚导出的物体来检查完整性。

知识拓展 2-4：支持文件格式

2.3.5 外部文件与内部清理

（1）打包与解包外部文件

外部文件是指“.blend”文件中引用的、以路径状态（绝对或相对路径）存在的、本体存储在“.blend”文件以外的各类资源文件。如图像纹理、音频文件、视频等。这些外部文件只有在自身路径不变的情况下才可以被正确引用，一旦外部文件的路径改变，Blender 内便会直接失效，被记录为“缺失文件”。

打包资源是指将引用的外部文件直接打包嵌入“.blend”文件，引用路径变为内部路径。这在项目迁移、团队协作中非常有用，可以保证在转移文件的过程中不会缺失任何外部资源，但会显著增加文件大小。

1）打包资源

操作方法：执行“文件”菜单→“外部数据”→“打包资源”。Blender 会自动将所有可打包的外部资源打包到“.blend”文件中。

“自动打包资源”：一旦启用此选项，就会立刻打包所有外部文件，并且此后引用任何新的外部文件时都会自动打包。

2）解包资源

操作方法：执行“文件”菜单→“外部数据”→“解包资源”（图 2-3-7），如有已打包的资源，会弹出一个解包资源选项菜单。

• 使用当前目录中的文件（在必要时创建）：会自动在“.blend”文件所在目录创建一

个资源文件夹存放解包文件；如果目录中发现同名文件，则不会覆盖原文件。

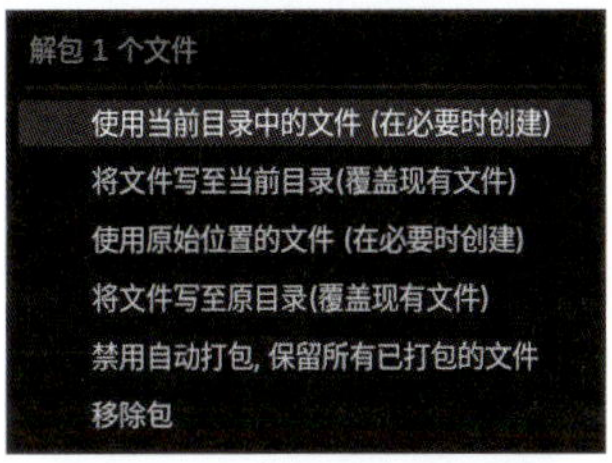

图 2-3-7　解包资源选项菜单

• 将文件写至当前目录（覆盖现有文件）：会自动在“.blend”文件所在目录创建一个资源文件夹存放解包文件；如果目录中发现同名文件，则直接覆盖同名原文件。

• 使用原始位置的文件（在必要时创建）：将打包文件各自解包到打包前的所在目录；如果存在同名文件，则不会覆盖原文件。

• 将文件写至原目录（覆盖现有文件）：将打包文件各自解包到打包前的所在目录；如果存在同名文件，则直接覆盖原文件。

（2）绝对路径与相对路径

文件路径用于定位外部资源（如图像纹理、音频文件、关联的库文件等）。路径可以是“绝对路径”或“相对路径”，两者在文件管理与项目协作中各有优劣。简单来说：

• 如在同一台电脑上制作项目，只需要使用固定路径引用各种文件，不需要变动引用资源的位置，那么就使用绝对路径，这样路径唯一且清晰。

• 如需要频繁转移项目文件和资源，或者将项目交接给其他人，需将引用的资源都整理到项目所在子目录，并设置为相对路径。也可以直接打包资源后解包到文件所在目录。

• 设置方式为执行“文件”菜单→“外部数据”→“路径绝对 / 相对化”。

（3）清理未使用数据

“清理未使用数据”功能能够识别并移除当前场景中存在但未被引用的冗余数据块，从而压缩文件并提升运行效率。例如：当删除一个材质，且被删材质中关联了一张贴图，那么这个材质和贴图数据块就会存在于场景中但并未被引用，变成冗余数据块。可通过如下操作实现：

• 执行“文件”菜单→“清理”→“清理未使用数据”。

• 在大纲视图中，单击左上角第二个按钮“显示模式”，在菜单中选择“未使用的数据”显示模式（图 2-3-8）；可以打开未被引用数据块列表（图 2-3-9），选择其中一项单击右键选择删除；或者单击右上角的“清除”按钮将其全部清除。

图 2-3-8　选择“显示模式”下的“未使用的数据”

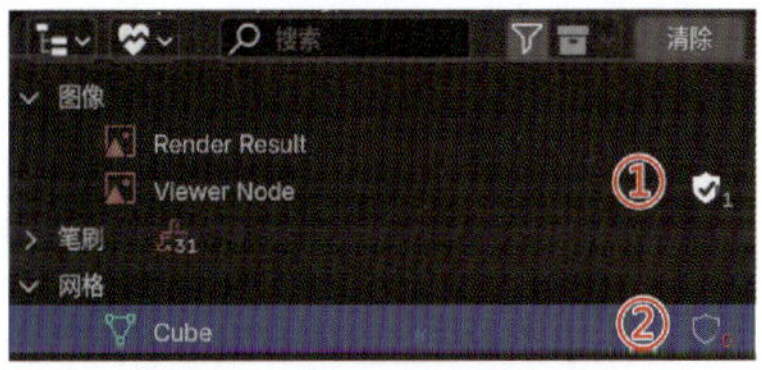

图 2-3-9　大纲视图的“未使用的数据”显示模式

知识拓展 2-5：数据块的引用计数

知识拓展 2-6：文件命名规范

知识拓展 2-7：目录结构规范

2.4 ▸ 物体模式操作基础

2.4.1 添加、重命名和删除物体

切换“物体模式”或其它模式的方式：

• 切换到“物体模式”方式一：点击“设置物体交互模式”下拉菜单（图 2-4-1），选择“物体模式”。此方法亦可用于切换其它模式。

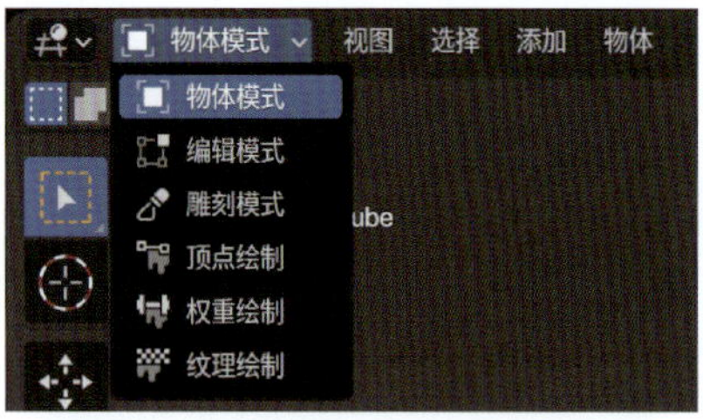

图 2-4-1　设置物体交互模式下拉菜单

• 切换到“物体模式”方式二：在 3D 视图中按住 Tab 键调出“模式”饼菜单（图 2-4-2），将光标滑动到“物体模式”上，松开 Tab 键。此方法亦可用于切换其它模式。

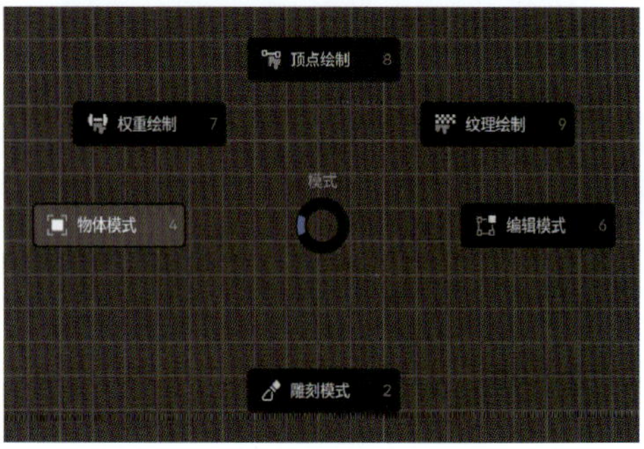

图 2-4-2　饼菜单：切换模式

（1）添加物体菜单

通过“添加”菜单（图 2-4-3），可以在 3D 游标位置添加一个新物体；如果 3D 游标变换位置，添加物体的位置也会跟着变换。

1）将新物体添加到世界坐标原点

先按 Shift+C，将 3D 游标归零为坐标轴原点，然后再添加新物体。这样可以保证创建的新物体初始变换为 0。

2）将新物体添加到特定位置

首先将 3D 游标定位或吸附到指定位置，然后再添加新物体，这样可以在指定位置直接创建新物体。

3）添加物体的操作

在 3D 视图中，定位 3D 游标后按下 Shift+A，打开“添加”物体菜单，选择类别后选择物体，即可在 3D 游标处添加新物体（图 2-4-3）。

图 2-4-3　“添加”菜单

4）可添加物体的类型

• 网格：列举了一系列自带的基础网格形状。它们都是由顶点、边和多边形面组成的（有的没有面，只有边），可以用网格编辑模式中的各类工具进行编辑。

• 曲线：矢量曲线物体，包含贝塞尔曲线、NURBS 曲线、路径等。

• 文本：二维的文本物体，非曲线也非网格，可以转换为曲线或网格。

• 骨架：创建空骨架或者预制骨架，仅用于骨骼绑定和动画。

• 晶格：特殊的、虚拟的线框物体，仅用于“晶格修改器”给物体变形。

• 空物体：一种特殊的虚拟物体，有多种视图形状并且无法被渲染器渲染。

• 灯光：发射灯光的物体，本质上是一个空物体。

• 摄像机：用于确定渲染角度、位置和裁剪方式的虚拟物体。

（2）重命名物体

重命名当前活动项（被选择且以黄色标示的物体）。添加一个物体后，软件会按照默认规则分配一个名称，可通过重命名来更改。表 2-4-1 介绍了各种重命名物体的操作方法。

表2-4-1　重命名物体的操作方法

操作名称	操作方法	操作详解
视图内重命名	按快捷键F2，执行“编辑”菜单中的“重命名活动项”	选中物体，单击F2，弹出输入框，在框内键入新名称后按回车键确认（图2-4-4①）
大纲视图内重命名	大纲视图中重命名	在大纲视图中双击需要重命名的物体名称，进入输入模式，键入新名称（图2-4-4②）
属性编辑器内重命名	“属性编辑器”→“物体”→“名称”	找到物体面板顶部的名称输入框，点击激活，键入新名称（图2-4-4③）

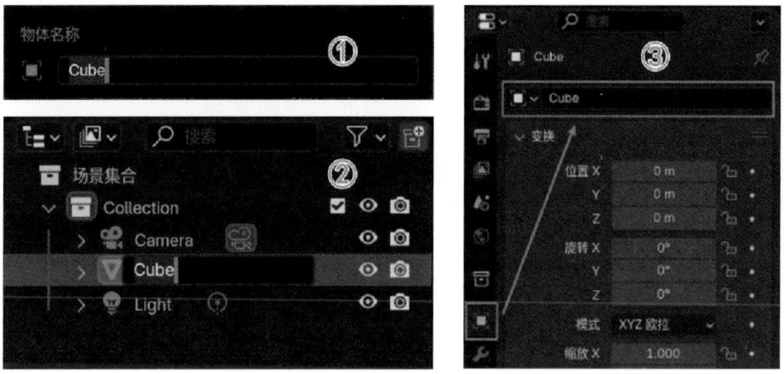

图 2-4-4　3D 视图、大纲视图、属性编辑器内重命名

（3）删除物体

删除命令可以从场景里删除任意数量的被选物体，其操作方法如表 2-4-2 所示。

表2-4-2　删除物体的操作方法

操作名称	操作方法	操作详解
在3D视图删除物体	按快捷键X键或Delete键，执行“物体”菜单中的“删除”命令	首先选择物体，按X键，在弹出的确认框中单击确定；或按Delete键直接删除选定物体
在大纲视图删除物体	按右键菜单中的“删除”命令或按X键	在大纲视图中选择一个物体，单击鼠标右键调出菜单，在其中选择“删除”

2.4.2　选择物体

选择功能贯穿于 Blender 的所有模式，是最重要且最常用的功能。学习并掌握本节物体模式下的选择方法后，可以套用到其它模式（编辑模式、姿态模式）中直接使用。

（1）单选和取消选择

选择 3D 视图中的单个物体，并使其处于当前活动物体（图 2-4-5）。表 2-4-3 介绍了单选与取消选择的操作方法。

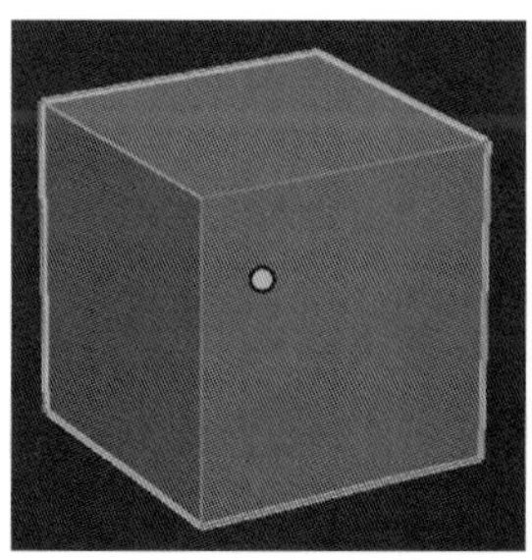

图 2-4-5　被选中的当前活动物体

表2-4-3　单选与取消选择的操作方法

操作名称	操作方法	操作详解
单选	鼠标右键单击物体	用鼠标右键单击一个物体，使它的边框呈现黄色，并且其上显示一个黄色的原点（图2-4-5）
取消单选	鼠标右键单击空白处	在3D视图空白处，单击鼠标右键，让被选物体上的黄色标识消失
	执行“选择”菜单中的“无”命令，快捷键：Alt+A	操作其中一项命令，取消全部选择

*注：在“偏好设置”中，可以切换用右键选择还是用左键选择，本书按照经典的Blender操作方法一律采用“左键游标，右键选择”。

（2）多选和全选

多项选择是指依次或一次性选择多个物体，并使其中一个物体作为“当前活动物体”。表2-4-4介绍了多选物体的操作方法。

*注：“当前活动物体”的概念十分重要，很多具体的命令会“仅作用”于当前活动物体，需要牢记这个名词；“当前活动物体”的标识色（边框、原点）为亮黄色。

表2-4-4　多选物体的操作方法

操作名称	操作方法	操作详解
点击多选	按住Shift+鼠标右键后操作	按住Shift，同时鼠标右键单击多个物体
切换当前活动物体	按住Shift+鼠标右键后操作	当多选了几个物体时，最后被选择的一个物体会成为当前活动物体；如果要切换当前活动物体，按住Shift+鼠标右键单击一个被选物体（以橙色显示），其变成黄色
减选多项选择中的一项	按住Shift+鼠标右键后操作	按住Shift+鼠标右键单击一个当前活动物体，就会取消选择该物体；“先当前，再减选”，只有当前活动物体才可以被减选
全部选择	执行“选择”菜单中的“全部”命令，快捷键：A	操作其中一项命令，即可全选当前场景中所有可选物体
取消选择全部	执行“选择”菜单中的“无”命令，快捷键：Alt+A	操作其中一项命令，即可取消选择全部物体
框选	执行“选择”菜单中的“框选”命令，快捷键：B； 或直接按住左键拖动成框	按下B键显示十字线；按住鼠标左键并拖动鼠标，即可拉出一个矩形框；松开左键后，选中矩形框中的所有物体
框减选	启动框选后 按住Ctrl键和鼠标左键拖动鼠标	当场景中存在多个被选中物体时，激活框选后，按Ctrl键+鼠标左键可以拉出一个矩形框，松开左键后，减选矩形框中的所有物体
刷选	执行“选择”菜单中的“刷选”命令，快捷键：C	激活刷选后，鼠标位置出现一个圆框，按住鼠标左键拖动圆框，即可多选被圆框框住的物体；激活刷选后上下滚动鼠标中键滚轮，可以调节圆框大小
刷减选	按住Shift键刷选	激活刷选后，按住Shift键和鼠标左键，刷减选

（3）被选择项与当前活动物体

首先完成一个多选操作，这时注意观察物体的颜色标识（图2-4-6），橙色（多个）代表同时被选中的物体，又称为被选物体或多选物体；黄色（唯一）代表当前活动物体。

• 同时只能有一个当前活动物体，在多选中可切换当前活动物体。

• 只有当前活动物体可以在属性编辑中调整属性。

• 只有当前活动物体可以被确定为“单目标类命令”的作用目标。

• 当前活动物体决定了一些命令的先后逻辑。例如：在“设置父级目标”命令下，当前活动物体被设为父级，其它被选物体被设为子级。

*注：多项选择的时候，Shift 键 + 右键点击的顺序决定了物体的选择状态，先选中的是被选物体（橙色标识），最后选中的物体是当前活动物体（黄色标识）；按住 Shift+ 右键单击任意已选物体，将它切换为当前活动物体。

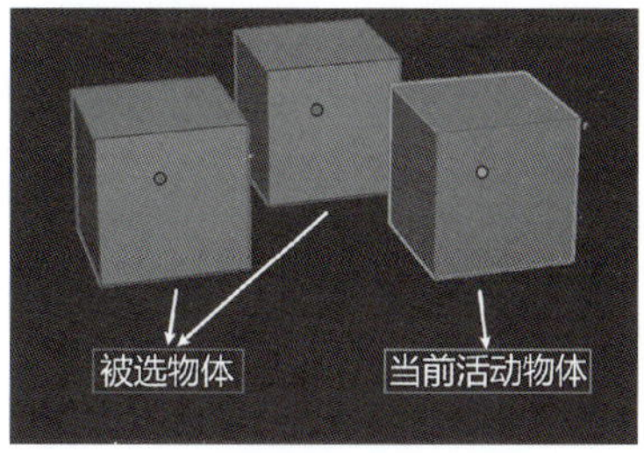

图 2-4-6　被选物体和当前活动物体的颜色标识

（4）其它选择命令

表 2-4-5 介绍了多种灵活的选择命令，掌握它们可以在特殊情况下灵活选择物体。

表2-4-5　其它选择命令的操作方法

操作名称	操作方法	操作详解
反转选择	执行“选择”菜单中的“反转”命令，快捷键：Ctrl+I	取消选择所有被选物体，反转选择所有未选物体
按类型选择	执行“选择”菜单中的“按类型选择”命令	全选某一类物体
按组选择	执行“选择”菜单中的“按组选择”命令	依据所列出的共同点，全选具有某种相同特性的物体
选择相连对象	执行“选择”菜单中的“选择相连对象”命令，快捷键：Shift+L	选择与活动物体共享同一个数据块的所有物体（以活动物体的某个数据块作为选择其它物体的依据）
按名称选择	执行“选择”菜单中的“按名称”命令	选择所有与已给出的名称、关键词、通配符相匹配的物体

案例实践 2-1：选择专项练习

案例2-1步骤　　案例2-1视频

2.4.3　将所选物体平滑着色

“平滑着色”和“平直着色”是用于控制物体表面显示效果的两种着色方式（图 2-4-7）。它们影响 3D 视图下“实体”视图的着色方式，同时影响渲染结果和模型导出的结果。

表 2-4-6 介绍了切换平滑着色与平直着色的操作方法。

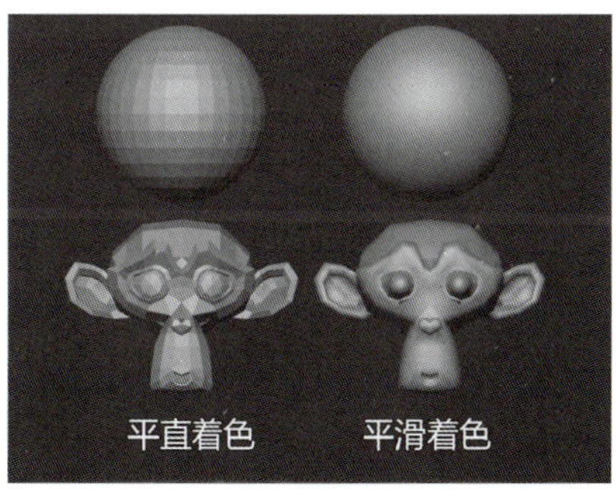

图 2-4-7　平直着色与平滑着色

表2-4-6　切换平滑着色与平直着色的操作方法

操作名称	操作方法	操作详解
平滑着色	“物体”菜单（W键）中的“平滑着色”命令	选择物体后，切换平滑着色
自动平滑着色	“物体”菜单（W键）中的“自动平滑着色”	选择物体后，切换“自动平滑着色”；自动添加“按角度平滑”修改器，可调整计算平滑的角度
平直着色	“物体”菜单（W键）中的“平直着色”命令	选择物体后，切换平直着色

2.4.4　物体空间变换

物体变换包括移动（G键）、旋转（R键）和缩放（S键）。通过变换操作，可以在三维空间中随心所欲地控制物体的位置、方向和大小。

（1）物体模式下的工具栏

工具栏位于3D视图左侧，提供常用的变换工具和标注测量工具。通过点击工具栏上的按钮，可快速切换相应的功能。如同现实中的工具，使用完需切换回默认的选择工具，防止误操作。表2-4-7介绍了图2-4-8所示工具栏中每一种工具的名称和功能。

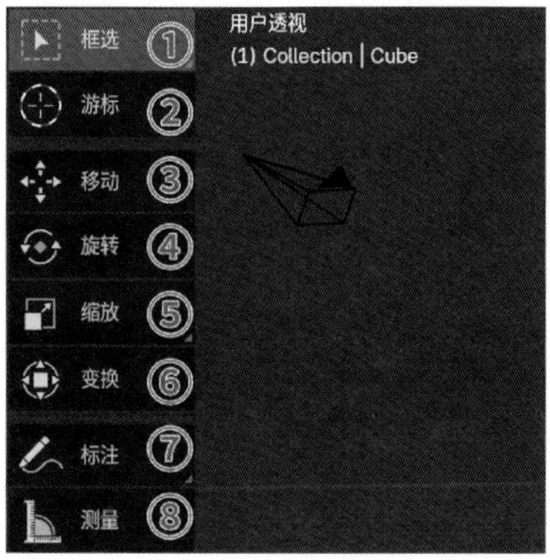

图2-4-8　物体模式下的工具栏

表2-4-7　物体模式下的工具栏介绍

图中序号	工具名称	功能和作用
①	框选	使用框选方式选择项目；快捷键：B
②	游标	按住鼠标左键可移动3D游标的位置，通过拖拽进行变换
③	移动	移动选中对象；快捷键：G
④	旋转	旋转选中的对象；快捷键：R
⑤	缩放	全局或局部调整所选对象的尺寸；快捷键：S
⑥	变换	组合式工具，同时实现移动、旋转和缩放
⑦	标注	创建手绘标注，这些标注是虚拟的，不影响渲染
⑧	测量	用于测量距离和角度，需要结合吸附工具使用；在任意位置拖动鼠标左键进行测量，按下X键删除活动的测量数据

（2）移动（G键）

表2-4-8介绍了移动物体的相关操作方法，需要全部掌握。

表2-4-8　移动物体的相关操作方法

操作名称	操作方法	操作详解
移动	按G键激活移动模式	在选中一个或多个物体的状态下按G键激活移动模式，随后将根据光标位置移动；单击鼠标左键确认移动，或单击右键取消
沿轴移动	按G键移动时输入X/Y/Z	激活移动模式时，按下X/Y/Z，将移动约束到对应轴
按数移动	按G键移动时键入数值	激活移动模式时，输入数值N，即移动N个单位（例如：G→2.2，即移动2.2m）
变换面板移动	3D视图“侧栏（N面板）”→“条目”→“变换”→“位置”	先在3D视图右侧栏找到位置栏，然后选择如下操作：①直接在X、Y、Z输入框中输入移动数值；②单击输入框左右按钮调整数值；③在输入框上按住鼠标左键拖动改变数值

*注：用标准视图约束移动，先进入一个标准视图，再用移动工具或G键进行移动，这样可以获得3D视图下难以达到的精度。

*注："G沿轴移动"与"G按数移动"可以结合使用。如输入G→X→5即物体沿X轴移动5m。

> **小练习**
>
> 用正视图精确移动对齐物体

在3D视图中移动一个物体是按照X、Y、Z三个轴向进行的，这样经常会导致无法准确移动到位；但切换到标准视图下则按照两个轴向进行移动，更加准确。

当需要将立方体的一角对齐灯光物体的中心时，在透视图上难以准确对齐（图2-4-9左），只有切换到正视图后移动（图2-4-9右），再切换到顶视图移动，才能准确完成这项操作（图2-4-10）。请打开Blender按照描述操作一遍。

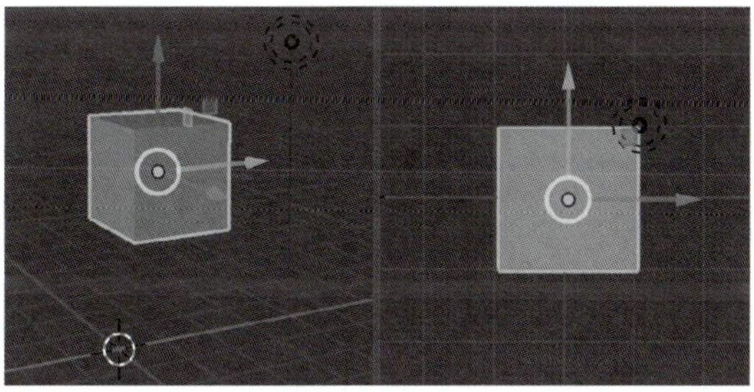

图 2-4-9　在标准视图上移动物体

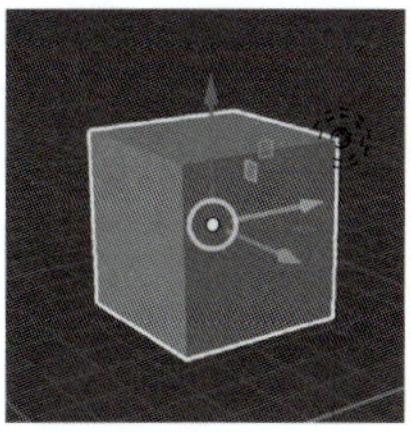

图 2-4-10　成功将立方体一角对齐灯光物体中心

（3）旋转（R键）

表2-4-9介绍了旋转物体的相关操作方法，需要全部掌握。

*注："R沿轴旋转"与"R按数旋转"可以结合使用。如输入R→X→3即物体沿X轴旋转3°。

> **小练习**
>
> 打开一个默认场景，将立方体沿X轴旋转33°、沿Y轴旋转45°；然后通过顶、侧、前视图，将摄像机物体旋转到平行于基面栅格的方向（图2-4-11）。

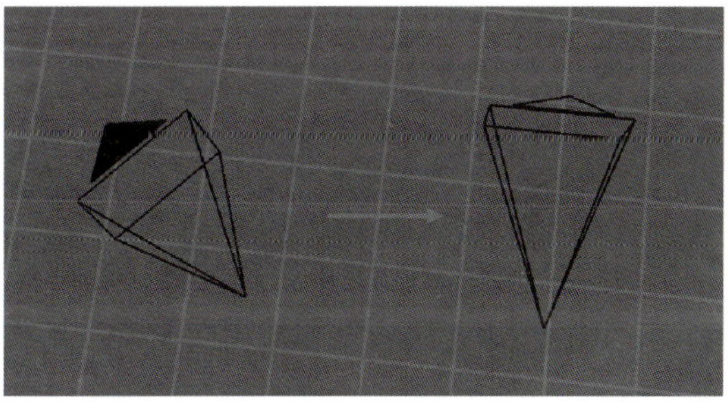

图 2-4-11　将摄像机物体旋转到平行于基面栅格的方向

表2-4-9　旋转物体的相关操作方法

操作名称	操作方法	操作详解
旋转	按R键激活旋转模式	在选中一个或多个物体的状态下按R键激活旋转模式，跟随光标自由旋转；单击左键确认旋转，或单击右键取消操作
沿轴旋转	按R键旋转时输入X/Y/Z	激活旋转模式后，按下X/Y/Z键，将旋转约束到对应轴
按数旋转	按R键旋转时输入数值	按R键后输入数值N，即旋转N°（例如：R→3.2，即旋转3.2°）
变换面板旋转	3D视图"侧栏（N面板）"→"条目"→"变换"→"旋转"	先在3D视图右侧栏找到旋转栏，然后选择如下操作：①直接在X、Y、Z输入框中输入旋转数值；②单击输入框左右按钮调整数值；③在输入框上按住左键拖动改变数值

表2-4-10　缩放物体的相关操作方法

操作名称	操作方法	操作方法
缩放	按S键激活缩放模式	在选中一个或多个物体的状态下按S键激活缩放模式，跟随光标自由缩放；单击左键确认缩放，或单击右键取消操作
沿轴缩放	按S键缩放时输入X/Y/Z	激活缩放模式后，按下X/Y/Z键，将缩放约束到对应轴
按数缩放	按S键缩放时键入数值	按S键后输入数值N，即缩放N倍（例如：S→0.2，即缩放0.2倍）
变换面板缩放	3D视图“侧栏（N面板）”→“条目”→“变换”→“缩放”	先在3D视图右侧栏找到缩放栏，然后选择如下操作：①直接在X/Y/Z输入框中键入缩放数值；②单击输入框左右按钮调整数值；③在输入框上按住左键拖动改变数值

（4）缩放（S键）

表2-4-10介绍了缩放物体的相关操作方法，需要全部掌握。

*注：“S沿轴缩放”与“S按数缩放”可以结合使用。如输入S→X→0.5即物体沿X轴缩放0.5倍。

小练习

打开一个默认场景，将立方体物体按以下数值缩放，X: 0.5，Y: 1.3，Z: 5，最后将立方体整体缩放3倍。

（5）使用物体操控器进行变换

物体操控器（Gizmo）通过可视化的手柄和控件，帮助用户直观地完成物体的空间变换。可以在3D视图的左侧工具栏中找到，也可以在菜单栏右上角“显示操控器”下拉菜单中（图2-4-12下），勾选某个操控器来保持强制显示该操控器。

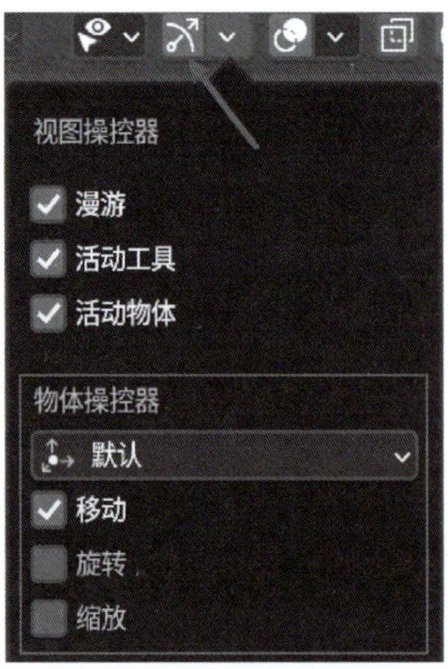

图2-4-12　物体操控器栏

1）移动操控器（图2-4-13）

• 功能：沿X、Y、Z轴和XY、XZ、YZ坐标平面移动物体。

• 手柄：三个箭头，分别对应X（红）、Y（绿）、Z（蓝）轴；三个平面，分别对应YZ（红）、XZ（绿）、XY（蓝）坐标象限平面。

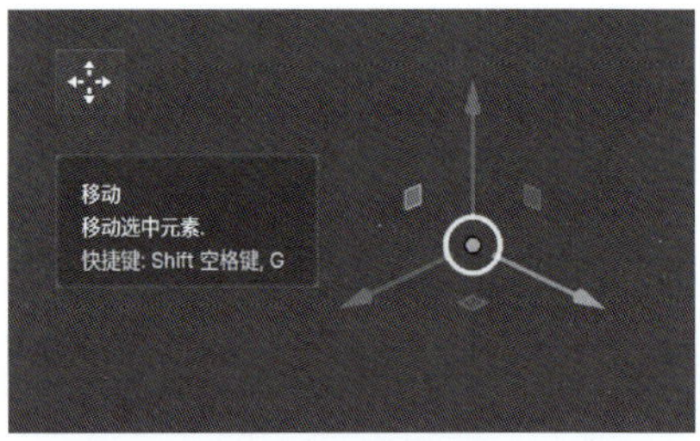

图2-4-13　物体操控器——移动

2）旋转操控器（图2-4-14）

• 功能：绕X、Y、Z轴旋转物体。

• 手柄：三个彩色圆环，分别对应X（红）、Y（绿）、Z（蓝）轴；拖动“白色大圆环”时沿当前视图平面旋转物体，白色圆环永远平行于视图平面。

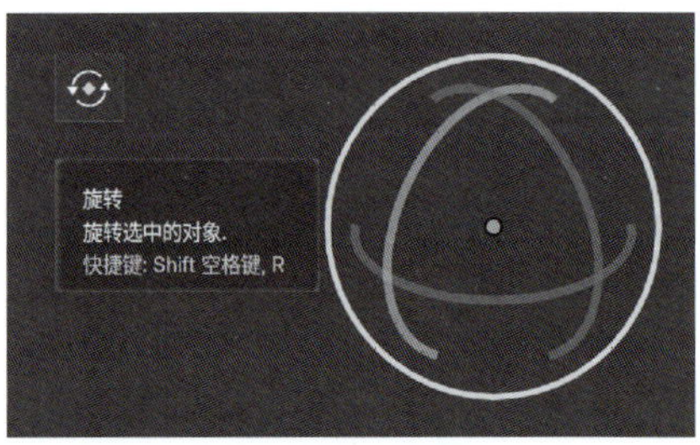

图2-4-14　物体操控器——旋转

3）缩放操控器（图2-4-15）

• 功能：沿X、Y、Z轴缩放物体。

• 手柄：三个彩色方块，分别对应 X（红）、Y（绿）、Z（蓝）轴；三个平面，分别对应 YZ（红）、XZ（绿）、XY（蓝）坐标象限平面；白色大圆环，控制物体的整体缩放。

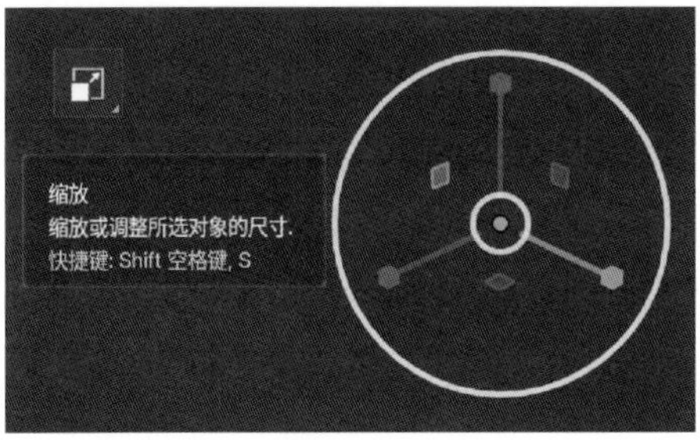

图 2-4-15　物体操控器——缩放

4）物体操控器操作技巧

• 拖动操控器手柄时，按住 Shift 键可以进行微调，提高变换精度；按住 Ctrl 键可以吸附到栅格增量。

• 根据需求打开“吸附”功能，选择合适的吸附方式，可以一步完成所需的对齐变换。

• 优先使用标准视图变换，更加精准。

（6）快捷键组合输入

Blender 有一套独特的快捷键组合输入方式，在刚上手时会感到困惑，但一经掌握就会发现这套操作方法高效且符合逻辑。无论在什么模式下都共用一套操作思路，学会即可一通百通。

1）本书中快捷键组合输入的描述公式

• “+”：同时按住几个键，例如 Shift+D，指同时按下 Shift 键和 D 键，然后松开。

• “→”：完成上一步操作后进行的下一步操作，例如 Shift+D →移动鼠标→左键确定，指 Shift+D 后松开，接着移动鼠标，最后单击左键。

• “按住拖动鼠标”：按住鼠标某个键不松开，同时移动鼠标，改变光标位置。

• “滚动鼠标中键”：上下滚动鼠标中间的滚轮。

• “确认命令”：单击鼠标左键或按下回车键。

• “取消命令”：单击鼠标右键或按下 ESC 键。

2）操作组合举例 1

操作目标：将物体随意向右移动。

如图 2-4-16 所示，操作逻辑链为：选择物体→进入物体移动模式→向右移动物体→确认移动。转换成按键命令就是：单击右键→ G →右移鼠标→单击左键。

图 2-4-16　移动操作组合 1

3）操作组合举例 2

操作目标：将物体沿着 X 轴随意向左移动。

如图 2-4-17 所示，操作逻辑链为：选择物体→进入物体移动模式→切换为 X 轴约束移动→向左移动物体→确认移动。转换成按键命令就是：单击右键→ G → X →左移鼠标→单击左键。

图 2-4-17　移动操作组合 2

4）移动操作组合 3

操作目标：将物体沿着 X 轴正方向向左移动 52m。

如图 2-4-18 所示，操作逻辑链为：选择物体→进入物体移动模式→切换为 X 轴约束移动→移动 52m（正数代表 X 轴正方向）→确认移动。转换成按键命令就是：单击右键→ G → X → 52 →单击左键。

图 2-4-18　移动操作组合 3

（7）清空变换和应用变换

1）清空变换

清空变换指将选中物体的位置、旋转和缩放数值归零，让物体（的原点）回到世界坐标中心位置（图 2-4-19）。也就是：位置（0，0，0），旋转（0，0，0），缩放（1，1，1）。表 2-4-11 介绍了清空变换的操作方法。

*注：物体的变换属性（位置、旋转、缩放）是保存在物体数据块之外的，它（变换属性）仅描述该物体“原点”的变换偏移量（增量），所以

清空变换仅是清除该物体“原点”变换后的偏移值，“清空变换”等于“原点”偏移值归零，等于物体“原点”位置回到“初始状态（世界坐标原点）”。

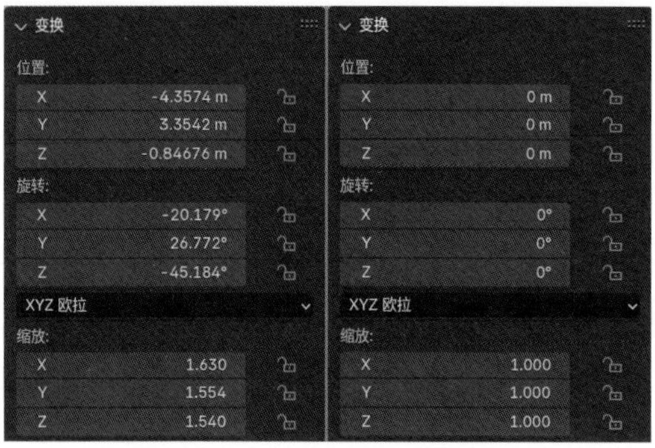

图 2-4-19　清空物体变换偏移值

2）应用变换

应用变换用于将物体的网格位置固化，将原点归零到世界坐标轴心（清空变换偏移值）。表 2-4-12 介绍了应用变换的操作方法。

• 简单理解：将物体原点归零，物体的网格留在原地。

• 进阶原理：应用变换命令，是将物体原点的变换偏移值计算到网格中每个顶点的坐标，并将其写入网格数据块（顶点位置）中，而物体（物体原点）变换归零。

（8）合并多选物体

合并命令，是将被选的同类物体（前提是可被合并的物体）合并到当前活动物体，成为单个物体，原点为当前活动物体的原点。同时，所有数据块（形态键、材质、顶点组、UV）都并入活动物体，删除被合并物体包含的修改器、约束、父级等外部修改。表 2-4-13 介绍了合并多个物体的操作方法。

* 注：合并的前提是物体类型支持合并且必须是同类物体，如网格、曲线、曲面或骨架。灯光、空物体、摄像机等虚拟物体无法合并。

表2-4-11　清空变换的操作方法

操作名称	操作方法	操作详解
清空位置	执行“物体”菜单→“清空”→“位置”命令，快捷键：Alt+G	执行命令，让物体位置变换归零
清空旋转	执行“物体”菜单→“清空”→“旋转”命令，快捷键：Alt+R	执行命令，让物体旋转变换归零
清空缩放	执行“物体”菜单→“清空”→“缩放”命令，快捷键：Alt+S	执行命令，让物体缩放变换归零

表2-4-12　应用变换的操作方法

操作名称	操作方法	操作详解
应用位置	执行“物体”菜单→“应用”→“位置”；或按快捷键Ctrl+A→“应用”→“位置”	打开“应用”菜单，选择变换通道，执行应用命令，让物体的某一项变换增量归零（原点到世界坐标中心），同时让物体网格保持在原位
应用旋转	执行“物体”菜单→“应用”→“旋转”；或按快捷键Ctrl+A→“应用”→“旋转”	
应用缩放	执行“物体”菜单→“应用”→“缩放”；或按快捷键Ctrl+A→“应用”→“缩放”	

表2-4-13　合并选择物体的操作方法

操作名称	操作方法	操作详解
菜单操作方式	执行“物体”菜单中的“合并”命令，快捷键Ctrl+J	选择被合并物体，然后按Shift+右键选择合并目标物体，成为当前活动物体，执行“合并”命令后将选择物体合并到活动物体（图2-4-20）
快捷键操作方式		

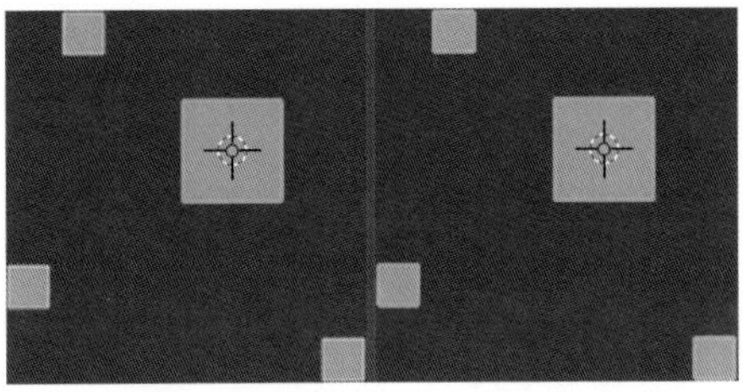

图 2-4-20 将三个小方块合并到大方块

2.4.5 调整上一步操作与撤销上一步操作

（1）调整上一步操作

“调整上一步操作”是一个固定位置的面板（3D 视图左下）。在执行任何命令后，该面板都会自动弹出，并列出其附加参数以供调整。这是非常强大且实用的参数调整工具，要时刻注意，并养成从调整上一步操作面板中调整参数的习惯。

• 在任意操作完成后，3D 视图左下角弹出调整上一步操作面板；其标题名称为刚刚执行的操作命令名称，如“移动”“缩放”“内插面”等（图 2-4-21）。

• 如果面板被折叠，点击 3D 视图左下角面板位置的折叠按钮会弹出来。

• 如果面板消失，按 F9 键可以重新调出来。

• 仅包含上一步操作的选项，后续操作会覆盖当前面板内容。

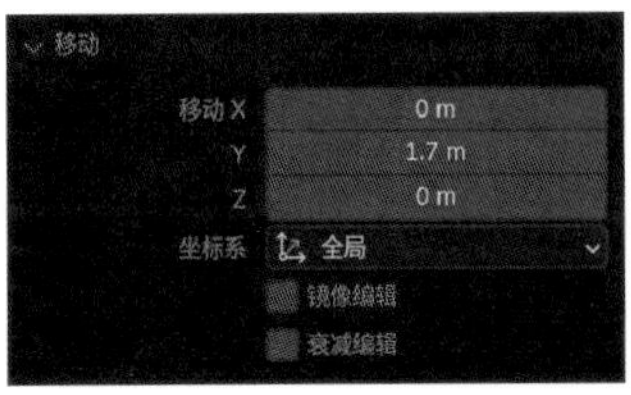

图 2-4-21 调整上一步操作面板

（2）撤销与重做

撤销与重做可以回滚到某步操作之前的状态。Blender 会自动在后台记录用户的操作历史，但有条目数量上限。表 2-4-14 介绍了撤销与重做的操作方法。

＊注：可供撤销的历史记录暂存在系统内存中，不但记录条目数量有限，且仅在当前会话中有效，关闭会话时操作历史会丢失。所以在重要操作节点前，正确的做法是保存一个“.blend”文件副本作为回溯操作的备份，而不是依赖撤销功能。

（3）配置历史记录深度

Blender 暂存有限的操作历史记录条目（32 条）。超过记录条目上限时，记录下一步操作时删除最早的操作记录。

在“偏好设置”→“系统”→“内存 & 限制”→“撤销次数”中（图 2-4-22），根据系统内存大小调整历史记录撤销次数上限。如果内存足够大（32 ～ 64G），可设置默认值双倍或三倍的撤销次数上限，这样可显著增加操作的容错率。

图 2-4-22 “偏好设置”“系统”中的“内存 & 限制”

2.4.6 物体的原点

（1）什么是物体原点

将物体的变换偏移值保存为物体坐标的虚拟点，每个物体都有原点。原点是物体变换的基准，所以原点是理解物体变换的关键。

表2-4-14 撤销与重做的操作方法

操作名称	操作方法	操作详解
撤销	执行“编辑”菜单中的“撤销”，快捷键：Ctrl+Z	执行命令后，全局回滚一步操作
重做	执行“编辑”菜单中的“重做”，快捷键：Shift+Ctrl+Z	执行命令后，恢复一步被撤销的操作
重做历史	执行“编辑”菜单中的“撤销历史”	通过列表列出操作历史记录，全局回滚到任意一步
重复上一步	执行“编辑”菜单中的“重复上一步”，快捷键：Shift+R	执行命令后，快速重复执行上一次操作，操作的参数和偏移量与上一步操作相同

*注：由于“坐标”只能用点来计算和表示，所以原点可以理解为“代表”了物体坐标的一个抽象点，代替物体中任意点来计算和存储变换前后的坐标，原点坐标就是物体坐标。

1）原点的作用

原点作为变换的默认轴心点，且保存每次变换后的坐标。比如，旋转物体时，如果原点在物体中心，物体会绕中心旋转；如果原点在边缘，物体就会绕边缘旋转，就像门绕门轴旋转一样。

2）原点的表现

原点在 3D 视图中表现为一个小圆点，它只能呈现在被选物体上。原点的颜色与物体选择状态的颜色相同。

3）原点的位置

新建任意物体的默认原点位于物体的质心点（默认质量中心）。但是也可以通过操作变换原点的位置。最典型的是“应用变换”命令。

原点位置偏移的影响：作为默认变换的轴心点，各类变换操控器（图 2-4-23 红绿轴），都会默认显示在物体原点处。原点偏移，操控器位置也会跟随偏移（图 2-4-23）。

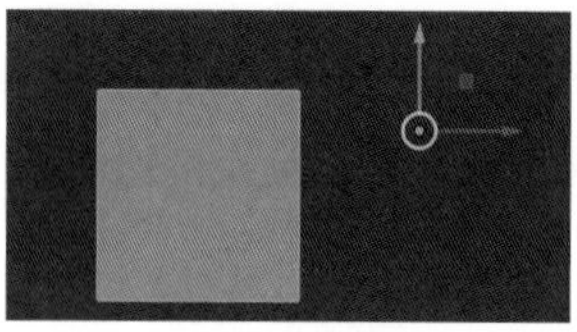

图 2-4-23　物体操控器跟随原点位置偏移

（2）变换物体原点

变换物体原点是指将选中物体的原点从当前位置变换到指定位置，主要分为“吸附”和“移动”两种方式。表 2-4-15 介绍了变换物体原点的操作方法。

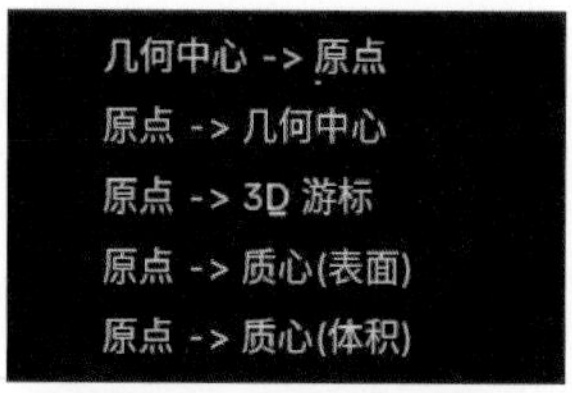

图 2-4-24　“设置原点”菜单

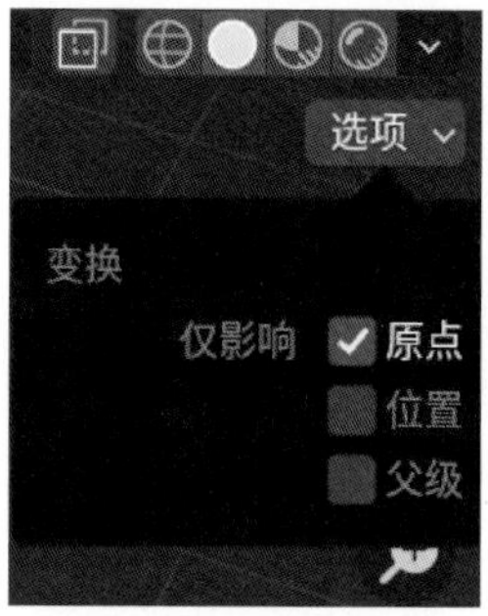

图 2-4-25　用移动工具直接变换原点的开关

如图 2-4-24“设置原点”菜单的常用选项（W 键设置原点），选择任何一项都可以将当前活动物体的原点吸附到选项的位置。例如，执行“原点 ->3D 游标”命令后，无论 3D 游标在什么位置，活动物体原点都会被吸附到 3D 游标中心，这是最常用、最灵活的方式，但需要提前定位 3D 游标。

- “几何中心 -> 原点”：将物体以自身几何中心作为基准与原点对齐，这适用于原点偏离几何中心的情况。
- “原点 -> 几何中心”：将物体的原点吸附到自身几何中心，同样适用于原点偏离几何中心的情况（图 2-4-26）。
- “原点 ->3D 游标”：将物体原点吸附到 3D 游标位置。执行此命令前，需先确定好 3D 游标的位置（图 2-4-27）。

表2-4-15　变换物体原点的操作方法

操作名称	操作方法	操作详解
用菜单栏变换物体原点	选择3D视图标题栏“物体”菜单中的“设置原点”	给出了几种原点吸附方式（图2-4-24），选择即应用
用W菜单变换物体原点	按W键在弹出的“物体”菜单中有“设置原点”	给出了几种原点吸附方式（图2-4-24），选择即应用
使用移动工具变换物体原点	移动工具配合“变换仅影响原点”	从工具栏上切换移动工具后，打开3D视图右上角“选项”下拉菜单的中的“仅影响原点”后（图2-4-25），移动工具可直接移动原点

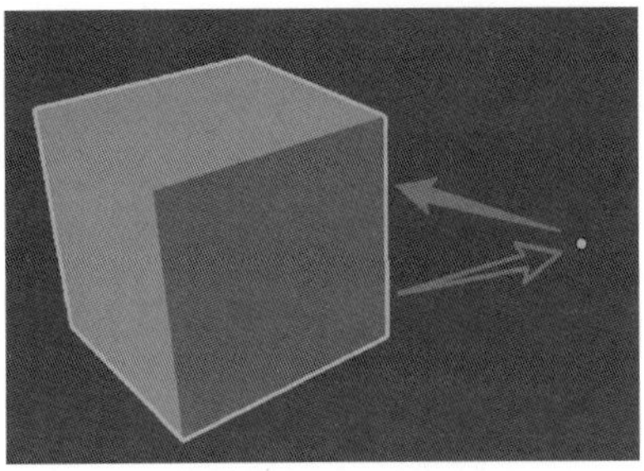

图 2-4-26　将几何中心吸附到原点与将原点吸附到几何中心

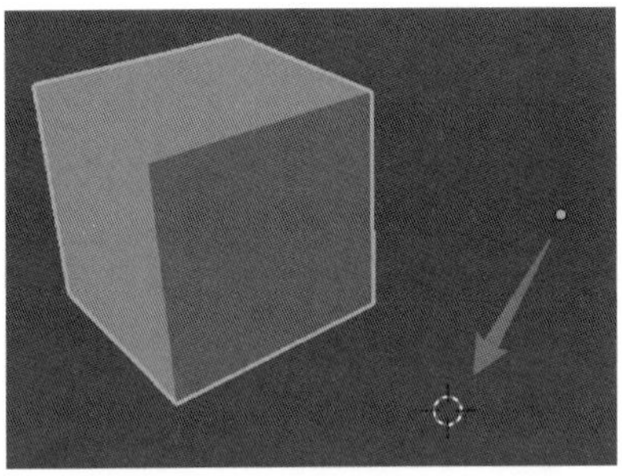

图 2-4-27　原点吸附到 3D 游标

2.4.7　物体变换进阶

在某些情况下，需要将非原点的其它参考点作为变换的轴心点。

如果为了变换轴心点而频繁改变原点位置，等于反复更改坐标中心，非常容易出现问题，不是最佳选择。下面介绍变换轴心点功能，让变换操作更加灵活可控。

（1）变换轴心点

“变换轴心点”功能可随时改变物体的轴心点，也就是操纵器的位置。单击 3D 视图顶部菜单栏上的“变换轴心点”按钮，在下拉菜单中选择一个变换轴心点（图 2-4-28）。

图 2-4-28　切换“变换轴心点”下拉菜单

*注：轴心点与原点不同，它只是一个虚拟的临时参考点，并不是物体本身的属性，所以对轴心点位置的调整并不会改变物体的任何属性。

• “边界框中心”：与包裹物体的虚拟立方体中心对齐（图 2-4-29）。

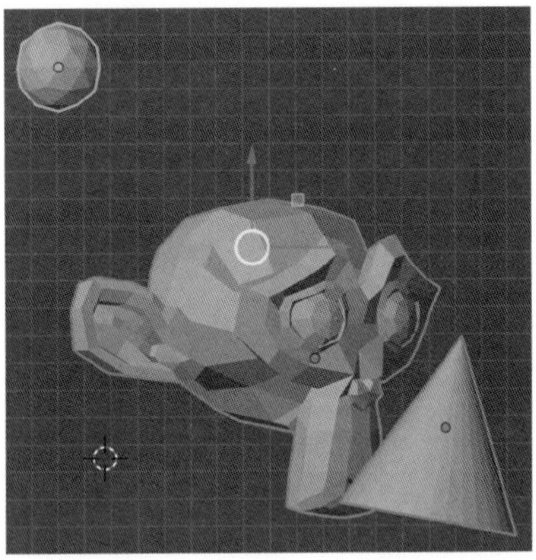

图 2-4-29　轴心点为“边界框中心”

• “3D 游标”：由于 3D 游标可以自由定位，所以此选项的优势在于灵活手动定位轴心点（图 2-4-30）。

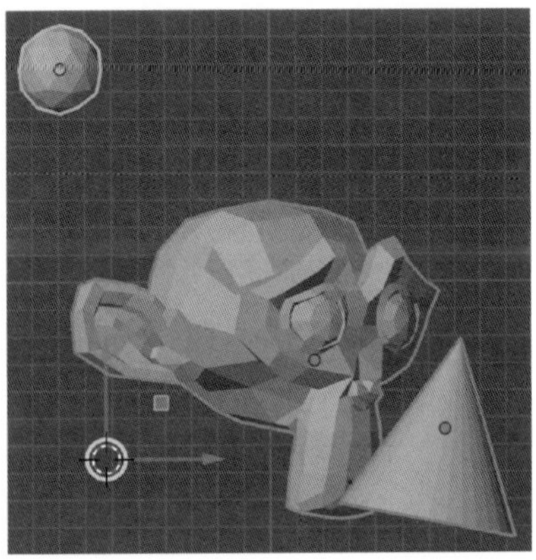

图 2-4-30　轴心点为“3D 游标”

• “各自的原点”：与批量操作多个选择物体时的各自原点对齐（图 2-4-31）。例如，此时旋转物体，它们不会围绕一个公共轴心旋转，而是分头独自旋转。

• “质心点”：与物体的公共虚拟质心对齐（图 2-4-32）。

• “活动元素”：与当前活动物体的原点对齐（图 2-4-33）。

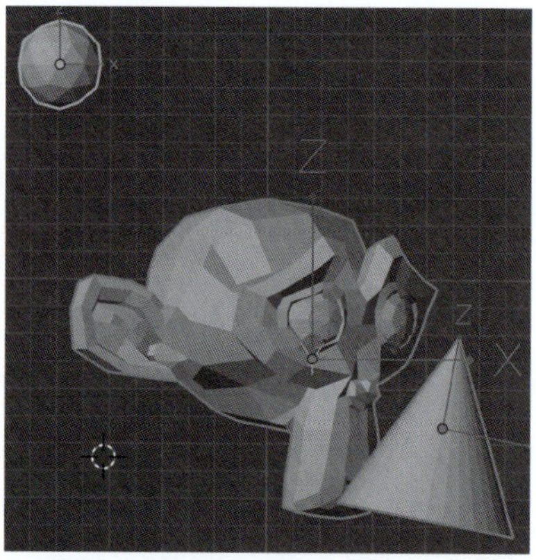

图 2-4-31　轴心点为“各自的原点”

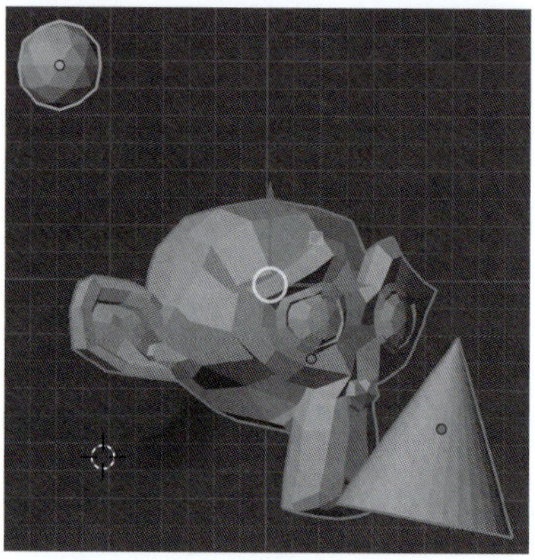

图 2-4-32　轴心点为“质心点”

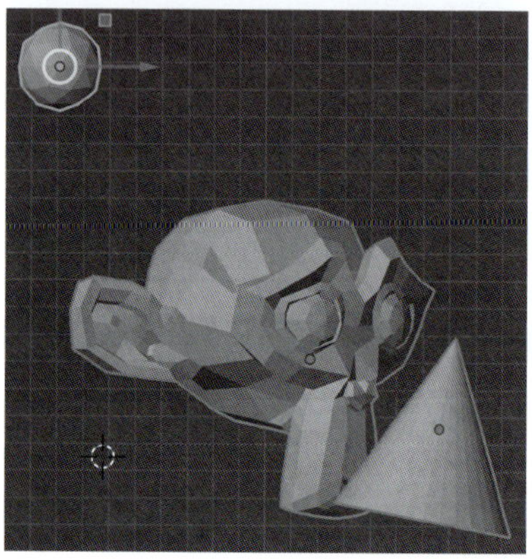

图 2-4-33　轴心点为“活动元素”

知识拓展 2-8：边界框、边界框中心与质心点

（2）变换坐标系

变换坐标系定义了物体变换时的“基准坐标轴”，也就是物体操控器显示的对齐方向。其作用是解决三维空间变换时不同情景下，不同的轴向对齐要求。

＊注：操控器是指在 3D 视图工具栏上切换到移动、旋转或缩放工具后，物体原点处显示的虚拟 UI。操控器的位置被“变换轴心点”改变。操控器的方向被“变换坐标系”改变。

切换变换坐标系，需要在 3D 视图顶部菜单栏找到“变换坐标系”按钮，单击弹出下拉菜单（图 2-4-34），按需选择一个适合当前场景的变换坐标系。

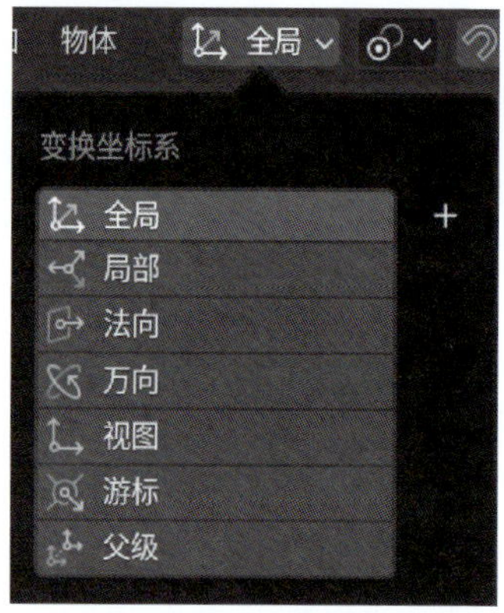

图 2-4-34　切换变换坐标系

• “全局”坐标系：与全局的世界坐标轴对齐，也就是世界坐标系原点出发的三条轴（图 2-4-35 左）。无论物体如何旋转，都不会改变。

• “局部”坐标系：将变换轴与活动物体的自身轴向对齐（包含原点的本地旋转数据）。如果物体自身有旋转数值，那么局部坐标系也会根据旋转偏移量旋转（图 2-4-35 右）。

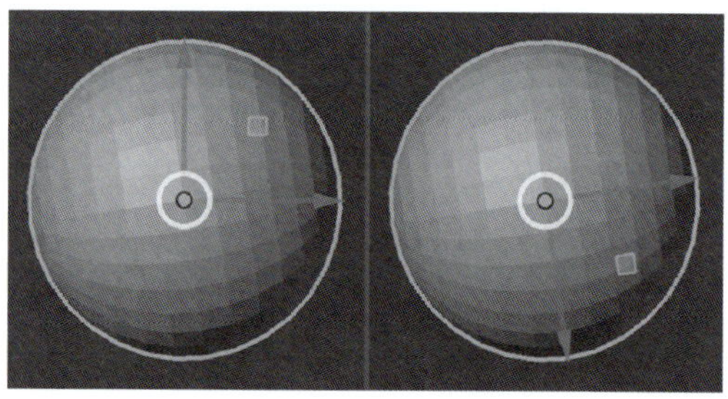

图 2-4-35　全局坐标系（左）与局部坐标系（右）

• “法向”坐标系：在物体模式下，等效“局部”方向；在编辑模式下，使变换坐标轴的 Z 轴与所选对象（顶点、边、面）的平均法向对齐。

• “万向”坐标系：仅影响旋转工具。使用特殊的“万向节锁”旋转方式，开启后显示三条基于“欧拉旋转”的轴（不再相互垂直），可以旋转出复杂的效果，适用于自由、无序旋转动画。

• “视图”坐标系：将变换轴与视图平面对齐，此时的 X 轴和 Y 轴即刻对齐视图平面的 X 轴和 Y 轴。

• “游标”坐标系：将变换轴与 3D 游标的坐标轴对齐。

• “父级”坐标系：将变换坐标轴与其父级坐标轴对齐，相当于用父级的坐标轴来变换当前子级物体。

（3）变换增量

变换增量是一套叠加在物体变换之上的附加变换，允许在不修改物体当前变换值的前提下进行额外调整。这在动画制作中尤为实用，可以在不改变动画的情况下进行微调。其位于“属性编辑器”→“物体”→“变换增量”（图 2-4-36 右）。

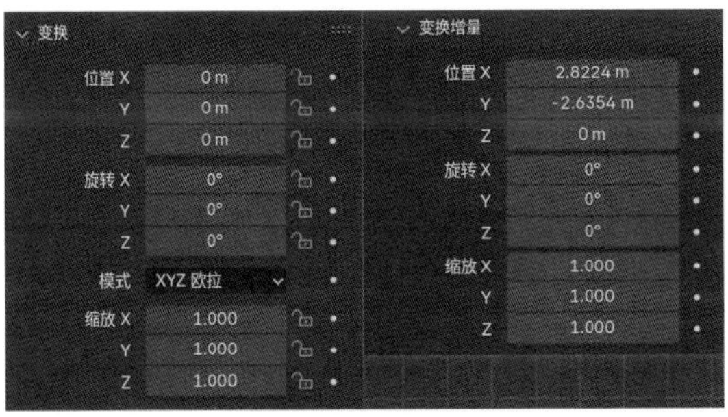

图 2-4-36　同一个物体的变换与变换增量属性

2.4.8　复制和镜像物体

复制命令为所选物体创建一致的副本，将其包含的数据块一同复制（材质、纹理、网格数据等），并在物体名称后自动增加一个数字后缀（.001）。

复制分为两种结果导向的方式：复制与关联复制。

• 复制（独立副本、互不干涉）：复制一个物体，并将该物体全部数据块复制为各自单独的副本，编辑原物体不会改变复制项。

• 关联复制（共享数据、一变都变）：关联复制的物体，当修改任意物体的数据块时，所有关联物体一同变化。原理是关联复制的物体，都共享一套数据块。

*注：物体模式变换数据由于不包含在数据块中，所以不会被关联复制。也就是说，每个物体的自身变换不会相互影响。

（1）复制并移动

表 2-4-16 介绍了复制物体并移动的操作方法。

（2）关联复制

关联复制物体的操作方法与复制物体相同，只是在正常复制一个物体后，找到 3D 视图左下角的调整上一步操作面板，勾选其中的“关联”。

（3）镜像物体

镜像是指将选中物体沿某个轴心点做 180° 翻转。也可以在复制后镜像物体，这样就会得到一个与其对称的复制品。表 2-4-17 介绍了镜像物体的操作方法。

镜像轴心点：如果选择局部坐标轴，可以通过“变换轴心点”面板切换到任意轴心点，然后沿新轴心点的局部坐标轴镜像物体。如图

表2-4-16　复制物体并移动的操作方法

操作名称	操作方法	操作详解
复制并移动命令	执行“物体”菜单中的“复制物体”，快捷键：Shift+D	选择物体后按Shift+D，物体将被复制并直接进入移动状态，可通过拖动鼠标或输入数值调整位置（等同于移动）
在大纲视图中复制	执行右键菜单→“复制”→右键菜单→“粘贴数据块”	在大纲视图中，在物体上单击右键，调出物体菜单后选择“复制”；在空白处单击右键，选择“粘贴数据块”

表2-4-17　镜像物体的操作方法

操作名称	操作方法	操作详解
交互镜像	快捷键：Ctrl+M	选择物体后按 Ctrl+M，进入交互镜像模式； 按下X/Y/Z键：切换对应的镜像轴心； 按住鼠标中键并拖动鼠标：根据拖动方向切换轴心；按左键确定，按右键取消
镜像菜单	执行“物体”菜单中的“镜像”（图2-4-37）	X/Y/Z全局：按世界坐标系的轴心进行镜像翻转； X/Y/Z局部：按局部坐标轴方向进行镜像翻转

2-4-38 和图 2-4-39 所示，当切换了变换轴心点时，镜像也发生了变化。

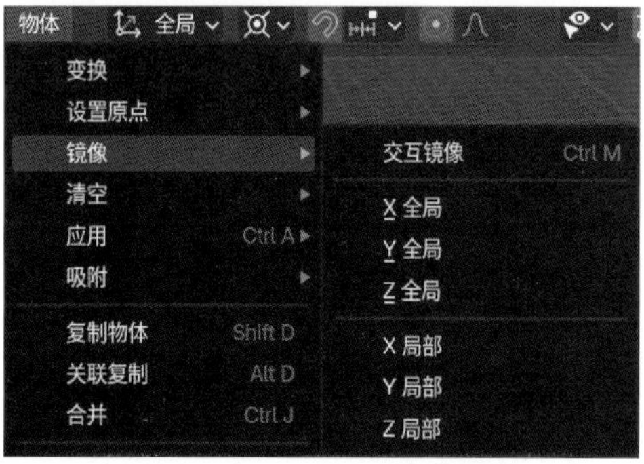

图 2-4-37　物体模式镜像菜单

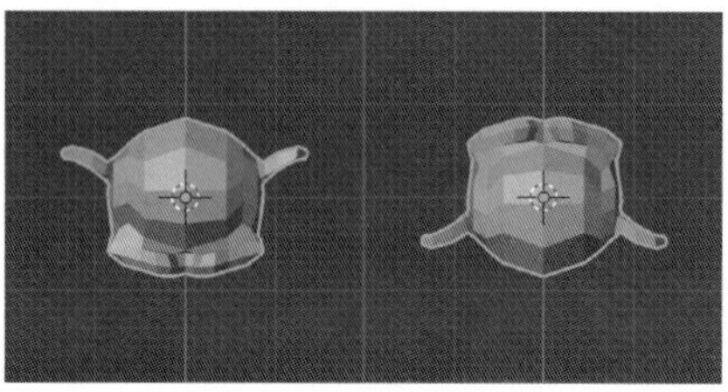

图 2-4-38　围绕默认轴心（原点）进行 Y 轴镜像

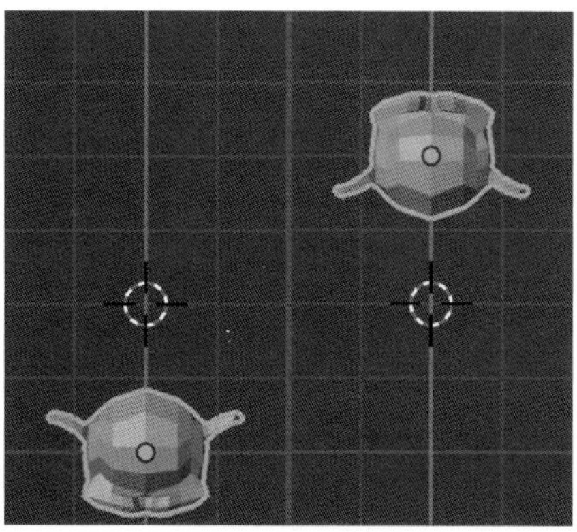

图 2-4-39　以 3D 游标为轴心点进行 Y 轴镜像

2.4.9　3D游标

3D 游标（3D Cursor）简称游标，作为 Blender 的独有特色工具，主要起到辅助定位与辅助轴心点两个作用。

（1）3D 游标定义及功能

1）3D 游标的外观

在 3D 视图和 2D 视图中皆有显示，由轴与红白圆圈组成（图 2-4-40）。

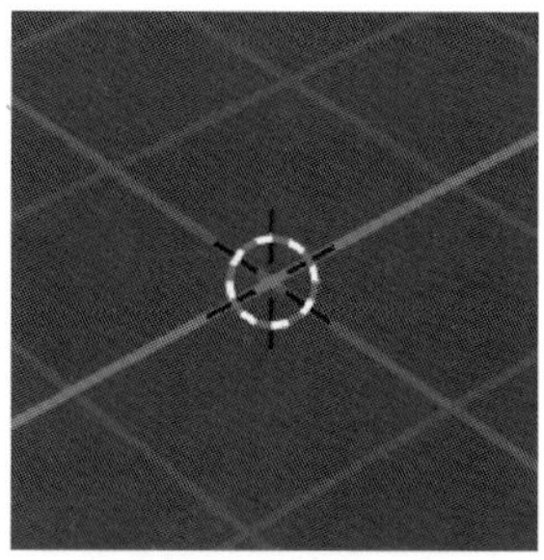

图 2-4-40　3D 游标的外观

2）3D 游标的本质

3D 游标的本质是一个“三维 UI”物体。也就是说，它既像真正的 3D 物体一样有坐标（变换）属性，又像 UI 对象一样是虚拟的且无法被渲染的。由于它是 UI 物体，所以在视图叠加层面板中可以隐藏它（图 2-4-41）。

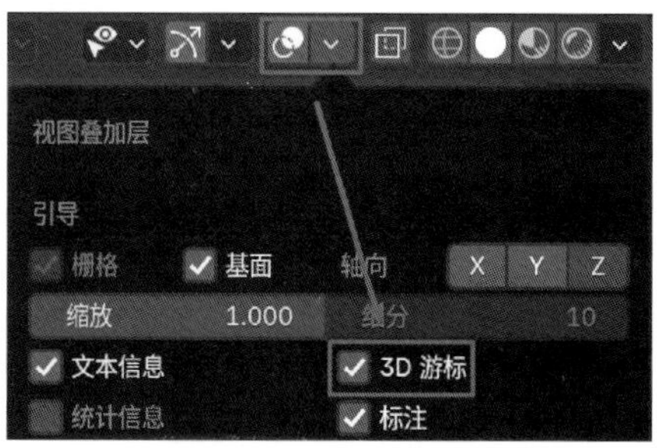

图 2-4-41　3D 游标的开关显示

3）3D 游标的功能举例

• 定位新物体：新物体默认添加到 3D 游标位置。

• 变换轴心：可作为移动、旋转、缩放等操作的轴心点。

• 吸附和对齐的基准：辅助物体快速与所需位置对齐，游标在哪就与哪对齐。

• 命令的参考点：一些命令以 3D 游标的坐标为参考点进行计算。

• 充当视图中心：可将视图锁定到 3D 游标，这样就可以变换游标来控制视图中心。这个功能可以通过点选 3D 视图侧栏（N）→“视图”→“视图锁定”→“锁定至 3D 游标”实现。

（2）放置和变换 3D 游标

表 2-4-18 介绍了放置和变换 3D 游标的操作方法。

表2-4-18　放置和变换3D游标的操作方法

操作名称	操作方法	操作详解
放置游标	单击鼠标左键	鼠标左键单击即可放置游标至光标位置
游标归零	快捷键：Shift+C	按下即可将3D游标归零到世界坐标原点
“吸附”饼菜单	按Shift+S 后弹出“吸附”饼菜单	“游标->栅格点”：最近的视图基面上的栅格点； “游标->世界原点”：世界坐标轴心点； “游标->选中项”：到选中项（橙色标识）的中心； “游标->活动项”：到活动物体（黄色标识）的中心
精确变换 3D游标坐标	“3D视图侧栏”（N）→“视图”→“3D游标”（图2-4-42）	分为位置和旋转两栏属性，与物体变换相同，可以通过输入数值、按住左键拖动数值或点击两侧的箭头直接变换3D游标

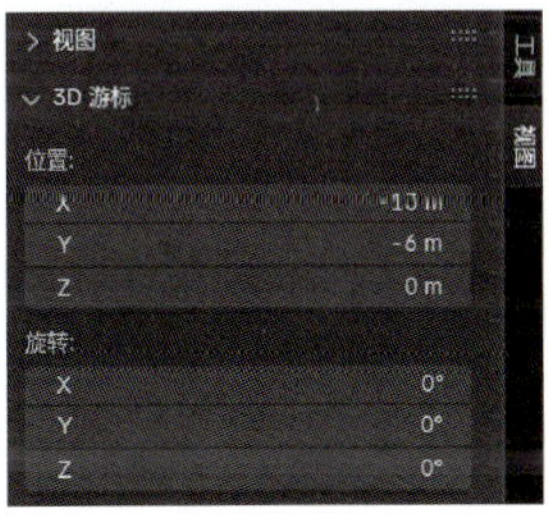

图 2-4-42　3D 游标的坐标变换

（3）3D 游标的投射方式

在 3D 视图的左侧工具栏（T）中，找到游标工具，将活动工具切换为“游标”。在“3D 视图侧栏”（N）→“工具”→“活动工具”中（图 2-4-43），可以找到“表面投射”选项。

图 2-4-43　3D 游标工具的设置面板

“表面投射”原理：通过鼠标光标位置发射到目标网格物体表面的垂直射线，来将 3D 游标直接投射到物体表面。启用“表面投射”选项将会导致 3D 游标无法投射到物体内部，如果有需要就关闭它。

案例实践 2-2：利用 3D 游标搭建对称方桌

案例2-2步骤　案例2-2视频

案例实践 2-3：用默认几何体制作雪人

案例2-3步骤　案例2-3视频

案例实践 2-4：制作七层八角宝塔

案例2-4步骤　案例2-4视频

2.5 ▶ 物体模式操作进阶

2.5.1 对齐与吸附

对齐和吸附可以帮助用户实现对象之间的一键定位和对齐，告别繁杂的手动变换。

（1）对齐物体命令

使物体之间按照选定方式一键可实现在指定轴上进行排列，对齐物体的变换轴心点默认为物体的原点。执行“物体”菜单→“变换”→“对齐物体”→“调整上一步操作”，之后的操作都在调整上一步操作面板中进行（图 2-5-1）。

1）选项——对齐模式

• 中心：分别计算出两个或多个物体的体积中心，通过将它们重合来对齐物体。

• 正面、反面：计算出每个物体的边界框，然后参照每个物体边界框的一侧边界来对齐。

2）选项——相对于

• 活动项：活动物体。

• 选择：选择所有物体的边界框中心点。

• 3D 游标：当前 3D 游标位置。

• 场景原点：世界坐标系的原点（3D 视图栅格中心）。

3）选项——对齐 X/Y/Z

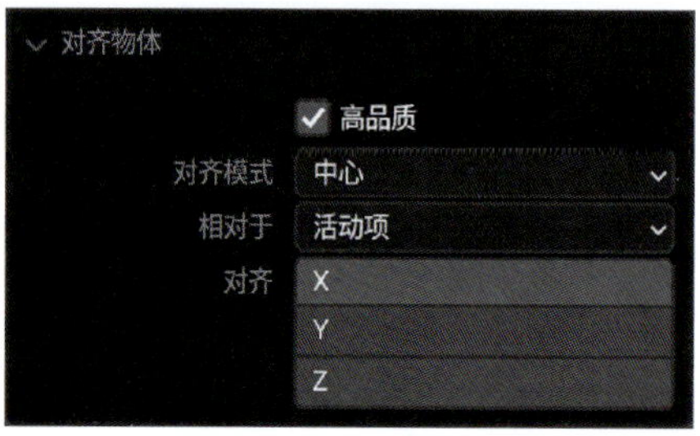

图 2-5-1 调整上一步操作——对齐物体

通过点击 X、Y、Z 三个按钮，来确定哪个坐标轴为本次的对齐轴（图 2-5-1）。如果按住 Shift+ 鼠标左键单击其它轴向，可以用两个甚至三个轴来对齐。

对齐的结果可以想象为，按照一个坐标轴的方向把所选的多个物体“挤压”到一起。如图 2-5-2 所示，选择 X 轴（红轴）对齐后，所有物体会沿 X 轴（红轴）方向两侧被“挤压”到当前活动物体的原点处（图 2-5-2 中）。如果同时选择 X 轴（红轴）和 Z 轴（蓝轴）（按住 Shift 键单击 X 和 Z 两个选项）对齐后，所有物体会沿 X 和 Z 轴方向被“挤压”到当前活动物体的原点位置（图 2-5-2 右）。

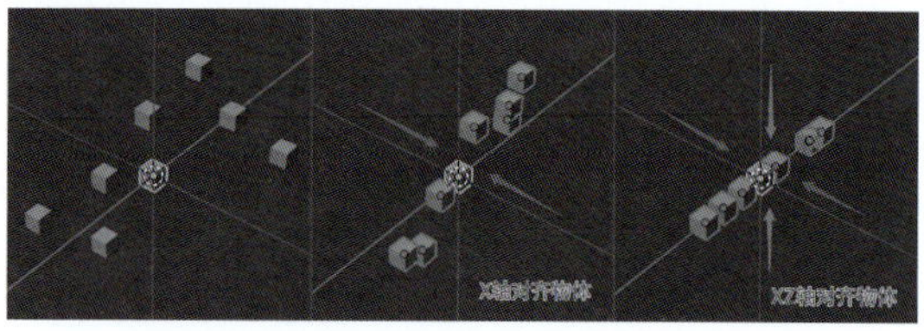

图 2-5-2 沿 X 轴对齐物体（中）和沿 X 和 Z 轴对齐物体（右）

（2）使用吸附饼菜单实现对齐

对齐物体的操作方法：按下 Shift+S 键后不松开，打开吸附饼菜单（图 2-5-3），滑选一个选项后松开按键，将物体的原点吸附到选中的选项。

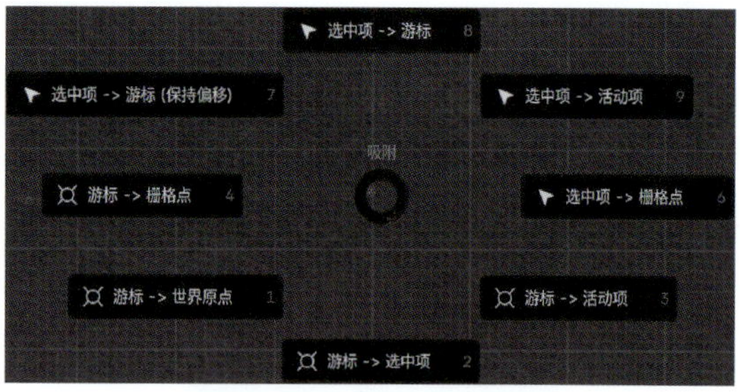

图 2-5-3 吸附饼菜单

• 选中项 -> 游标：将选择物体原点吸附到 3D 游标位置。如果多选物体，会将多个物体的原点吸附到游标。

• 选中项 -> 游标（保持偏移）：将选择物体原点吸附到 3D 游标位置。如果多选物体，不会将每个物体的原点吸附到游标，而是计算所有原点的边界框中心，将其吸附到游标并重合。

• 选中项 -> 活动项：将选择物体原点吸附到活动项原点。如果多选物体，会将多个物体的原点吸附到活动项原点并重合。

• 选中项 -> 栅格点：将选择物体原点吸附到最近的视图栅格点。如果多选物体，会将多个物体的原点分别吸附到最近的栅格点，不会重合原点。

（3）变换中开启自动吸附

自动吸附功能通过预设的规则，使得变换操作被规则自动约束，实现精准定位。例如，将一个物体的边缘与另一个物体的边缘对齐，将顶点移动到网格表面的特定位置。

· 支持的交互模式类型：适用于物体模式、编辑模式和姿态模式（骨架）。

· 打开吸附模式：在 3D 视图标题栏中找到吸附开关（磁铁）并打开（图 2-5-4 ①）。

· 切换吸附规则：打开吸附后，单击右侧的“吸附基准”下拉菜单，选择一个当前所需的吸附规则（图 2-5-4 ②）。

· 吸附基准：使用哪个基准点作为当前变换的物体的吸附中心点（图 2-5-4）。

· 吸附目标：哪个目标元素作为目的被当前变换物体吸附（图 2-5-4）。

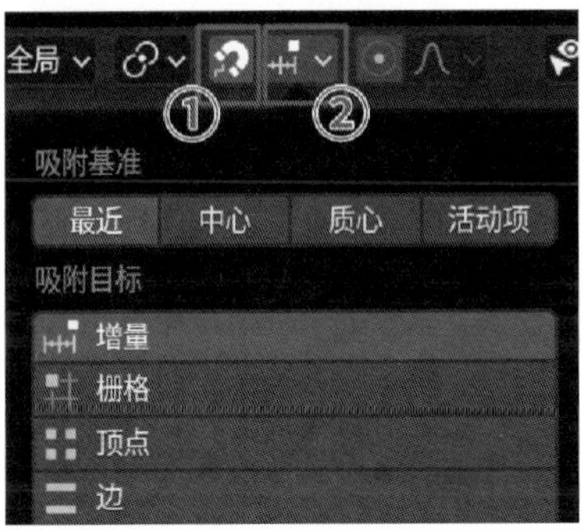

图 2-5-4　吸附开关、吸附下拉菜单

2.5.2　显示与隐藏物体

显示与隐藏，控制物体在 3D 视图中的可见性，不影响物理和渲染计算。在复杂场景中有很多物体时，将多余的物体隐藏或者单独显示选定物体可以排除干扰或遮挡。表 2-5-1 介绍了隐藏物体的操作方法。

2.5.3　物体之间的父子级关系

物体可被设为其它物体的子级，子级跟随父级一同变换，且子级可以单独变换。

父子级关系，可比作一辆汽车拥有各种复杂的零件，这些零件跟随汽车一起移动并保持相对位置不变，且每个零件又可以单独使用。

（1）建立父级

任何 3D 视图中的物体都可以建立父子级关系，不受物体类型影响。表 2-5-2 介绍了物体之间建立父子级关系的操作方法。

1）父子级的表现

· 在 3D 视图中，有父子级关系的物体会被虚线连接。如图 2-5-5 中，A 与 B 被虚线连接，如 B 是 A 的子级，那么子级 B 就会跟随父级 A 一起运动。

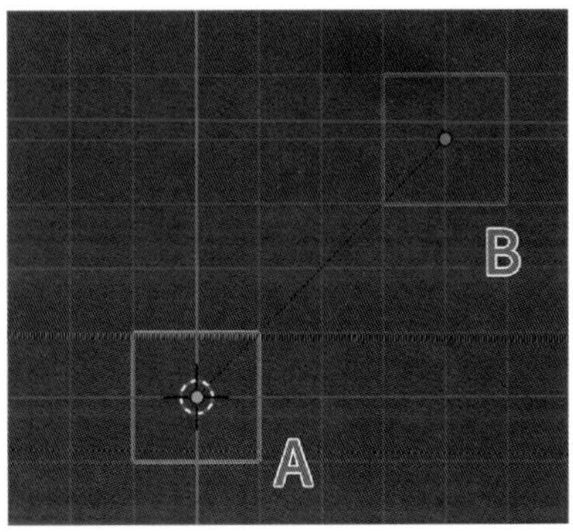

图 2-5-5　父子级关系的表现

· 在成功建立父级关系后，首先选择子级物体，找到“属性编辑器”→“物体”→“关系”→“父级”（图 2-5-6）可以看到该物体的父级。

表2-5-1　隐藏物体的操作方法

操作名称	操作方法	操作详解
快捷键隐藏	H：隐藏； Alt+H：全部取消隐藏； Shift+H：隐藏所有的非选中对象	选择物体，按H键在3D视图层隐藏物体；按Shift+H键隐藏除选择项之外的其它物体；在隐藏物体后，按Alt+H会取消隐藏全部
在大纲视图中隐藏	大纲视图中单击物体右侧“眼睛”图标	单击“在视图层中隐藏（眼睛）”按钮可以达到隐藏物体的效果

表2-5-2　物体之间建立父子级关系的操作方法

操作名称	操作方法	操作方法
快捷键 建立父级	执行“物体”菜单→“父级”→“物体”，快捷键：Ctrl+P	按Shift+鼠标右键，选择一个或几个物体，最后一个物体为当前活动物体（黄色标识）；按下Ctrl+P，在弹出的“设置父级目标”菜单中选择“物体”，把被选物体设置为当前活动物体的子级
属性编辑器 建立父级	“属性编辑器”→“物体”→“关系”→“父级”（图2-5-6）	选择一个作为子级的物体，找到属性编辑器中的“父级”选项（图2-5-6）；点击弹出物体列表，选一个作为父级的物体；或单击旁边的吸管，在3D视图或大纲视图中吸取一个作为父级的物体

2）父子级物体的特点

• 位移继承：子级物体跟随父级物体坐标系移动。

• 旋转叠加：子级物体的旋转受父级物体旋转的影响。

• 缩放累积：父子级物体的缩放值以乘积方式叠加。

• 父级可切换：所有物体都可以拥有父级，但有且只能有一个父级；当切换父级时，子级物体会回到自身坐标位置，然后跟随新的父级变换。

• 父级物体可以是任何类型的物体，甚至是其它物体的内部元素（顶点、骨骼）。

• 父级嵌套：父级物体也可以拥有自己的父级，组成树形嵌套结构，用于组成复杂整体。

图 2-5-6　通过物体面板中的父级栏建立父级

• 父子级在动画制作中非常重要。例如，拿起苹果的动画中，在手抓住苹果时将苹果的父级切换到手，之后苹果会跟随手移动，产生被拿起的效果。

（2）清空父级

清空父级是指将子级物体和父级物体断开，子级物体会清除父级的变换影响回到自身位置。表 2-5-3 介绍了清空子级物体父级的操作方法。

表2-5-3　清空子级物体父级的操作方法

操作名称	操作方法	操作详解
快捷键 清空父级	快捷键：Alt+P	按下快捷键后，会弹出“清空父级”菜单
菜单 清空父级	菜单：“清空父级”	选择一个或多个子级物体后，执行菜单命令，子级物体脱离父级，并清除父级叠加的变换数值回到其自身变换
菜单清空父级保持变换	执行“物体”菜单→“父级”→“清除并保持变换结果”	选择一个或多个子级物体后，执行菜单命令，子级物体依然会脱离父级物体，并保留父级物体对自身的变换叠加影响
属性编辑器 清空父级	“属性编辑器”→“物体”→“关系”→“父级”	首先选择一个作为子级的物体，找到属性编辑器中的“父级”选项；单击父级选择框旁边的“×（叉号）”（图2-5-7）

图 2-5-7　单击 ×（叉号）清空父级

（3）切换父级

切换父级是指将当前拥有父级的子级物体，切换为另一个父级物体，同时清空之前父级物体的变换影响；之后子级物体将跟随新父级物体的变换。表 2-5-4 介绍了切换子级物体父级的操作方法。

表2-5-4　切换子级物体父级的操作方法

操作名称	操作方法	操作详解
建立新的父级关系	快捷键：Ctrl+P； 执行：“物体”菜单→“父级”→“物体”	选择一个或多个子级物体后，再选一个新物体，执行命令，子级物体就会切换到新父级，并清除原父级叠加的变换数值回到其自身变换；如果选择了“保持变换”，那么子级物体依然会切换父级，并保留原父级对自身变换叠加的影响
属性编辑器切换父级	“属性编辑器”→“物体”→“关系”→“父级”（图2-5-8）	首先选择一个作为子级的物体，找到属性编辑器中的“父级”选项；点击父级物体的名称（输入框）弹出选择列表，选择一个新的父级物体

小练习

利用父子级使用一个物体绑定多个物体

1）操作步骤

· 首先要准备一个父级物体（如空物体），和几个子级物体。

· 如果没有特殊要求，可以将空物体作为父级物体来绑定其它物体；这样既不会产生遮挡而影响视角，又不会干扰渲染结果。

· 多选子级物体：按住 Shift 键选择所有需绑定的子级物体（多选）。

· 指定父级：按住 Shift 键点选父级物体（图 2-5-8），使父级物体变成当前活动物体（显示为黄色）。

· 建立父子级关系：最后按 Ctrl+P 键在弹出的“设置父级目标”菜单中选择“物体”或“物体（保持变换）”。

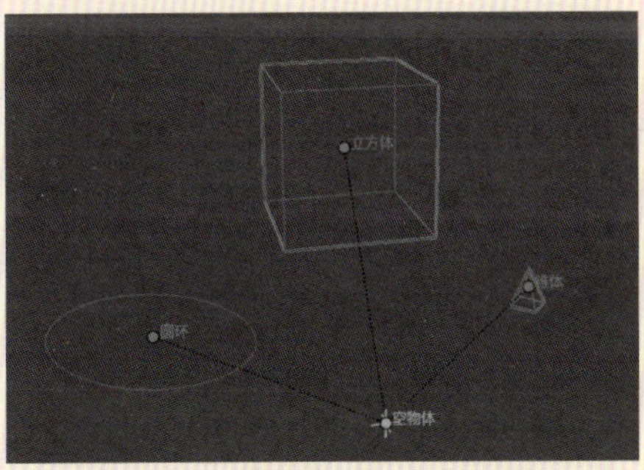

图 2-5-8　利用父子级关系将多个物体绑定至空物体

2）验证绑定结果

· 变换父级物体（G/R/S），子级物体将同步变换，且子级物体仍可独立变换。

· 找到“属性编辑器”→“物体”→“关系”→“父级”（图 2-5-7），查看父级物体的名称。

· 在大纲视图中，父级物体呈现层级结构（图 2-5-9），可展开或折叠查看。

图 2-5-9　大纲视图中父级物体展开后的层级结构

2.5.4　属性编辑器——物体面板

属性编辑器默认位于界面右下侧区块内。通过左侧一列图标可以切换不同的选项卡，物体属性对应的图标为“橙色方块”（图 2-5-10）。

图 2-5-10　属性编辑器中的物体面板

其本质是一个编辑器，所以可以将任意区块的编辑器切换成属性编辑器。

• 属性编辑器——物体面板：物体的通用属性，无论什么物体都有这些属性。

• 属性编辑器——数据面板：物体的独有属性，根据不同物体类型会自动切换。

（1）标题栏

物体面板的标题栏包含：当前物体名称、切换当前物体按钮（图 2-5-10 ①），修改当前物体名称栏（图 2-5-10 ②），右侧“钉固”图标（图 2-5-10 ③）可钉固当前面板，避免选择其它物体时被切换。

（2）变换栏

• 位置、旋转、缩放（图 2-5-11 上部）：等同于 3D 视图侧栏（N）上同名变换属性栏。

• 变换增量（图 2-5-11 底部）：在基础变换上叠加一层额外变换。

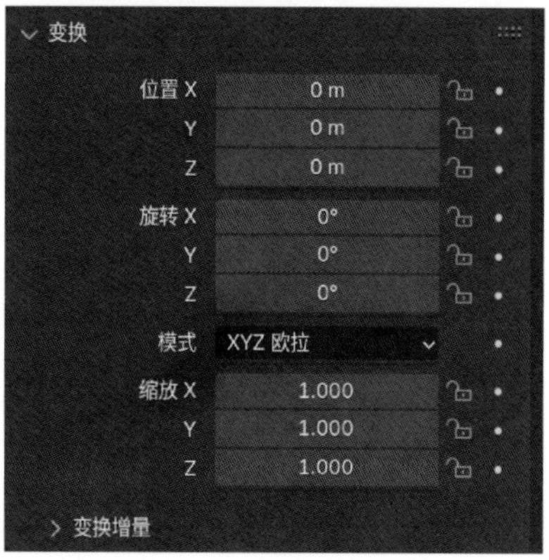

图 2-5-11　物体面板中的变换栏

（3）关系栏

显示、设置和切换物体的父子级关系，以及与父子级关系相关的选项。

• 父级：如有父级，显示父级物体的名称（图 2-5-12），并可通过列表切换；如物体没有父级，点击弹出列表选择或用吸管工具吸取来新增父级。

图 2-5-12　物体面板中的关系栏

• 父级类型：当父级是网格或曲线时，父级类型选项为“物体”“顶点”“3 点”（图 2-5-13 左）；当父级是骨架时，父级类型选项为“物体”“骨架”“骨骼”（图 2-5-13 右）。

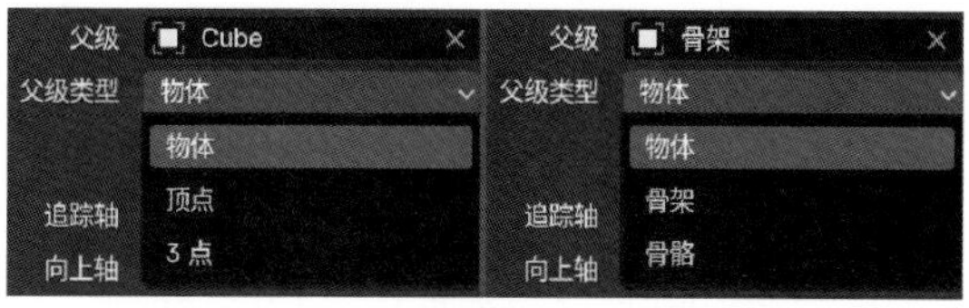

图 2-5-13　“父级物体”与“父级骨架”下拉菜单的不同

（4）集合栏

显示、设置和切换物体所属的集合。

1）添加到集合（图 2-5-14 ①）

• “添加到集合”：将所选物体添加到选择列表所选的集合中。

• “+”（新建集合）：创建新集合并向其中添加所选物体。

2）名称框（图 2-5-14 ②）

• 重命名该集合。

• “×”（移除）：单击“×”将该物体移出当前集合。

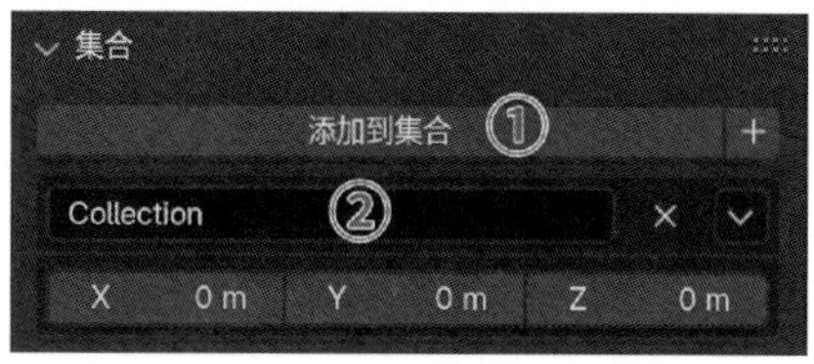

图 2-5-14　物体面板中的集合栏

（5）实例化栏

此功能需配合父子级关系，将子级物体（任意类型）作为元素，实例复制到父级物体（网格物体）的顶点和面上，数量等于父级网格的顶点或面的数量，可以实现特殊阵列效果。

• 首先确保父级物体 A 必须是网格物体，也就是拥有顶点或面。

• 将物体 B 设置为物体 A 的子级。

• 打开父级物体 A 的实例化栏，选择“顶点”或“面”（图 2-5-15）。就可以将子级物体 B 实例化到父级物体 A 的相关对象上。

此功能可以高效率地制作一些其它手段难以快速实现的阵列效果，例如“仙人球长刺”“八爪鱼吸盘”“LED 灯条”等。

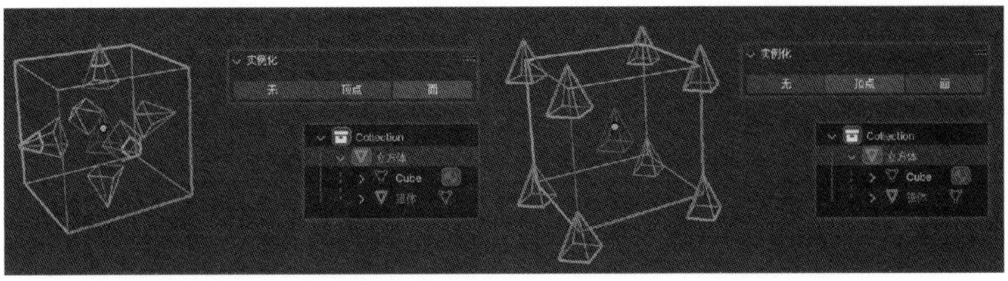

图 2-5-15　子级锥体实例化到父级立方体的顶点、面

（6）可见性栏

控制物体及其影响通道在视图渲染和最终渲染中的显示与否。

需要注意的是，有的选项旨在影响渲染效果，所以不同的渲染器中选项不同。如图 2-5-16 所示，图中①为 EEVEE 中的选项，图中②为 Cycles 中的选项。

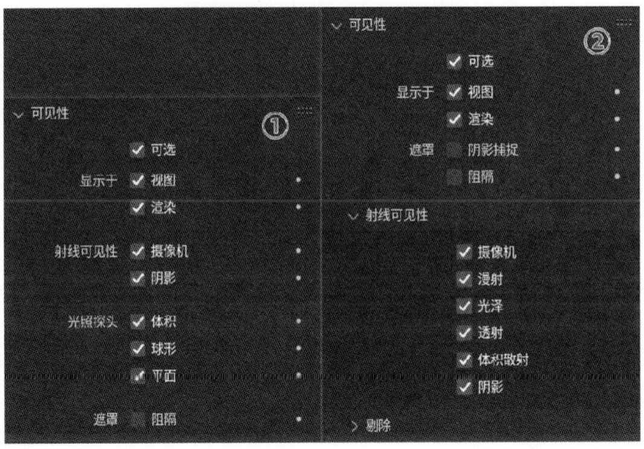

图 2-5-16　物体面板中的可见性栏

① 可选：能否在 3D 视图中被选择。

② 显示于：又称渲染可见性

• 显示于视图：调整该物体能否在 3D 视图中显示。与大纲视图中物体右侧的“眼睛”按钮（在视图中隐藏）作用相同，开启或关闭保持同步。

• 显示于渲染：调整该物体能否被渲染。与大纲视图中物体右侧按钮选项中“在渲染中禁用”（摄像机图标）相关联。

③ 射线可见性：在渲染中，特定的通道是否可见。如果一个选项被取消勾选，那么这个特定通道将跳过光线计算，消除其对渲染结果的影响。

例如取消勾选“阴影”，渲染时它就不会产生投影；取消选择“摄像机”，渲染时物体自身在摄像机中不可见，但其所有影响都会被计算（光线反弹、阴影等）。

（7）视图显示栏

图 2-5-17 中的视图显示栏控制当前活动物体在 3D 视图中的显示结果和额外显示功能，所有选项仅影响当前活动物体且不影响渲染。

• 名称：原点处是否显示物体名称。

• 轴向：物体原点处是否显示自身轴向，若被遮挡需切换到线框显示模式观察。

• 线框：是否强制显示物体的线框，即使当前视图着色方式不显示线框。

• 在前面：是否强制显示在其它物体前面。在观察被遮挡物体时很有用。

• 颜色：分配一种实体显示模式下的颜色。找到“视图着色方式”（菜单栏右侧下拉菜单）→“颜色”→“物体”，切换为“颜色类型：物体”后可见其影响。

• 显示为：强制改变物体的显示方式，无论 3D 视图整体的着色方式如何，有边界范围、线框、实体、纹理四个选项。

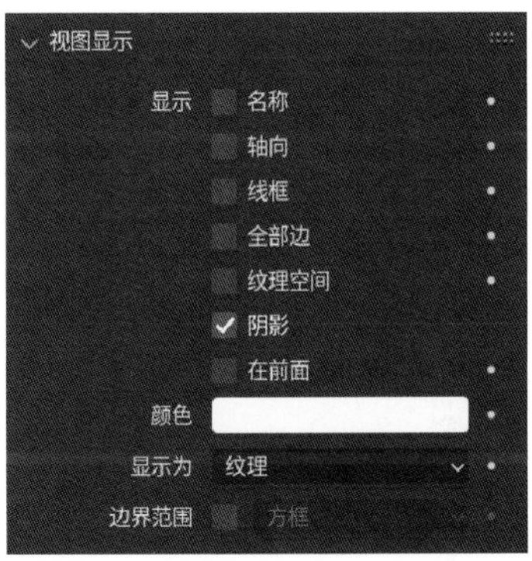

图 2-5-17　物体面板中的视图显示栏

（8）自定义属性栏

在物体的数据块中添加自定义属性。这些属性可用于驱动、脚本赋值或其它自定义的高级用法。

2.6 ▸ 利用大纲视图管理场景

2.6.1 认识界面——大纲视图

（1）大纲视图

随着制作的深化，场景中模型、灯光、摄像机等对象近乎无尽地增加。此时，如何快速定位、选择和编辑这些对象成为一项难题。大纲视图（Outliner）作为场景的中央管理器，提供了层级化的结构展示与便捷的过滤功能，帮助用户管理复杂场景。

大纲视图默认位于 Blender 界面的右上角，它是一个编辑器，所以可以将任何区域切换为大纲视图，对区域的一切调整也适用于它。

（2）大纲视图的构成

大纲视图的主视图为场景资源树状列表，按层级结构展示所有集合与对象（图 2-6-1）。列表中默认每个项目右侧都有两个开关：禁用可见性、禁用渲染。

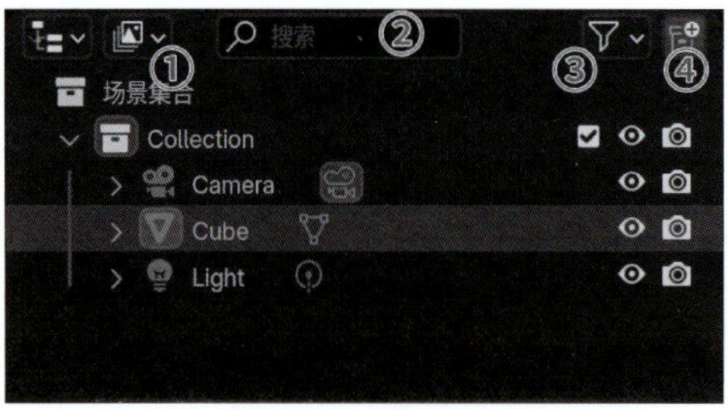

图 2-6-1　大纲视图的结构

• 显示模式：提供多种树形分类显示模式，不同模式具有差异化的层级显示与管理功能（图 2-6-1 ①）。

• 搜索栏：支持通过关键词实时筛选场景对象与数据块（图 2-6-1 ②）。

• 过滤器：提供大纲视图的附加筛选条件设置（图 2-6-1 ③）。

• 新建集合：每次单击在选定层级下创建一个空集合（图 2-6-1 ④）。

（3）大纲视图中的常见操作

1）在大纲视图中选择物体

表 2-6-1 介绍了大纲视图中单选和多选物体的操作方法。

2）空白处的右键菜单

在空白处点击右键即可打开“大纲视图”菜单（图 2-6-2），其中包含新建集合、粘贴数据块，以及两个通用菜单——视图、区域。

图 2-6-2　大纲视图空白处弹出的右键菜单

• 新建集合：在当前所选层级中添加一个空集合。

• 粘贴数据块：在大纲视图中粘贴物体。

• 视图（通用）：包含大纲中的层级操作，如展开、折叠等选项。

• 区域（通用）：包含分割、最大化、全屏、复制到新窗口等区域操作。

3）“物体”右键菜单

在大纲视图物体条目上单击鼠标右键，可以打开“物体”菜单（图 2-6-3）。

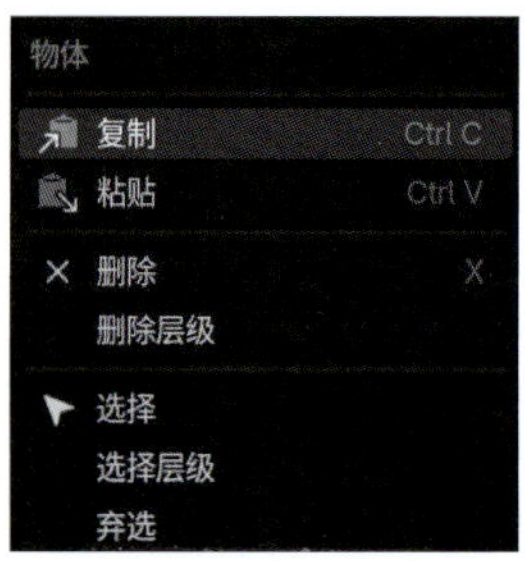

图 2-6-3　大纲视图中物体右键菜单

表2-6-1　大纲视图中单选和多选物体的操作方法

操作名称	操作方法
单选物体	用鼠标左键单击大纲视图中的物体名称即可选中该物体
多选物体	邻接多选：按住Shift键并单击两个非连续的物体名称，可以选择两个物体之间的所有物体；间隔多选：按住Ctrl键并逐个单击物体名称，可以选择不连续的多个物体

• 复制、粘贴：在大纲视图中复制所选物体条目后，在指定层级粘贴即可。

• 删除、删除层级：对于单个物体对象，“删除”和“删除层级”操作结果相同；若对象为集合，“删除”指“仅删除集合，保留其中物体”，“删除层级”指“删除集合及其包含的所有物体”。

4）“集合”右键菜单

在大纲视图集合上单击鼠标右键，则可以打开“集合”菜单（图 2-6-4）。

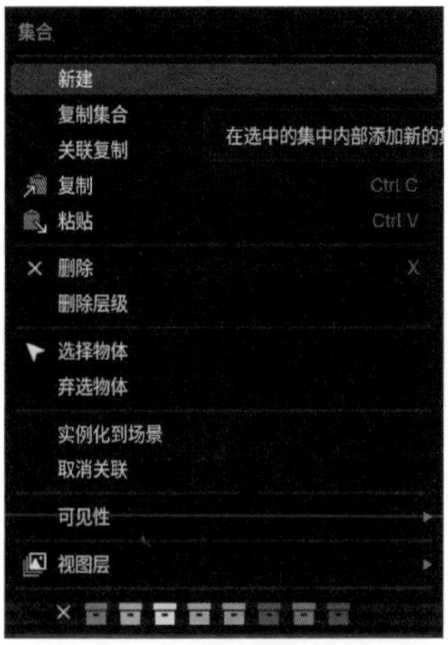

图 2-6-4　大纲视图集合右键菜单

• 新建、复制集合、关联复制：名称对应操作。

• 删除、删除层级：“删除”指“仅删除集合，保留其中物体”，“删除层级”指“删除集合及其包含的所有物体”。

• 选择物体、弃选物体：分别指“全选该集合中所有物体”和“取消全部选择”。

• 可见性：包含各种隐藏和显示功能。

• 为集合添加标签色：选择一个标签颜色，改变该集合在大纲视图中的颜色显示。

2.6.2　大纲视图的过滤器和限制开关

（1）过滤面板

在大纲视图右上角找到“过滤器”图标（图 2-6-5 漏斗状），点击展开过滤器面板。该面板允许用户根据数据类型筛选大纲视图中的对象，通过勾选对应的对象类型（图 2-6-5 右），可控制大纲视图内显示哪些类型的物体。

（2）限制开关

限制开关位于过滤面板顶部的横向开关组（图 2-6-6），用于控制大纲视图物体右侧的按钮列上显示哪些功能（图 2-6-7），每个开关对应一列按钮的显示与隐藏。表 2-6-2 介绍了大纲视图限制开关的操作方法。

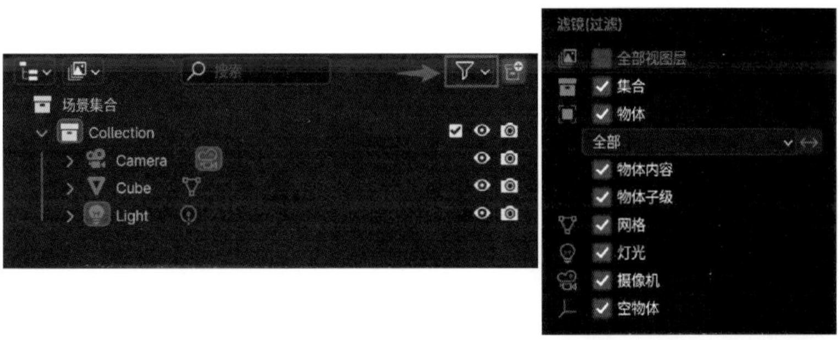

图 2-6-5　大纲视图中的过滤器位置

图 2-6-6　大纲视图中的限制开关

图 2-6-7　大纲视图中物体与集合的独立限制开关

表2-6-2　大纲视图限制开关的操作方法

图中编号	名称	操作方法
①	在视图层中排除该集合	彻底排除集合，等同于同时开启视图隐藏、视图禁用、渲染禁用，让其在视图、更新、渲染中全面失效
②	可选开关	关闭可选开关后，该物体或集合在视图中无法被选中
③	在视图中隐藏	关闭后，该物体或集合仅在3D视图中隐藏；该操作等同于“H键”隐藏，不影响更新和渲染
④	在视图中禁用	关闭后，隐藏物体，并禁用该物体或集合在视图中被更新，可提高视图的性能
⑤	在渲染中禁用	关闭后，该物体或集合在渲染时被完全排除，同时适用于Cycles和EEVEE渲染器，但在视图中依然显示和更新
⑥	阻隔（仅限集合）	打开后，将该集合中的物体作为一个“透明体”排除渲染，同时其体积外形遮挡的所有物体同时被“抠图”形成透明体，保留其阴影范围和对周围环境的间接影响
⑦	仅间接（仅限集合）	仅适用于Cycles。打开后，该集合中的物体在渲染中不显示，但保留其阴影范围和对周围环境的间接影响，并且不会有“透明体”效果

2.6.3　在大纲视图中快速筛查寻找对象

（1）过滤对象类型

在大纲视图中单击右上角的过滤按钮，在其下部的滤镜（过滤）栏中找到一系列开关（图2-6-5），它们用于快速隐藏或显示某一类物体。

（2）搜索对象

在图2-6-5顶部的“搜索框中”输入物体的名称或部分名称后，大纲视图会自动筛选出包含该关键词的物体。

（3）通过“Blender文件”显示模式分类场景物体

在左上角“显示模式”中选择“Blender文件”模式（图2-6-8），会切换到“Blender文件”大纲视图，它按照数据类型进行归类展示（图2-6-9）。

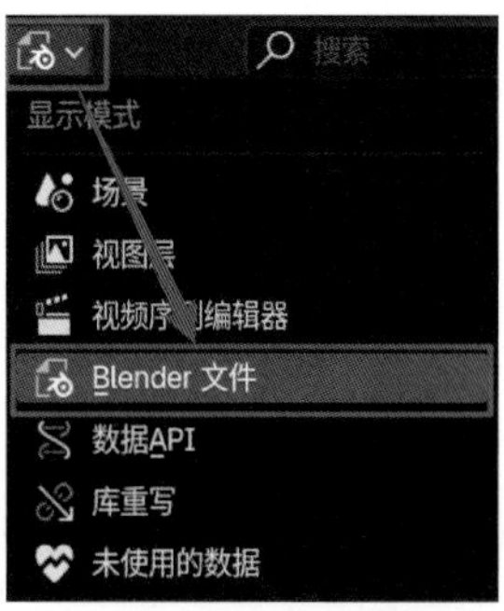

图2-6-8　将大纲视图切换到Blender文件显示模式

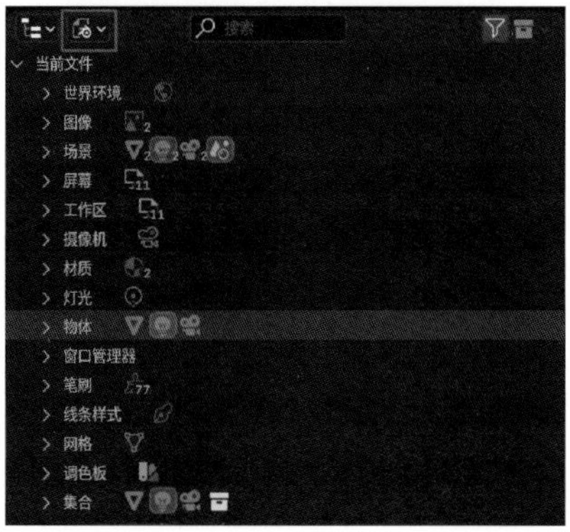

图2-6-9　大纲视图“Blender文件”模式

2.6.4　利用大纲视图管理物体的父子级关系

（1）大纲视图的父子级层级

在大纲视图中，物体之间的父子级关系为层级结构，表现为父级名称左侧的折叠三角形图标与子级物体的缩进排列（图2-6-10）。

图2-6-10　大纲视图下的父子级关系表示

（2）在大纲视图中建立和解除父子级关系

1）建立父子级关系的操作流程

在大纲视图中选中子级物体（可多选）后，按住 Shift 键并按住左键不放，将其拖拽至目标父级物体名称上，待出现高亮标识后释放鼠标，完成父子级关系绑定，呈现层级结构。

2）解除父子级关系的操作流程

展开父级物体的层级，选中其下的子级物体，按住 Shift 键并按住左键不放将其拖拽至大纲视图的空白区域，松开按键即可解除父子级关系，脱离层级结构。

知识拓展 2-9：利用集合归纳物体

2.6.5 常用的大纲视图显示模式

大纲视图提供多种显示模式，本质上是提供不同的分类逻辑。模式切换按钮位于大纲视图顶栏左上角（图 2-6-8）。

（1）“场景”模式

以场景为根节点，以场景逻辑列出物体，适用于多场景项目管理。

（2）“视图层”模式

默认显示模式，按视图层结构呈现当前可见的集合与物体。

（3）“Blender 文件”模式

按数据类型分类，显示当前文件的所有数据块。

（4）“未使用的数据”模式

此模式仅用于管理没有“被引用”（未使用）的数据块：

- 自动筛选用户数为 0 的数据块（未使用数据块）。
- 支持单个删除（右键菜单删除），也支持批量删除（通过右上角“清除”按钮）。
- 可通过暂时给“未使用的数据块”添加“伪用户”来进行保护（图 2-6-11）。

图 2-6-11　引用计数（左）与伪用户（右）

＊注：清理冗余数据块可以提高启动速度，减少内存占用。但 Blender 也会在关闭当前会话时自动清理一部分可被删除（没有用户、伪用户）的“未使用”数据块。

- 未使用：表现为灰色盾牌 + 红色“0”（图 2-6-12）。表示该数据未被使用，可清理。
- 伪用户：点击灰色盾牌可设置伪用户，使其变成点亮的盾牌（中间有个对勾）即为伪用户状态（图 2-6-12），表示该数据受保护不会被自动清理。

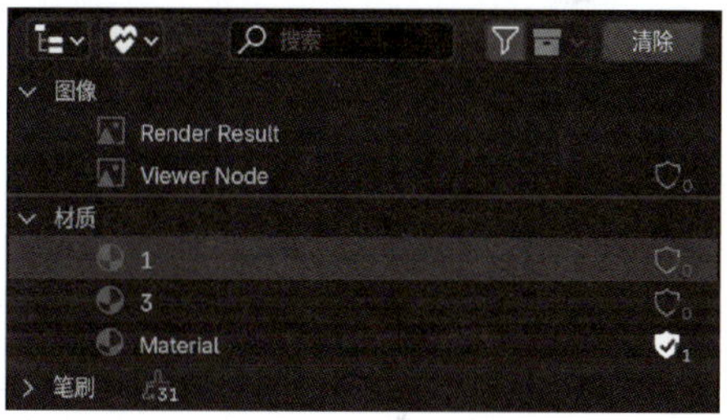

图 2-6-12　大纲视图——“未使用数据”模式

知识拓展 2-10：伪用户

知识拓展 2-11：集合化场景管理思路

2.7 物体约束基础

2.7.1 初识约束

（1）什么是约束

约束（Constraints）是为物体自身或物体

之间属性建立关系的自动化控制器。通过施加多种约束，可将一个个物体组合成自动化的控制系统。

约束在 Blender 中的图标是一个“传动带”，寓意着“一带多，一起动”。

（2）约束的用途

1）关联变换，反向控制

约束通过将目标物体（或骨骼）的属性绑定到当前物体（或骨骼），以某种机制通过公式转换建立联动关系。例如，将物体 B 的全局位置变化映射到物体 A 的局部旋转，当物体 B 移动时，物体 A 会自动产生相应的旋转变化。

2）约束变换，自动追踪

• 通过一条曲线，让物体的变换限制在一条曲线上。

• 让物体的位置始终处于另一个物体表面或物体内部。

• 建立追踪功能，无论怎么移动，让一个物体的某个轴向自动对准另一个物体。

2.7.2 属性编辑器中的约束面板

（1）认识约束面板

1）位置与访问

• 位置：约束面板位于属性编辑器中，点击图 2-7-1 ①中的“约束”图标即可打开。

• 访问方式：选中物体后，在属性编辑器中切换到“约束”选项卡。

2）主要组件

• 标题：显示当前活动物体名称、类型，也就是被添加约束的物体（图 2-7-1 ②）。

• “添加物体约束”按钮：点击按钮，从下拉菜单中选择一个约束（图 2-7-1 ③）。

• 约束列表：列出现有约束，支持上下拖动调整堆栈顺序（每个约束右侧的：：：按钮）。

• 约束属性：每个约束下方显示其具体参数（图 2-7-1 ④）。

（2）选择一个约束并添加

• 选中需要添加约束的物体。打开属性编辑器，切换到约束面板。

• 点击“添加物体约束”按钮，从下拉菜单中选择所需的约束类型。

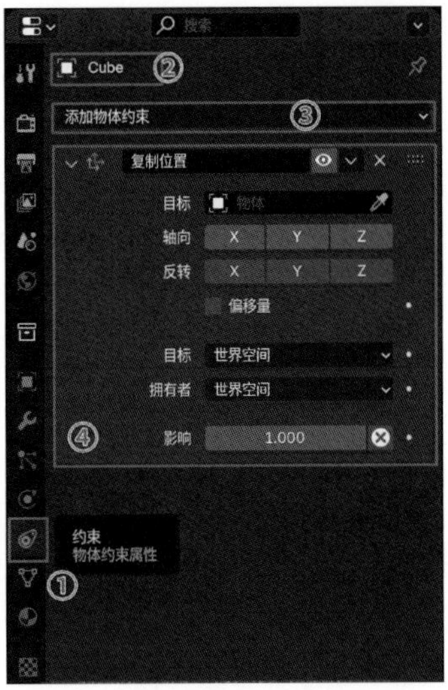

图 2-7-1 属性编辑器中的约束面板

（3）应用或删除约束

1）应用约束

应用约束意味着将约束的效果“烘焙”（固化）到对象的变换中，然后删除约束。

*注：约束仅可用于 Blender 内部，如果将模型或场景导出到其它软件使用，约束会失效。

• 选择对象：选择物体，找到约束。

• 应用约束：点击约束名称右侧的菜单按钮（图 2-7-2），然后选择“应用”。

图 2-7-2 右侧下拉菜单中选择“应用”

2）删除约束

删除约束会移除约束和它的效果，对象将恢复到未受约束前的状态。

• 定位对象：选择想要删除约束的物体，找到其约束面板中要删除的约束。

• 删除约束：点击约束名称右侧的删除按钮“×”（图 2-7-3）。

图 2-7-3 删除约束按钮

（4）开关或控制一个约束的影响

1）启用、禁用约束

允许临时开启或关闭约束。

·点击约束名称左侧的“眼睛”图标（图 2-7-4 ①），可以启用或禁用约束。

·启用时（“眼睛”睁开），约束会生效。禁用时（“眼睛”闭合），约束不会生效。

2）控制约束影响强度

“影响”值允许调节约束的影响效果强度（图 2-7-4 ②），范围从 0（无影响）到 1（完全影响）。

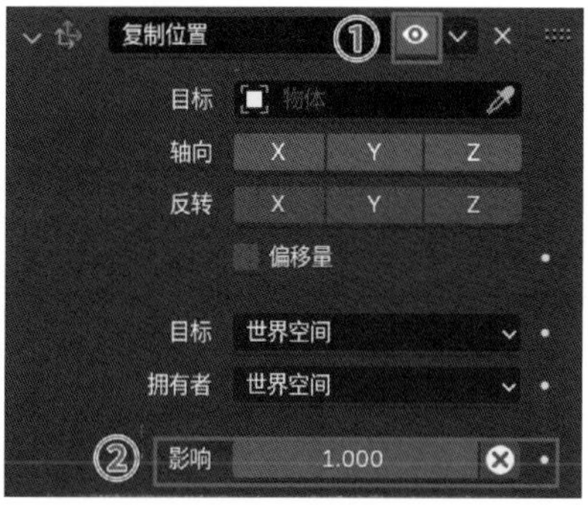

图 2-7-4 “眼睛”开关以及底部“影响”滑块

（5）多个约束的堆栈顺序

约束的堆栈顺序对最终效果有重要影响。多个约束是按照它们在堆栈中从下到上的顺序依次计算的（图 2-7-5），因此某些约束会相互冲突或者相互衔接递进。

·在约束面板中拖动：拖动某个约束右侧的“：：：：”图标调整顺序（图 2-7-5 ①）。

·使用上下箭头：点击下拉菜单，如图 2-7-5 ③中的上下箭头调整顺序。

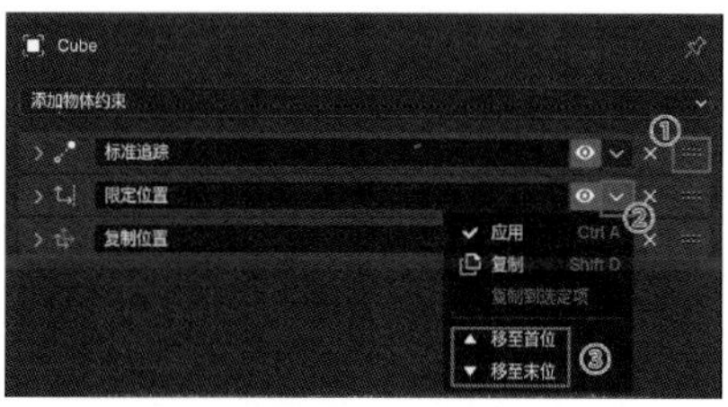

图 2-7-5 调整多个约束的堆栈顺序

2.7.3 复制与清除约束

可以将一个物体的约束复制给其它物体，从而快速应用相同的约束设置。

（1）将当前物体的约束复制给另一个物体

1）按顺序选择目标物体和源物体

·选择目标物体：先选择作为复制目标的物体，可以是多个物体。

·选择源物体：按住 Shift 键选择已经设置好约束的物体，使其成为当前活动物体。

2）将单个约束复制给目标项

按顺序选择物体后，打开约束面板。找到想要复制的约束，单击约束名称右侧的下拉按钮（图 2-7-6），然后选择“复制到选定项”（图 2-7-6）。

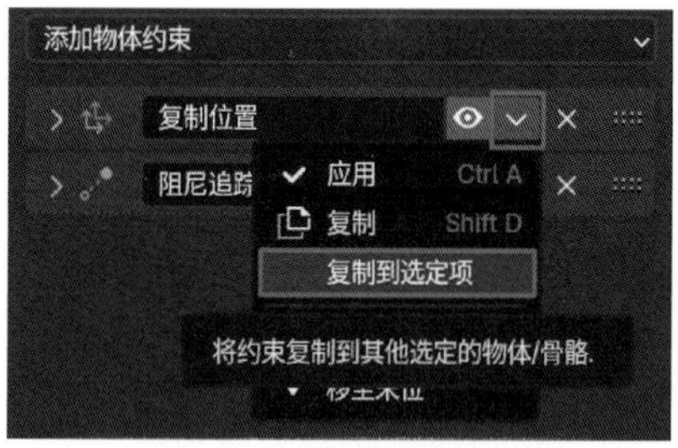

图 2-7-6 约束下拉菜单选择“复制到选定项”

3）将全部约束复制给目标项

执行“物体”菜单→“约束”→“将约束复制到当前所选”（图 2-7-7）。这样就会将当前活动物体的全部约束，一次性复制给所选物体。

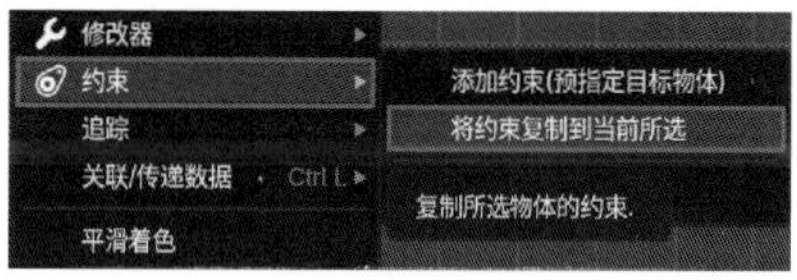

图 2-7-7 将约束复制到当前所选

（2）在当前物体中复制一个约束

找到想要复制的约束，单击约束名称右侧的按钮，在菜单中选择“复制”（图 2-7-8），就会在当前约束的堆栈下复制一个相同参数的副本，结果是这个约束作用了两次。

图 2-7-8 复制一个当前约束

（3）清除所有约束

选择一个拥有一个或多个约束的物体，执行“物体”菜单→“约束”→“清除物体约束”，这个物体的约束会被全部清除，并退回到约束生效前的状态。

2.7.4 变换类约束简介

一类用于控制对象变换行为（位置、旋转和缩放）的约束，允许基于其它对象或特定规则来驱动约束物体的变换；通常是反向控制，也就是把约束目标物体的变换数值换算为约束拥有者物体的变换数值。本节将挑选常用的变换类约束进行介绍（图 2-7-9）。

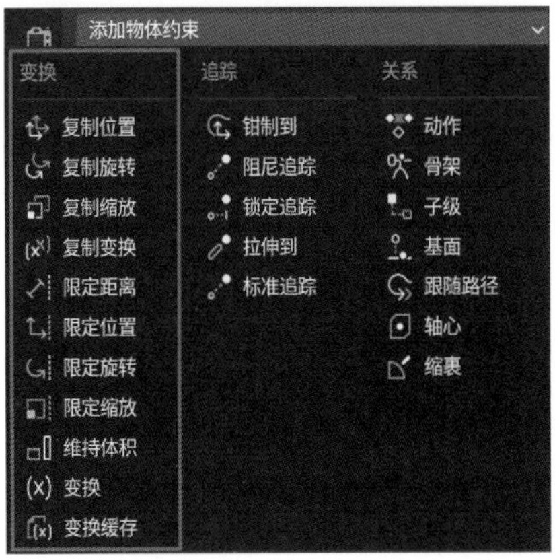

图 2-7-9 添加物体约束——变换类约束

（1）复制位置

① 约束功能：强制约束拥有者与目标物体的位置对齐、同步移动，可选择沿 X、Y、Z 轴的一个或多个生效。

② 属性简介：

• 目标：显示目标物体名称（ID）。选择一个目标或切换一个目标，通过下拉选择或使用吸管在 3D 视图或大纲视图中吸取一个目标物体（图 2-7-10）。

• 轴向：选择生效的坐标轴向（可多选）。

• 反转：选择生效的坐标轴后，使约束效果沿此轴反向运行。

• 偏移量：启用后从物体的初始位置开始偏移。

• 目标空间：选择目标物体的参考坐标系。

• 拥有者空间：选择受约束物体的参考坐标系。

• 影响：设置约束的影响强度（0 ～ 1）。

＊注：复制旋转约束、复制缩放约束与复制位置约束原理相同。

图 2-7-10 物体约束——复制位置

（2）复制变换

① 约束功能：让约束拥有者完全重合并复制目标物体的变换（位置、旋转、缩放）。

② 属性简介（图 2-7-11）：

• 删除目标切变：防止约束拥有者物体在复制变换过程中出现“倾斜切变”。

• 混合：指定一个约束目标变换数值与约束拥有者变换数值的换算方式，直接决定约束结果。

图 2-7-11 物体约束——复制变换

（3）限定距离、位置、旋转、缩放

1）限定距离（图 2-7-12）

① 约束功能：强制两个物体之间保持特定距离，可限制为最小或最大距离。

② 属性简介：

• 指定目标物体，设置距离数值（如最大 4m，那么无论怎么移动，都不会超过 4m）。

• 钳制范围——向外：物体间最小距离固定，无法靠近。

• 钳制范围——向内：物体间最大距离固定，无法远离。

• 钳制范围——表面：强制停留在设定距离的虚拟球面边界上。

图 2-7-12　物体约束——限定距离

2）限定位置（图 2-7-13）

① 约束功能：限制物体在 X、Y、Z 轴上的移动范围。

② 属性简介：

• 轴向锁定：通过勾选 X、Y、Z 轴启用方向限制。

• 范围控制：设置下限（最小值）和上限（最大值），当最小值大于最大值时视为固定值。

• 影响变换：开启时所有者的位置不允许超出区间，关闭时允许超出区间。

图 2-7-13　物体约束——限定位置

*注：限定旋转约束、限定缩放约束与限定位置约束原理相同。

2.7.5　追踪类约束简介

追踪类约束是一组反向控制类约束，通过目标物体动态反向控制约束拥有者物体方向或运动轨迹的工具，简单实现自动方向控制。

这类约束通过解析目标物体的变换数据（位置、旋转或轴向），驱动约束拥有者执行特定追踪行为，如自动指向、路径跟随或自动转向。

其价值在于实现自动化和简化的绑定，尤其适用于角色动画（如视线追踪）、机械联动（如齿轮同步）及镜头动画（如摄像机跟随）。

（1）钳制到

① 约束功能：强制约束拥有者沿指定曲线路径运动，并将其位置限制在路径范围内。

② 属性简介（图 2-7-14）：

• 目标：选择目标曲线物体名称（ID），可单击下拉菜单在 3D 视图或大纲视图中选择或使用吸管吸取一个曲线。

• 循环：启用后允许对象在曲线两端循环，即运动到曲线终点后从起点重新开始。

图 2-7-14　物体约束——钳制到

③ 使用场景：创建沿轨道运动的物体动画，用曲线来限制对象的移动范围，例如将交通工具限制在一条曲线上移动。

（2）阻尼追踪

① 约束功能：强制约束拥有者物体的指定轴向（X、Y、Z 轴）始终指向目标物体，通过最短路径旋转实现自然转向效果，避免突然跳转。

② 属性简介（图 2-7-15）：

• 追踪轴：指向目标的某个局部轴，支持负向追踪。

图 2-7-15　物体约束——阻尼追踪

③ 使用场景：使摄像机始终平滑地指向移动物体，控制眼球或武器指向目标，避免手

动调整转向。

（3）锁定追踪

① 约束功能：它在标准追踪约束的基础上增加了轴向锁定功能，强制约束拥有者在锁定特定轴的情况下旋转追踪目标，适用于需要限制自由度的场景。

② 属性简介（图 2-7-16）：

• 追踪轴：指向目标的某个局部轴，支持负向追踪。

• 锁定轴：锁定局部轴（如 Y 轴），对象绕此轴方向固定。注意：若锁定轴与跟随轴相同，约束会失效。

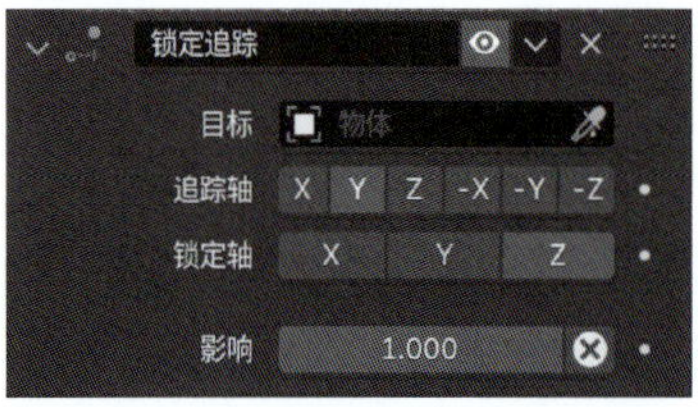

图 2-7-16　物体约束——锁定追踪

③ 使用场景：带有限制的追踪，如模拟车轴、铰链等单向旋转结构，控制镜头左右转向时禁止仰俯动作。

（4）拉伸到

① 约束功能：其行为与“标准追踪”完全一致，但固定使用 Y 轴作为追踪、拉伸轴（同时会沿 Y 轴缩放模型），不支持选择其它轴向。该约束还提供可选的体积保持功能：当目标靠近时物体会变短，远离时则会变长。

② 属性简介（图 2-7-17）：

• 初始长度：设置自身与其目标之间的静止距离，即自身没有变形（拉伸）的距离。

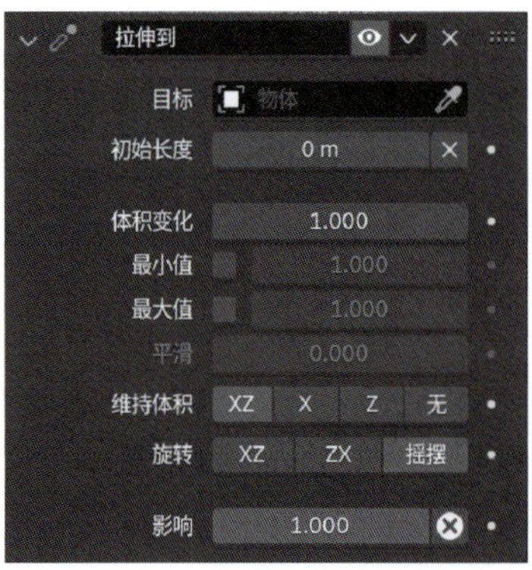

图 2-7-17　物体约束——拉伸到

• 体积变化：控制“体积”的变化量，该变化量与拉伸量呈指数关系。

• 维持体积：这些按钮控制 X 轴和 Z 轴中的哪一个受到影响（放大、缩小），以便在沿 Y 轴拉伸的同时保持其体积。

• 旋转：指定如何旋转以通过其 Y 轴追踪目标。

③ 使用场景：适合可以被缩放的物体，例如网格物体、曲线、骨骼。适用的情景比较多变，通常是具有弹性的物体，例如球落地、弹簧变形、卡通角色变形等。

（5）标准追踪

① 约束功能：强制约束拥有者的指定轴向始终指向目标物体，同时另一轴向尽可能与全局 Z 轴对齐（世界坐标）。

② 属性简介（图 2-7-18）：

• 追踪轴：指向目标的某个局部轴，支持负向追踪。

• 向上：即自身选定轴（尽可能）对齐全局坐标的 Z 轴（世界坐标），也就是 3D 视图空间中“朝上的方向”。

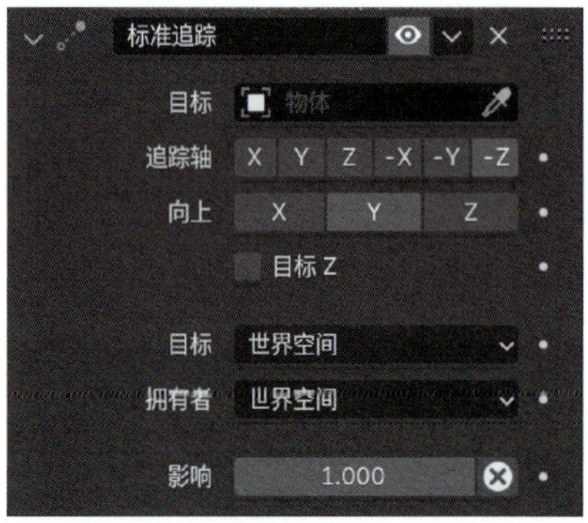

图 2-7-18　物体约束——标准追踪

③ 使用场景：实现类似“广告牌（Billboard）”的效果，适用于角色动画中武器指向或平面标志物体始终面向摄像机。

知识拓展 2-12：关系类约束简介

案例实践 2-5：用约束自动瞄准物体

案例2-5步骤　案例2-5视频

案例实践 2-6：用约束限制物体变换

案例2-6步骤　案例2-6视频

2.8 ▸ 物体修改器基础

2.8.1 初识修改器

（1）修改器

修改器是一类用于非破坏性编辑物体的工具集。其本质是通过预置的各种算法在物体的几何形态、拓扑结构或某些属性之上“叠加”一套自动化修改算法。可以理解为针对三维物体设计的、可以随时删除和调整的特效滤镜。

修改器在属性编辑器中的图标是一个“扳手”，表示“可拆装配件”。

（2）非破坏性编辑的优势

因修改器是叠加和作用在物体原始数据之上的“滤镜”，所以修改时始终保留原始几何数据的完整性，效果仅作用于物体的显示层与渲染层。这种特性使得用户可随时调整参数来改变效果，或删除修改器以恢复初始状态。所以这种编辑方式被称为“非破坏性编辑”。

（3）修改器的堆栈

修改器支持多层堆栈，通过堆栈获得多个修改器单独生效或者相互影响生效，甚至可以生成“链式反应”，组合成复杂的效果（图 2-8-1）。

2.8.2 属性编辑器中的修改器面板

（1）认识修改器面板

在属性编辑器中的“修改器”中找到修改器面板，它主要包含三大部分（图 2-8-2）。

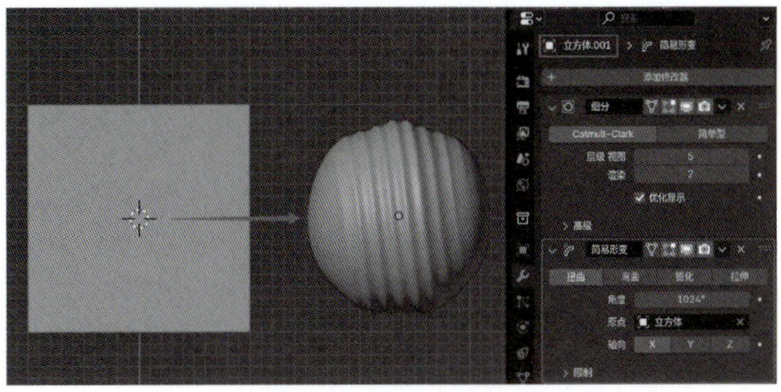

图 2-8-1　“细分”和“简易形变”修改器堆栈改造立方体

图 2-8-2　属性编辑器的修改器面板

1）位置与访问

选中物体后，在属性编辑器中，点击“扳手”图标（图 2-8-2 ①）。

2）主要组件

• 标题：显示当前活动物体的名称、类型，即将被添加修改器的物体（图 2-8-2 ②）。

• “添加修改器”按钮：点击“添加修改器”按钮，从菜单中选择（图 2-8-2 ③）。

• 修改器列表视图：列举显示已添加的所有修改器，支持上下拖动调整堆栈顺序（拖动：：：按钮）（图 2-8-2 ④）。

• 修改器属性栏：每个修改器下方显示其具体参数以供调整（图 2-8-2 ④）。

（2）选择一个修改器并添加

• 选中需要添加修改器的物体，使其成为当前活动物体。

• 找到属性编辑器，切换到“修改器”选项卡（“扳手”图标）。

• 点击“添加修改器”按钮，从下拉菜单中选择所需的修改器，即可添加。

（3）应用或删除修改器

1）应用修改器

应用修改器意味着将修改器的效果“烘

焙”（固化）到对象的数据块中，然后删除修改器。这意味着将修改器的效果永久化。

＊注：修改器仅可用于 Blender 内部，如果将模型或场景导出到其它软件，修改器会被自动应用。

• 应用修改器：点击修改器名称右侧的按钮（下箭头），然后在菜单中选择“应用”。

• 确认效果：应用后，修改器的效果会保留，但修改器本身会被删除。

2）删除修改器

删除修改器会移除这个修改器，物体将恢复到未受修改器影响前的状态。

• 删除修改器：点击修改器名称右侧的删除按钮“×”。

• 确认效果：删除后，修改器和效果将消失，物体返回到最初状态。

（4）开关或控制一个修改器的影响

一个典型修改器的标题栏上分列了四个显示开关按钮（图 2-8-3）。

图 2-8-3　修改器的四个显示开关

• “显示罩体”：如图 2-8-3 ①，如果该按钮关闭，在编辑模式下会分别显示一个修改器生效前的网格（直接编辑）和生效后的网格（虚拟“罩体”）；如果该按钮开启，在编辑模式下只显示修改器生效后的网格。

• “编辑模式”：在编辑模式下，是否显示修改器的效果（图 2-8-3 ②）。

• “实时”：在 3D 视图中是否显示修改器的效果（图 2-8-3 ③）。

• “渲染”：在渲染中是否显示修改器的效果（图 2-8-3 ④）。

（5）多个修改器的堆栈与顺序

修改器是按照它们在堆栈中的从下到上的顺序依次计算的（图 2-8-4），因此调整修改器的顺序可能显著改变结果。其存在两种主要情况：

• 如果堆栈的修改器之间没有共同作用的属性，那么它们将互不影响。

• 如果堆栈的修改器之间有共同作用的属性，那么堆栈靠前的修改器会先生效，然后将属性传递给堆栈靠后的修改器去引用。此时修改堆栈顺序会影响结果。

如图 2-8-4 所示，当一个立方体加载三个修改器时会按照从上到下依次执行“阵列”“细分”“简易形变”。其执行逻辑为：先将立方体沿 X 轴阵列 5 次，然后将阵列出的五个立方体平滑细分变成球形，最后将这五个球形视作一个物体进行 Y 轴上的扭曲形变。

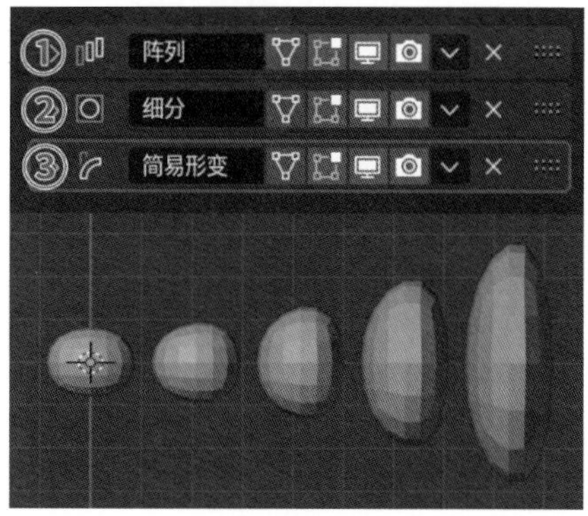

图 2-8-4　三个修改器堆栈对立方体的改造

但是究其本质，如图 2-8-4 中物体依然是一个立方体，一旦删除所有的修改器，那么其立刻会回到最初的立方体状态，这就是修改器的非破坏编辑优势。

2.8.3　复制与清除修改器

（1）将当前物体的修改器复制给另一个物体

1）按顺序选择目标物体和源物体

• 选择目标物体：选择需要添加修改器的物体，可以多选。

• 选择源物体：按住 Shift 键选择已经设置好修改器的物体。

• 注意选择顺序为：按住 shift 键→选择无修改器物体→选择有修改器物体，使得带有修改器的物体为“当前活动物体”（黄色标识）。

2）将单个修改器复制给目标项

按顺序选择物体后，找到想要复制的修改器，单击修改器名称右侧的下拉按钮（下箭头），在菜单中选择“复制到选定项”（图 2-8-5）。

图 2-8-5　将一个修改器复制到多选的选定项

3）将修改器全部复制给目标项

执行“物体”菜单→“修改器”→“复制修改器到选中的物体”（图 2-8-6）。

图 2-8-6　通过菜单将一个物体修改器复制到其它物体

（2）在当前物体中复制一个修改器

选中物体并切换到修改器面板。找到想要复制的修改器，单击修改器名称右侧的下拉按钮，在菜单中选择“复制”，就会在当前修改器的堆栈最下面复制一个相同参数设置的新修改器（图 2-8-7）。结果是这个修改器作用了两次，产生了叠加结果。

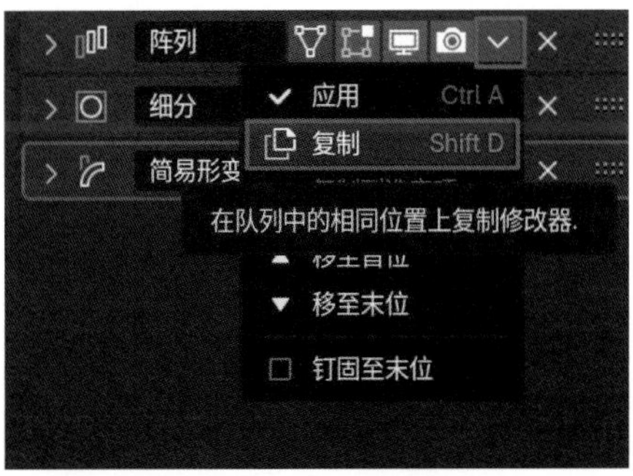

图 2-8-7　将一个修改器副本复制到堆栈底部

（3）清除所有修改器

• 选择拥有一个或多个具有修改器的物体。

• 执行“物体”菜单→“修改器”→“清除物体修改器”。

• 所有物体的修改器会被全部清除，各自退回到修改器生效前的状态。

2.8.4　常用修改器简介——生成类

（1）阵列修改器

1）修改器功能

用于复制并排列物体，生成规则的重复结构，如楼梯、栅栏（图 2-8-8）、链条等。

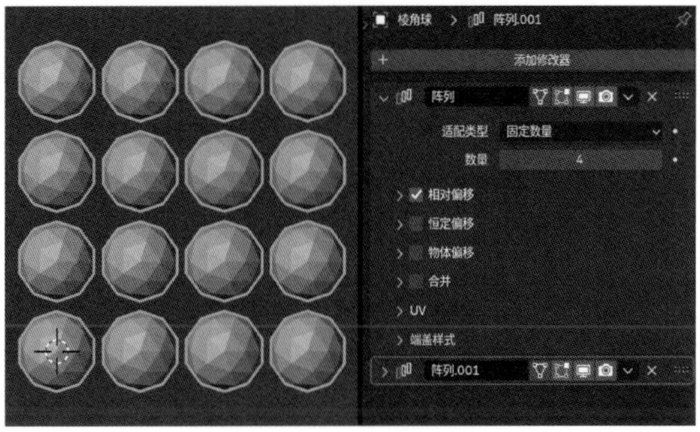

图 2-8-8　阵列修改器的效果

2）属性简介

适配类型：决定阵列分布方式。

• “固定数量”：直接指定复制数量，间距由相对偏移或恒定偏移控制。

• “固定长度”：设定总长度，自动计算复制数量来填满总长度。

• “适配曲线”：沿曲线路径分布阵列，自动调整数量以填满曲线。

偏移控制：控制副本之间的间距和方向。

• “相对偏移”：基于物体尺寸的比例偏移（1.0 表示一个物体长度的间距）。

• “恒定偏移”：基于固定数值的绝对偏移。

3）应用场景

线性阵列（如栅栏、楼梯）、径向阵列（如齿轮、钟表刻度）、沿曲线阵列（如 DNA 螺旋、弯曲管道）有各自固定的用法。

4）常见问题

阵列副本重叠或间距错误：检查分布方

式的设置是否正确，检查物体的原点设置是否正确。

（2）倒角修改器

1）修改器功能

用于给模型全局添加倒角（图 2-8-9），使模型看起来更具细节。

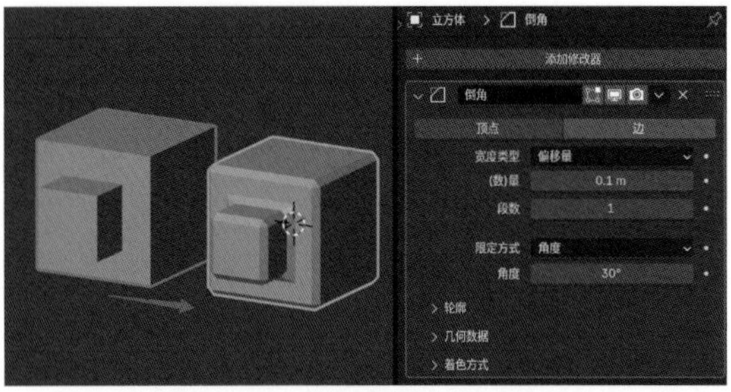

图 2-8-9　倒角修改器的效果

2）属性简介

• 顶点、边：决定是在哪个位置添加倒角。

• 宽度类型：倒角宽度的计算有多种方法可以选择。

• （数）量：倒角宽度数值。

• 段数：给倒角添加分段数（类似于细分）。

3）常见问题

• 模型破面或出现严重外形变化：首先检查模型，查看是否本身具有未焊接的重叠顶点或者裂缝；其次调整倒角宽度，避免倒角宽度过大超过了布线的最大宽度。

• 倒角后模型面数暴增：降低段数，提高角度限制。

• 倒角不均匀或比例有问题：检查是否应用了模型缩放（物体模式下：Ctrl+A）。

• 一般情况下，面数太多或拓扑太杂乱的网格不适合此修改器。

（3）布尔修改器

1）修改器功能

用于通过布尔几何运算（并集、差集、交集）组合两个或多个几何体（图 2-8-10）。

2）属性简介

• 布尔类型——并集：合并两个物体，删除重叠部分。

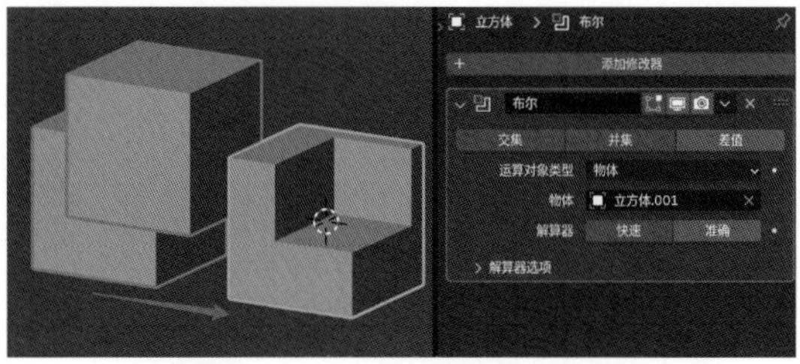

图 2-8-10　布尔修改器的效果

• 布尔类型——差集：用目标物体（B）分割当前物体（A）。

• 布尔类型——交集：仅保留两个物体重叠的部分。

• 运算对象类型：运算对象可以是单个物体，也可以是包含多个物体的集合。

• 解算器：对于复杂度不同的对象提供了两种布尔算法，推荐都尝试一下。

3）应用场景

用“差集”切割孔洞（如螺丝孔、镂空结构），用“并集”合并复杂形状（如拼接一体的机械零件），用“交集”提取共有部分（如模具设计）。

4）常见问题

• 由于布尔运算本身对模型各方面要求较高，特别是拓扑（尽量全部四边循环面）、面数（面数高一些）和外形（越规则越好），其算法限制导致不能保证在所有情况下都生效。

• 外形、结构和拓扑越混乱、越复杂的物体越容易布尔失败（出现模型错误或功能完全失效），可以采用其它方式建模。

• 物体相交处如果有重叠面或未合并顶点，也会造成拓扑失败。

（4）精简修改器

1）修改器功能

减少模型面数（图 2-8-11），优化性能或简化模型结构。

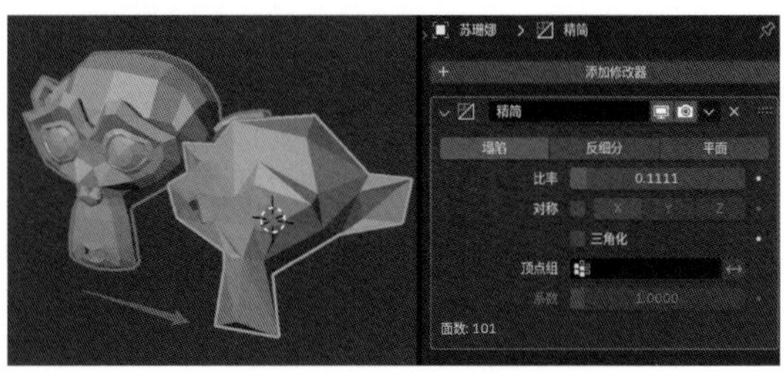

图 2-8-11　精简修改器的效果

2）属性简介

• 精简模式——塌陷：通过合并顶点和边来减少面数（通用模式）。

• 精简模式——反细分：逆向细分，减少细分后的面数（适用于高模优化）。

• 精简模式——平面：删除不影响形状的平坦面（适合平面模型）。

• 比率：控制精简强度（0.0= 完全精简，1.0= 无变化）。

• 顶点组：可以用顶点组来控制不同区域的精简程度，可以更好地手动保留细节。

3）应用场景

游戏资产减面，可以采用“塌陷”模式；3D 打印高模精简，可以配合“顶点组”来保持细节；数字扫描场景优化，可以采用“塌陷”模式；平面优化，可以采用“平面”模式。

（5）遮罩修改器

1）修改器功能

隐藏或显示模型的特定部分（图 2-8-12），它不会删除几何体，而是临时隐藏顶点和面。

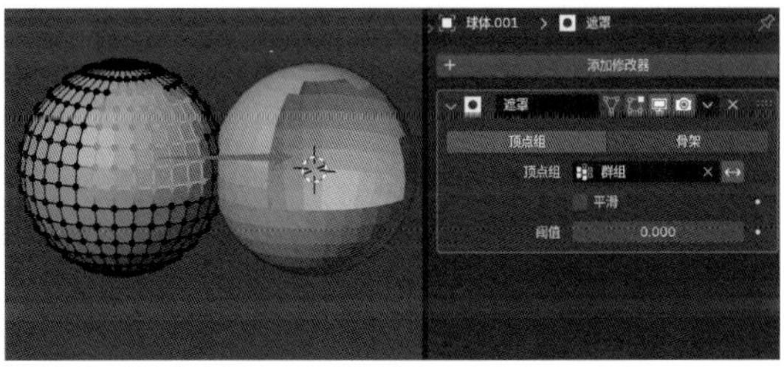

图 2-8-12　遮罩修改器的效果

2）属性简介

• 遮罩模式——顶点组：隐藏指定顶点组影响的顶点，需要提前为物体建立顶点组，然后在列表中选中它。

• 遮罩模式——骨架：如果这个物体绑定了骨架，并且拥有配套的权重。在骨架的姿态模式下选择一个骨骼，会隐藏该骨骼对应的权重顶点。

3）应用场景

雕刻或建模中隐藏模型的一部分，防止遮挡；动画中非破坏性地隐藏模型的一部分，防止穿模、穿帮；动画化显示或隐藏模型的不同部分。

4）常见问题

• 遮罩效果反了：单击顶点组右侧的“反转”按钮。

• 影响了其它修改器的运行：因遮罩而隐藏的顶点会被排除计算，这会直接影响堆栈靠后的修改器。所以应当手动调整修改器的堆栈顺序，一般将遮罩修改器放置在堆栈的最后一个。

（6）镜像修改器

1）修改器功能

对称复制（图 2-8-13），即沿指定轴（X、Y、Z 轴）复制后翻转模型。

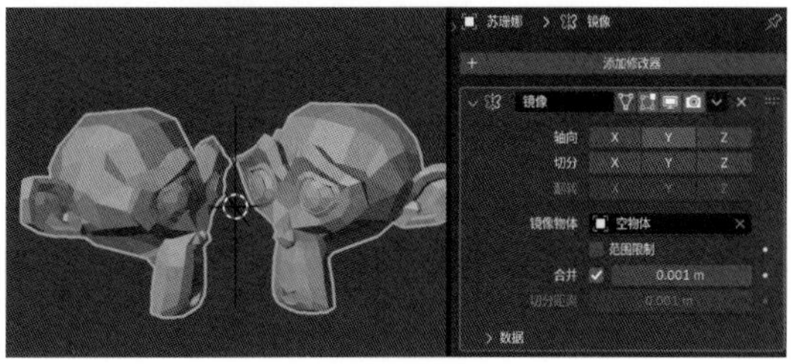

图 2-8-13　镜像修改器的效果

2）属性简介

• 轴向（镜像轴）—X、Y、Z 轴：选择镜像的轴向（可多选，如 X+Y 实现对角对称）。也可以多选 2 ～ 3 条轴，获得 4 ～ 8 个镜像。

• 切分：如果网格已经位于镜像平面的两侧，则会被该平面切割，并只保留一侧来执行镜像，从而防止相互交叉。

• 镜像物体：设置一个镜像物体（建议空物体），以它的原点作为镜像中心，可以随时调整和动画。

• 范围限制：阻止镜像侧穿过镜像平面。

• 合并：用数值来控制自动合并顶点的距离。

3）应用场景

对称建模的利器：为一半模型添加镜像修改器，当编辑镜像时，它会实时更新。建模完成后，可以应用镜像修改器得到完整模型，或者保留镜像修改器，以便随时编辑。

4）常见问题

镜像后模型出现接缝或断裂：首先需要检查模型的对称中心，可以调整物体的原点位置或指定一个空物体作为对称中心。其次可以打开“合并”“范围限制”，防止相互穿越。

（7）实体化修改器

1）修改器功能

用于为单层模型添加厚度（图 2-8-14），使其成为有体积的实体（如纸张、布料、墙壁）。

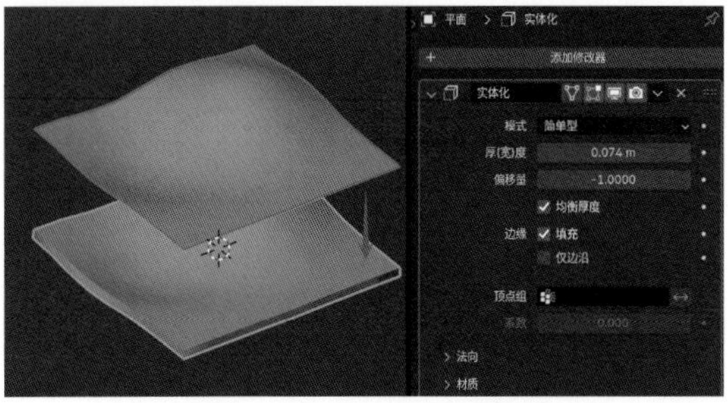

图 2-8-14　实体化修改器的效果

2）属性简介

• 模式（算法）——简单型、复杂型：两种计算方式，针对不同复杂程度的网格。

• 厚（宽）度：控制模型沿面法线扩展的距离（负值 = 向内、正值 = 向外）。

• 偏移量：调整厚度的分布比例（−1= 完全向内、1= 完全向外、0= 居中）。

3）应用场景

适用于先创建单层面片，再用修改器生成厚度的建模方式：手机壳、包装盒、服装等。

（8）表面细分修改器

1）修改器功能

细分网格拓扑（图 2-8-15），添加布线并自动平滑。

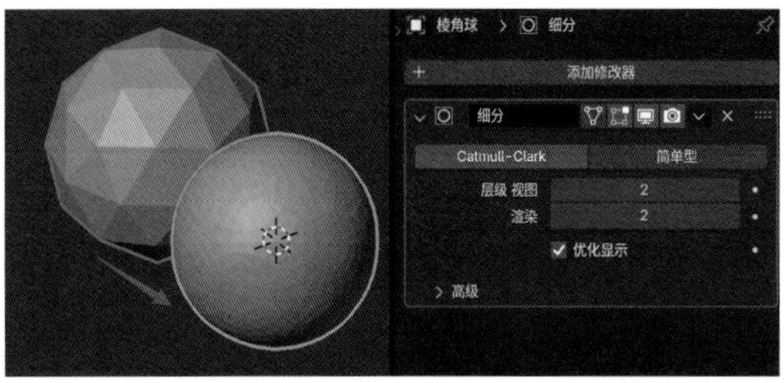

图 2-8-15　表面细分修改器的效果

2）属性简介

• 细分算法——Catmull-Clark（默认）：生成平滑曲面，适用于大多数有机模型。

• 细分算法——简单型：仅细分但不平滑，适合硬表面建模。

• 层级——视图：控制 3D 视图中显示的细分级别。

• 层级——渲染：控制最终渲染时的细分级别（通常比视图级别高 1 级）。

＊注：“视图层级”和“渲染层级”互不影响。如果视图卡顿，可以降低视图细分或者关闭（调为 0），只保留渲染细分即可。

3）应用场景

细分建模：任何高级模型都需要从低多边形开始做起，最后通过细分来增加面数，并对其做平滑处理，使其具备所需的效果。雕刻：使用雕刻工具组时，需要提前添加细分，以保证有足够的面来雕刻。

4）常见问题

• 边缘和细节被平滑掉了：首先可以为边缘添加“折痕边”（选择边后按 Shift+E）控制边缘锐度；其次可以切换为“简单”细分模式，也可以进入编辑模式后，为边缘进行倒角、卡线等操作。

• 添加细分修改器后，视图卡顿变慢：首先可以降低视图级别（1 或 0），启用“优化显示”选项，提升视图渲染效率。

• 添加细分修改器后模型出现了破损和裂缝：进入编辑模式检查是否有重合但未合并的孤立顶点和未缝合的边。

2.8.5　常用修改器类型——形变类

（1）骨架修改器

1）修改器功能

连接骨架和网格的桥梁，用骨架驱动网格顶点位移（图 2-8-16）。

2）属性简介

• 物体：指定一个目标骨架（仅骨架）。

图 2-8-16　骨架修改器的参数

• 顶点组：用顶点组权重限制修改器的影响范围。

• 绑定到——顶点组：最常用的方式，通过顶点组权重来驱动骨骼影响顶点。

• 绑定到——骨骼封套：基于骨骼体积包裹算法确定骨骼的影响范围。

• 维持体积：在形变过程中减少模型的极端体积变化，推荐打开此选项。

• 多重修改器：如果要使用不同的顶点组混合多个骨架修改器，需要打开此选项。

3）应用场景

所有使用骨架驱动骨骼的场景，都需要使用到骨架修改器，见骨骼动画章节。

（2）曲线修改器

1）修改器功能

通过将物体绑定到曲线，使其跟随曲线的形状进行形变（图 2-8-17）。

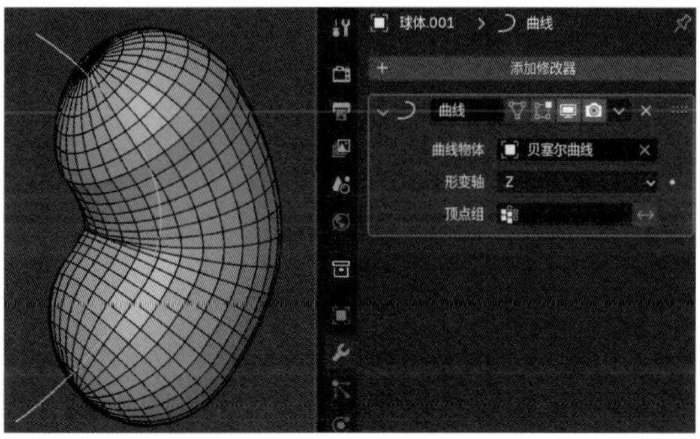

图 2-8-17　曲线修改器的效果

2）属性简介

• 曲线对象：选择用于形变的曲线（仅曲线）。

• 形变轴：决定物体沿曲线的哪个轴向（X、Y、Z 轴）形变。

3）应用场景

制作弯曲的管道、轨道、绳索、锁链、DNA 螺旋等。

4）常见问题

• 沿曲线运动时脱离曲线：按照所选的“形变轴”移动，不要动用其它轴向。

• 可以配合“钳制到”约束来使用，彻底解决物体脱离曲线的问题。

（3）置换修改器

1）修改器功能

用自身法向或一张纹理来膨胀网格（图 2-8-18）。

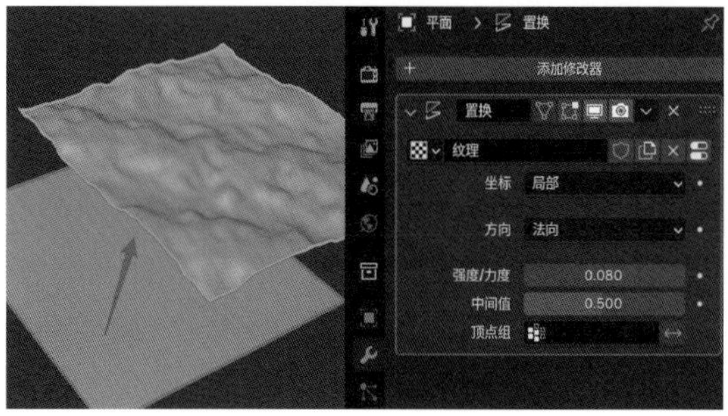

图 2-8-18　置换修改器的效果

2）属性简介

• 纹理：使用一张图片纹理或者程序化纹理，修改器会调用这张纹理每个像素的“黑白”值（黑 =–1、白 =1，其它灰色在 –1 与 1 之间取值），计算出每个顶点的位置。

* 注：纹理置换对网格的面数要求很高，需要对网格进行高细分后再置换。

• 坐标：选择一套纹理坐标映射方式，来确定纹理如何“贴”到物体表面。

• 方向：决定顶点移位的方向，通常使用法向方式。

• 强度 / 力度：控制每个顶点位移的幅度。

• 中间值：定义置换的基准位置（0.5= 中间值），用于辅助控制凸出或凹进的强度。

3）应用场景

地形生成：使用一张黑白色表示高度的图片，配合置换修改器直接将一个高细分的平面转换成一个复杂的山地模型。生物模型细节：可以给生物模型添加类似于鳞片、血管、皮肤褶皱等微小的模型细节。生成浮雕：用一张黑白图案纹理，即可生成生动的浮雕模型。

4）常见问题

• 置换效果不明显：首先，检查模型面数是否太低，需要在置换前增加足够的细分；其次，可以提高置换强度值；最后，需要检查纹理，对比度越大的纹理置换强度就越高。

• 置换后模型撕裂：首先，检查模型是否有未缝合的顶点、边；其次，可以添加一个“矫正平滑”修改器来稳定物体的形状；最后，可以降低置换强度，或者降低置换图片的对比度。

（4）钩挂修改器

1）修改器功能

将网格的部分顶点（顶点组权重）“钩挂”到其它物体，（图 2-8-19）类似于骨骼绑定。

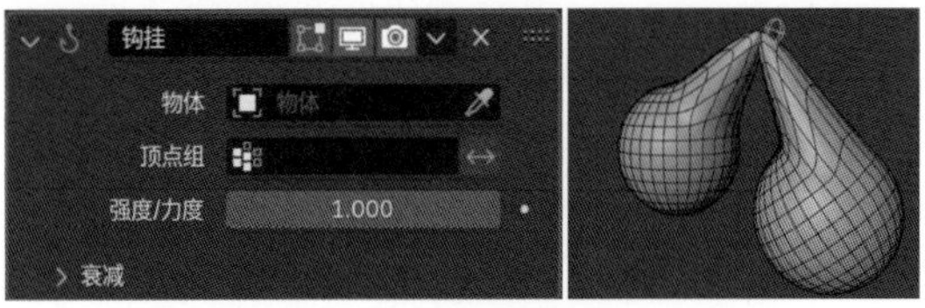

图 2-8-19　使用钩挂将两个球的部分顶点绑定到空物体

2）属性简介

• 物体：选择钩挂对象，这个对象的变换会带动钩挂的网格顶点组位移。

• 强度、力度：钩挂影响的强度。

• 衰减：类似于软选择，可以使钩挂后的变换产生平滑过渡的效果。

3）应用场景

取代骨架临时绑定网格元素，控制物体表面。如布料解算的时候，作为拉扯点。

4）常见问题

• 钩挂不生效：检查顶点组是否设置正确，顶点权重是否大于 0。

• 形变不自然：首先可以将顶点组权重进行平滑，其次可以打开修改器的“衰减”。

（5）晶格修改器

1）修改器功能

晶格修改器可使物体网格变形（图 2-8-20），类似于其它软件的“FFD 形变器”工具。

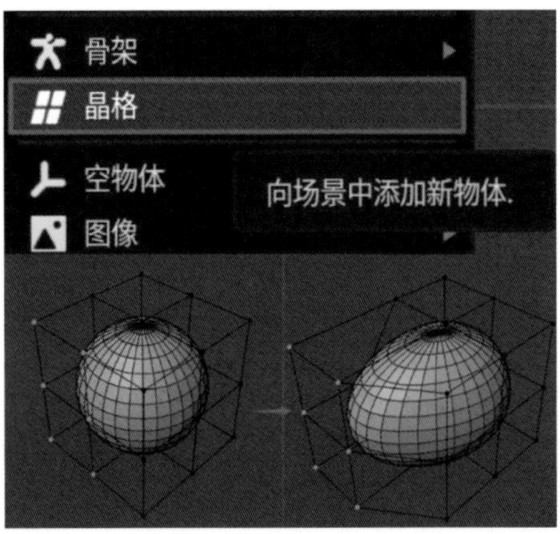

图 2-8-20　晶格修改器的效果

2）添加晶格物体

按 Shift+A 调出添加物体菜单，选择“晶格”。

3）晶格物体属性面板

选择晶格后，在属性编辑器中的数据面板中可以看到晶格物体所具有的属性（图 2-8-21）。

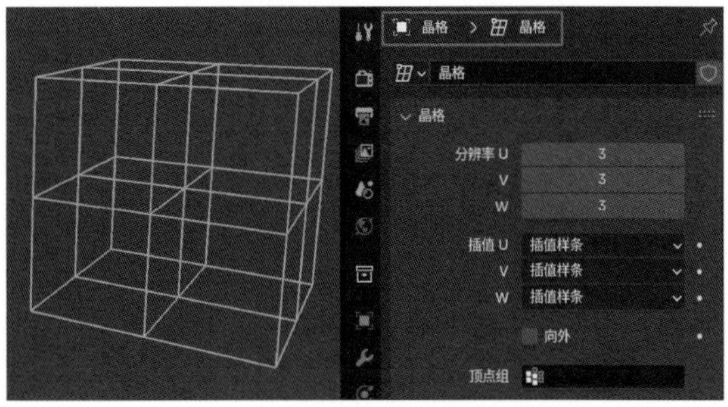

图 2-8-21　属性编辑器中的晶格面板

• 分辨率 U、V、W：三个方向上的晶格密度，需要根据形变的复杂度来增加。

4）晶格修改器属性简介

• 物体：选择一个预先设置好的晶格（仅晶格）。

• 强度 / 力度：修改器使物体产生形变的程度。

（6）网格形变修改器

1）修改器功能

使网格物体（修改器拥有者网格）被一个低精度网格（笼子网格）驱动变形（图 2-8-22）。笼子网格的顶点位移会同步影响拥有者网格。

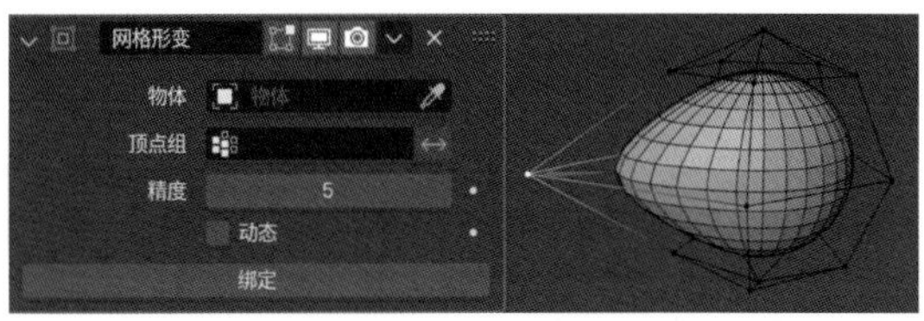

图 2-8-22　使用一个低模笼子网格绑定并控制一个高模网格

2）属性简介

• 物体：选择一个预先设置好的低精度笼子网格。

• 精度：精度越高，效果越精确，但是会占用系统资源，降低视图运行速度。

• 动态：启用后，其它例如修改器、形态键对于网格物体外形的修改也会起作用。

• 绑定：按下绑定后，此网格的顶点编辑将不可用，其只会按照笼子网格的形变而形变。

＊注：由于网格形变修改器原理是将顶点与顶点“就近”近似绑定，所以如果两个网格中的任何一个网格的顶点数量有变化，修改器都将失效，需要重新绑定。

3）使用方法

• 按照当前网格模型的外形创建好低精度笼子网格，笼子网格需要与当前网格的位置匹配、形状类似并罩住当前网格。

• 选择修改器拥有者网格，添加网格形变修改器，并将笼子网格指定给修改器。

• 选中并进入笼子网格的编辑模式（Tab键），移动任意顶点来检查是否同步对应位移。

4）应用场景

可用于表现角色动画的夸张形变，例如，动画中的眼球变形弹出、舌头膨胀、手指肿大等，以弥补骨骼动画形变方面的不足。

5）常见问题

• 绑定后变换笼子网格没有任何改变：因为仅支持笼子网格顶点变换带来的形变，所以只有在编辑模式下变换笼子网格顶点位置才会生效。

• 视图有效但渲染时失效：检查修改器堆栈，将表面细分修改器后置，因为表面细分通常其视图与渲染的细分级数不同，会造成顶点数存在差异，从而导致渲染时修改器失效。

（7）缩裹修改器

1）修改器功能

将一个网格物体（需要有足够的面数）吸附到另一个网格物体表面（图 2-8-23），并保持动态吸附效果。

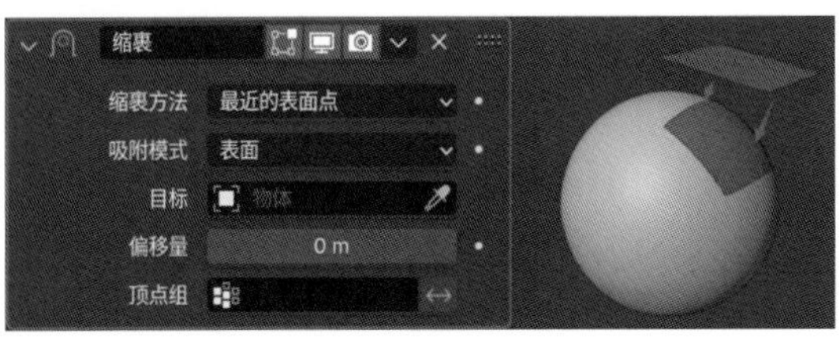

图 2-8-23　缩裹修改器的效果

2）属性简介

• 缩裹方法：决定吸附方法。

• 吸附模式：决定网格包裹到吸附目标的位置。

• 目标：选择一个网格物体作为吸附目标。

• 偏移量：在吸附生效后，额外移动的距离。

＊注：缩裹修改器对修改器拥有者网格与吸附目标网格的顶点数都有较高需求，必须提前进行拓扑细分，或者在用缩裹修改器之前添加一个表面细分修改器。

3）应用场景

角色服装制作：让服装快速贴合角色模型表面。海报张贴：将带贴图的物体，贴到其它任何网格表面，并贴合形状。

（8）矫正平滑修改器

1）修改器功能

让矫正平滑后的网格表面尽量恢复到数据块中存储的原始状态（图 2-8-24）。

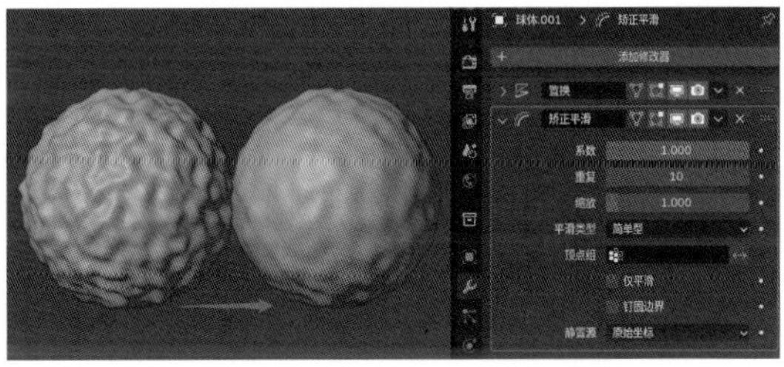

图 2-8-24　矫正平滑修改器的效果

2）属性简介

• 系数：矫正强度，系数的值越大越偏向原始网格。

• 重复：迭代次数，迭代次数越多修复得越彻底。

• 缩放：控制收缩强度，修复拉伸和膨胀。

3）应用场景

角色动画中变形修复：可以极大缓解角色动画中的表面变形过度、面褶皱、过度拉伸等问题；其它由于约束、修改器等造成的模型表面错误、不平滑的问题，都可以矫正。

（9）表面形变修改器

1）修改器功能

将一个修改器拥有者网格绑定到提供形变

的网格表面，并跟随表面形变（图 2-8-25）。

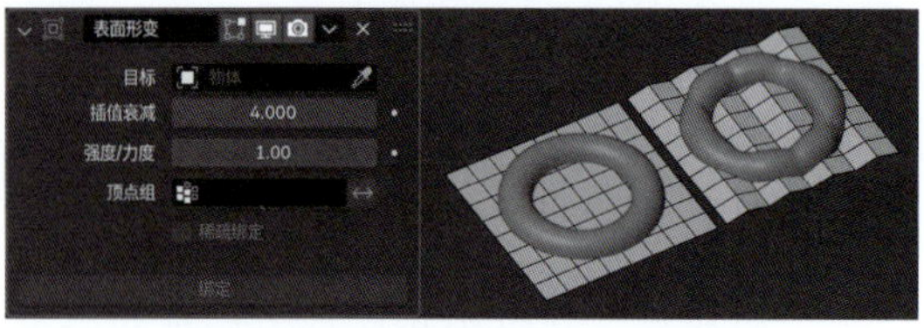

图 2-8-25　表面形变修改器的效果

2）属性简介

• 目标：选定一个目标网格作为绑定对象。

• 插值衰减：为顶点周围形变添加一个衰减值，来平滑形变效果。

• 强度：变形强度。

• 绑定：成功绑定后，此网格的其它修改将不可用，只有表面形变起作用。

3）使用方法

• 将修改器所有者网格放置在目标网格表面。

• 添加表面形变修改器，并将目标网格指定给修改器，点击“绑定”。

• 进入目标网格的编辑模式，通过移动顶点来检查当前网格是否相应位移。

4）应用场景

将服装绑定给角色模型：可以简单地用表面形变修改器将服装绑定在角色模型表面。将零件绑定到物体表面并跟随动画形变，例如，机械表面的管线、螺丝等。

5）常见问题

• 运行卡顿：由于表面形变修改器需要实时计算两个模型所有顶点的位置关系，所以这个方式非常占用系统资源，要尽量降低两个模型的面数。

• 视图有效但渲染时失效：检查修改器堆栈，将表面细分修改器后置，表面细分时视图与渲染的细分级数不同，会造成绑定失效。

案例实践 2-7：修改器堆栈制作薯片

案例2-7步骤　案例2-7视频

案例实践 2-8：修改器堆栈制作孔明灯

案例2-8步骤　案例2-8视频

2.9 曲线物体、文本物体与空物体

2.9.1　曲线物体

（1）什么是曲线物体

与由顶点、边和面构建的网格物体不同，曲线物体基于控制点、曲线段数和长度来改变形态。这些控制点如同塑造曲线的“操纵杆”，通过调整它们的位置、方向及相关属性，可以改变曲线的走势和形状。

（2）曲线与网格的区别

1）结构方面

• 曲线：由数学函数生成，只有控制点，控制点之间是矢量曲线。

• 网格边：顶点连接形成边，边连接形成面，点和点之间是直线。

2）编辑方式（图 2-9-1）

• 曲线：可变换控制点以及改变控制柄类型和长度等。另外，曲线物体只有控制点可以编辑，不能选中曲线段本身。

• 网格边：可对顶点、边分别操作，如移动顶点，对边进行变换、分割、挤出等。

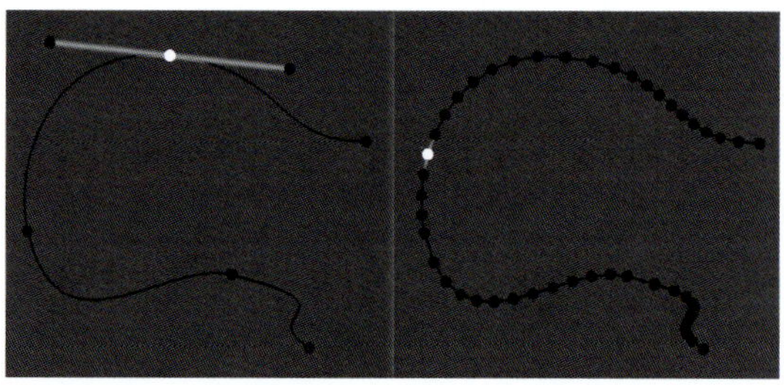

图 2-9-1　曲线（左）与网格边（右）

3）应用场景

• 曲线：辅助具有流畅曲线外形和长条形状物体的建模；作为路径引导的模型，如在动画中作为物体运动轨迹，或被修改器和约束等

功能引用的位置数据参考。

• 网格边：可以将边连接成面，构建各类具有实体外观和复杂细节的模型。

（3）常用的曲线类型

• 贝塞尔曲线：通过控制点和手柄来定义曲线形状，这些控制点并不位于曲线上，而是通过控制手柄“拉扯”曲线，使其呈现出不同形状（图 2-9-2 左）。

• NURBS 曲线：NURBS 曲线是一种精确的曲线类型，它通过控制点和权重来定义曲线的形状（图 2-9-2 中）。

• 路径曲线：路径曲线是一种由点与点之间平均插值定义的曲线（图 2-9-2 右）。

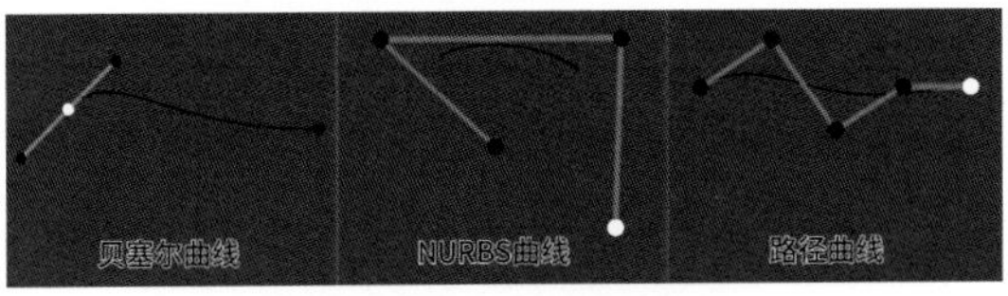

图 2-9-2　三种曲线类型

（4）曲线物体的基本操作

① 添加曲线物体（以贝塞尔曲线为例）：按 Shift+A，打开“添加”菜单→“曲线”→“贝塞尔曲线”（图 2-9-3 ①）。

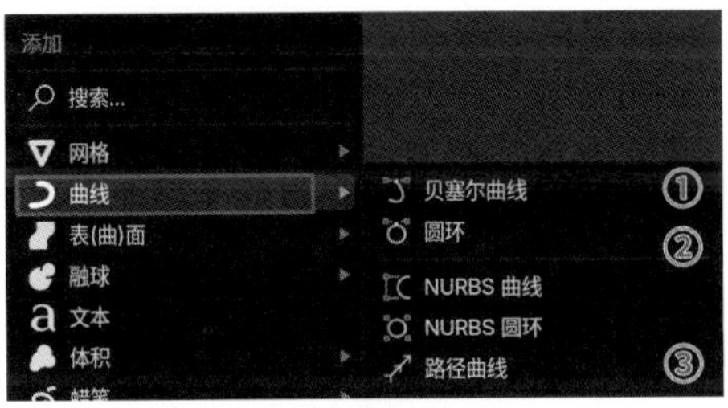

图 2-9-3　添加曲线类型

② 进入曲线编辑模式。

• 选中添加的贝塞尔曲线，按住 Tab 键在弹出的饼菜单中滑选编辑模式。

• 在 3D 视图标题栏找到最左侧的“设置物体的交互模式”下拉菜单（图 2-9-4）。

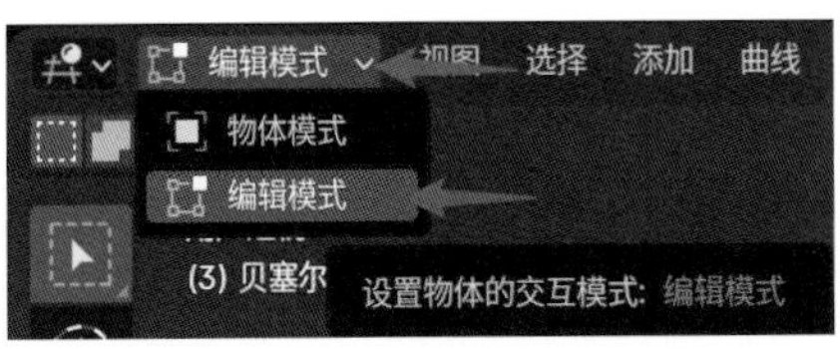

图 2-9-4　设置物体的交互模式

③ 通过变换曲线的控制点来改变曲线形态。

在编辑模式下，鼠标右键选中一个控制点（图 2-9-5①），使用移动（G 键）、旋转（R 键）、缩放（S 键）来变换控制点的位置、方向和大小。同时，通过调整控制手柄（图 2-9-5 ②），可以改变曲线在该控制点处的曲率。

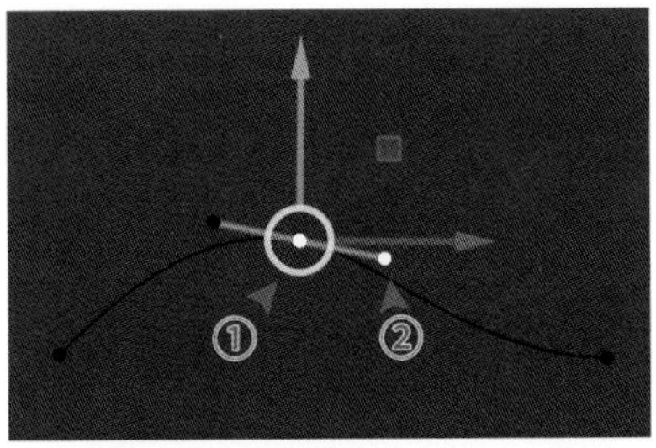

图 2-9-5　贝塞尔曲线的控制点（①）与控制柄（②）

④ 添加、删除、融并控制点。

• “细分”添加控制点：选中曲线上相邻的两个控制点，按 W 键，在弹出的菜单中选择“细分”，此时会在这两个控制点之间添加新的控制点（图 2-9-6），细分数量可在调整上一步操作面板中设置。

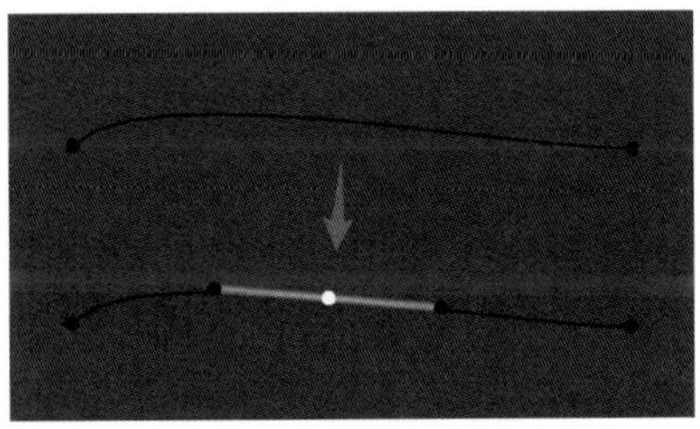

图 2-9-6　细分曲线添加控制点

• “挤出”添加控制点：选中曲线端点的控制点，按下 E 键进行挤出并移动，会“延长”该端点并添加新的控制点（图 2-9-7），将其移动到合适位置即可。

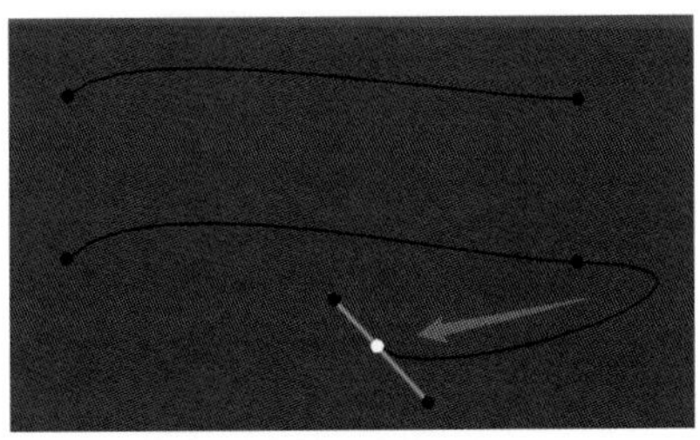

图 2-9-7　挤出曲线添加控制点

• 删除控制点：选中要删除的控制点，按下 X 键，在弹出的菜单中选择“顶点”（图 2-9-8 ①），即可删除选定控制点，且相邻点会直接连接。

• 删除段数：选中两个相连的控制点，按 X 键选择“段数”（图 2-9-8 ②），会删除连接所选控制点之间的线段，断开控制点连接。

• 融并控制点：选中要融并的控制点，按下 Ctrl+X 或按 X 键在菜单中选择“融并顶点”（图 2-9-8 ③）后，将删除所选控制点。曲线自动连接到该控制点两旁的点，并拟合曲线使其在融并处平滑过渡。

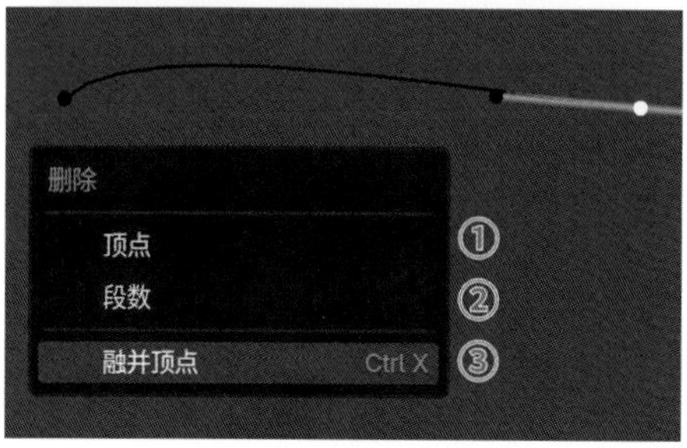

图 2-9-8　删除控制点菜单

• 闭合曲线：如果曲线当前处于开放状态，要使其闭合，先选中曲线一端的控制点，按住 Shift 键；再选中另一端的控制点，确保两个端点都被选中；按 F 键，会在这两个端点之间添加一条新的曲线段，使曲线闭合。

（5）属性编辑器的数据（曲线）面板

曲线属性编辑器位置：选中曲线后，在界面右侧找到属性编辑器中的数据（曲线）面板（图 2-9-9）。其图标为一段绿色的曲线连接两个点。

1）形状栏介绍（图 2-9-9）

• 2D、3D 曲线：默认为 3D 曲线，当切换为 2D 曲线时，变成 XY 轴曲线。

• 分辨率：曲线的细分程度，数值越高，视图和渲染时越平滑。

• 扭曲方法：当曲线的控制点有旋转值时，会让曲线延伸时发生扭转。扭曲方法控制扭转方式；平滑则控制扭转的平滑度，避免过度扭转打结。

• 填充模式：如果曲线有倒角，当设置为一半时，曲线会显示为半个圆柱体。

图 2-9-9　数据（曲线）面板中的形状栏

2）几何数据栏介绍（图 2-9-10）

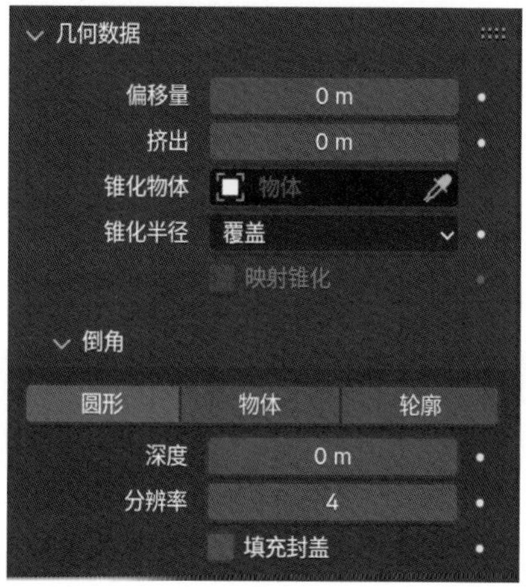

图 2-9-10　数据（曲线）面板中的几何数据栏

• 偏移量：决定由曲线挤出而成的面沿自身法线的平行移动距离。

• 挤出：类似于几何体的边挤出。将曲线沿自身 Z 轴挤出为曲面，数值越大，挤出高度越大。

• 锥化物体：用另一段闭合曲线作为参考，添加锥化会使挤出后的形状向一端变细。

• 倒角方式——圆形：利用深度、分辨率等参数来自我倒角成管状（图 2-9-11 左）。

• 倒角方式——物体：指定一个曲线物体（开放或封闭），沿此曲线倒角（图 2-9-11 右）。

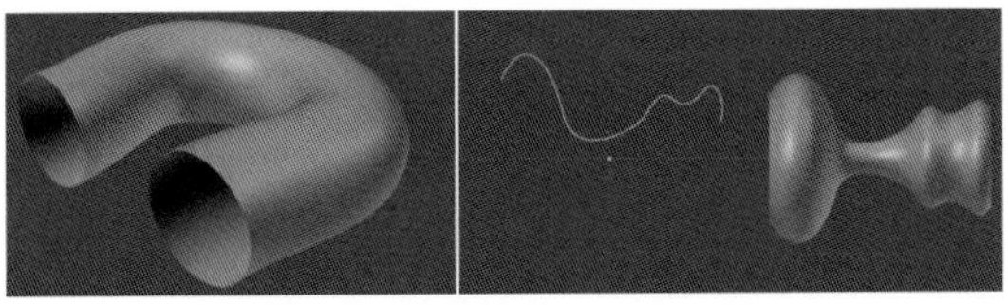

图 2-9-11 倒角的圆环方式（左）和物体方式（右）

• 倒角方式——轮廓：打开一个“曲线编辑部件”来手动控制倒角的形态。

（6）将曲线转换为网格物体

选中一段曲线后，在物体模式下，执行“物体”菜单→“转换”→“网格”。单独的曲线会转换成网格的边，而带有挤出或倒角的曲线会转换成网格几何体。

（7）曲线应用举例

• 作为运动路径：在动画制作中，曲线常被用作物体的运动路径。例如，制作一个飞行的蝴蝶动画，在蝴蝶模型约束面板中添加“路径跟随”，选择曲线。

• 作为修改器的引导：以曲线为引导，使用阵列修改器可以创建出一系列沿着曲线排列的物体，如锁链。

• 直接用于建模：利用曲线属性编辑器中数据面板中的倒角或锥化功能，可直接创建具有独特形状的模型。

2.9.2 文本物体

（1）什么是文本物体

二维的文本物体，非曲线也非网格，但是可以转换为曲线或网格。一般需要通过转换成网格来进一步使用。

（2）添加和修改文本物体

1）添加文本物体

• 在 3D 视图中，按下 Shift+A，在“添加”菜单中新建文本（图 2-9-12）。

图 2-9-12 添加文本物体

2）进入文本编辑模式编辑文字内容

• 选中添加的文本物体，按住 Tab 键，在弹出的饼菜单中滑选编辑模式。

• 在 3D 视图标题栏找到最左侧的“设置物体的交互模式”下拉菜单。

3）如何输入中文

• 如果需要输入中文，会发现无法输入，这是因为 Blender 的功能开发存在缺陷，对中文输入法的兼容一直存在问题。解决这个问题，需要多一步操作。

• 从外部将中文文本复制到 Blender：先在外部的文本编辑器中输入中文内容，然后选中并复制这些中文内容。回到 Blender 中，在文本编辑模式下，按下 Ctrl+V 将复制的中文在编辑模式下粘贴（图 2-9-13）。

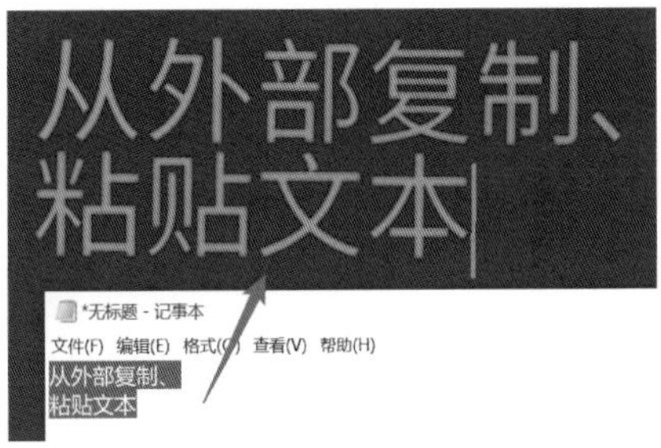

图 2-9-13 从外部复制、粘贴文本

（3）属性编辑器的数据面板（文本）

1）文本属性编辑器的位置

选中文本物体后，找到属性编辑器中的数据面板，此时它的图标是绿色小写字母“a”（图 2-9-14）。

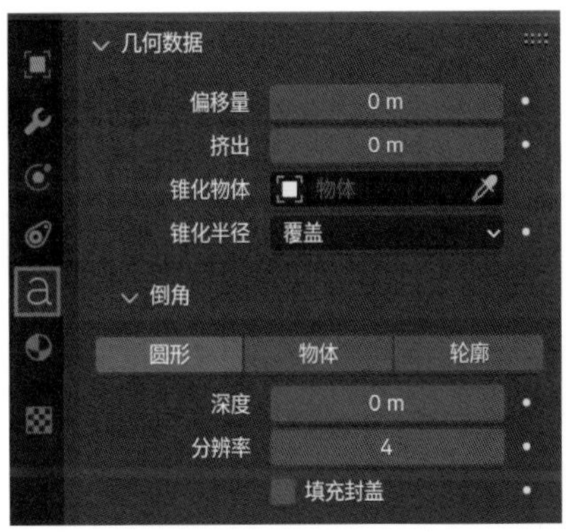

图 2-9-14 数据面板中的“几何数据”栏

2）形状栏介绍

• 分辨率：文本的细分程度，数值越高，视图和渲染时越平滑。

• 填充模式：填充决定了文本在自我挤出时的显示方式。

3）几何数据栏介绍（图 2-9-14）

• 偏移量：将挤出的面平行于文本法线移动。

• 挤出、锥化和倒角：赋予文本厚度体积，使其从二维变为三维。

4）字体面板介绍

• 字体选择：可从下拉菜单中选择 Blender 内置字体，或点击“加载”按钮导入系统中已安装的字体文件。

• 尺寸：调整文本字符的大小。

• 路径文本：选定一个曲线物体，文字将以环绕的形式一个一个地排列到曲线上。

（4）将文本物体转换为网格

选中一个文本后，在物体模式下，执行“物体”菜单→“转换”→“网格”。单独的文本会自动填充面，变成网格面片；而带有挤出或倒角的文本，会转换成带有厚度的立体网格。

2.9.3 空物体

（1）空物体的概念

1）什么是空物体

空物体（Empty）是一种虚拟物体。它只包含位置、旋转和缩放信息，并且无法被渲染器渲染。它们有多种用途，非常实用。

2）空物体的外形

虽然空物体不包含网格，但它以一些预设的虚拟 3D 图标形式显示在 3D 视图中，包括纯轴、箭头、单向箭头、圆形、立方体、球形、锥形、图像（图 2-9-15）。这些外形本身没有本质区别，只是提高区分度。

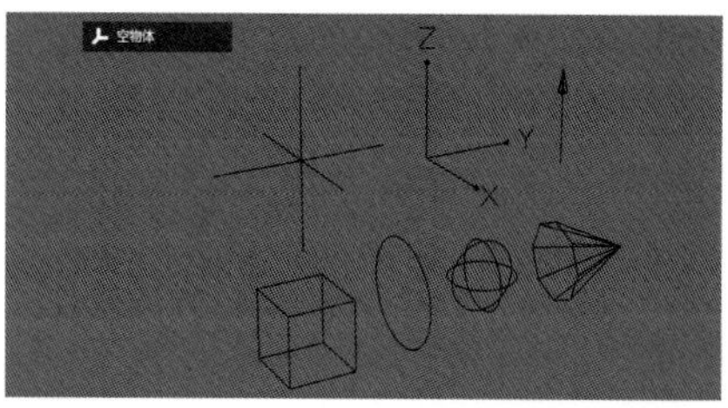

图 2-9-15　空物体的视图显示样式

（2）添加空物体

在 3D 视图中，按下 Shift+A，在“添加”菜单中选择“空物体”。

（3）属性编辑器的数据面板（空物体）

① 空物体属性编辑器位置：选中空物体后，找到属性编辑器数据面板中的“数据”，此时它的图标是绿色的“轴”。

② 空物体数据面板介绍（图 2-9-16）

• 显示为：可以更改空物体在 3D 视图中的显示图标样式。

• 尺寸：空物体显示尺寸，放大或缩小不改变空物体本身的缩放值。

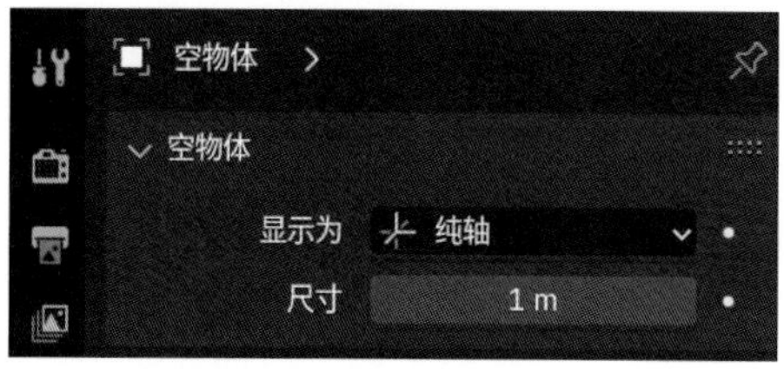

图 2-9-16　属性编辑器中的数据（空物体）面板

（4）空物体应用举例

• 作为坐标参考：在场景中，可以将空物体放置在特定的位置，作为一个坐标参考点用于定位、测量。

• 充当父级来组合多个物体：将多个物体设置为空物体的子级物体，通过操作空物体，可以同时控制这些子级物体的移动、旋转和缩放。

• 作为临时轴心：多选物体，最后选择空物体，将空物体作为当前活动物体。然后使用“变换轴心点”菜单选择“活动元素”，将空物体当作轴心。在进行变换操作时，将围绕空物体进行变换，而不用更改物体的轴心。

• 作为变换数值的来源：可以利用约束，将空物体的位置、旋转和缩放数值转移到其它物体上。或者用约束通过空物体来限制其它物体的变换范围。

课后实践

物体模式快速操作

挑战在 3 分钟内，完成以下所有操作：新建文件，删除所有默认物体；添加一个立方体、一个球体、一个锥体；将它们沿一条斜线（45° 斜线）等距排列（原点间距为 4m）；将三者放入名为“斜向物体组合”的集合中；最后将文件保存到桌面。记录你完成后的时间，并思考哪些操作可以更快。

第 3 章
多边形建模

本章学习目标：

- 掌握多边形编辑模式下的基本操作。理解顶点、边、面的编辑逻辑，并熟悉各类建模工具集的使用方法。
- 通过案例实操，学会运用编辑模式下的基础网格建模工具制作简单模型，了解建模思路和操作习惯。
- 先当“操作员”，再当“创造者”。学习了解行业规范，努力成为一名有思想、有规范、有韧性的三维设计师。

本章学习重点：

- 基础网格编辑工具：需重点掌握选择、变换、挤出等基础工具，再逐步学习更复杂的操作。
- 进阶建模工具：切割、环切、倒角、布尔运算等进阶编辑工具和菜单命令。
- 拓扑优化技巧：构建干净、合理的拓扑结构，避免星形极点和N边面导致的问题。

本章学习难点：

本章内容涵盖多边形编辑模式下的主要工具和菜单命令，知识点非常密集，涉及的工具和命令虽多，可优先掌握自己可以理解并记住的命令，不必强求一次性全部掌握。

3.1 认识多边形建模

3.1.1 基本概念

3D 建模是一种由顶点、边、面构成的网格结构，来近似表示现实物体形状的技术（图 3-1-1 左）。

多边形建模通过调整顶点（Vertex）、边（Edge）和面（Face）的空间关系来构建物体表面结构（图 3-1-1 右）。

3.1.2 Blender下的多边形建模

多边形建模流程，如图 3-1-2 所示。

- 进入网格编辑的专属模式——编辑模式。
- 在编辑模式下，从基础网格（如立方体、球体、平面）开始，通过增减顶点、调整布线、挤出和倒角等操作逐步细化拓扑结构，最终形成“低分辨率网格模型”（简称低模）。
- 在继续深化打造模型细节前，需对低模添加“表面细分”修改器，通过递归细分使模型呈现高面数的平滑曲面，在此基础上模型就可以容纳更多的细节，最终形成“高分辨率网格模型”（简称高模）。
- 之后的深化过程中需在低模与高模之间反复切换，利用丰富的网格编辑工具（如切割、环切、滑动等）持续修改整体形态和添加局部细节，直至达到理想效果。
- 建模完成后，还需进行后续处理：展开 UV（纹理映射），赋予材质、贴图，也可按需为模型绑定骨骼来制作动画。

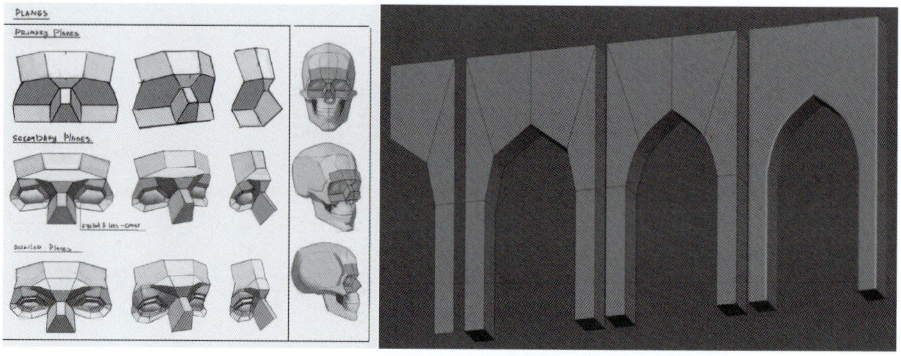

图 3-1-1　用顶点、边、面逐步塑造模型

图 3-1-2　多边形建模流程示意图

3.2 ▸ 认识网格的编辑模式

编辑模式是 Blender 的基本工作模式之一，在该模式下可以对网格物体的基础元素——顶点、边、面进行增减与编辑，是网格建模的操作平台。

3.2.1　进入编辑模式

（1）界面切换方式

在 3D 视图中选中网格物体后，找到菜单栏左上角“物体的交互模式”按钮，默认为“物体模式”。点击并选择“编辑模式”后可对网格物体进行内部编辑（图 3-2-1）。

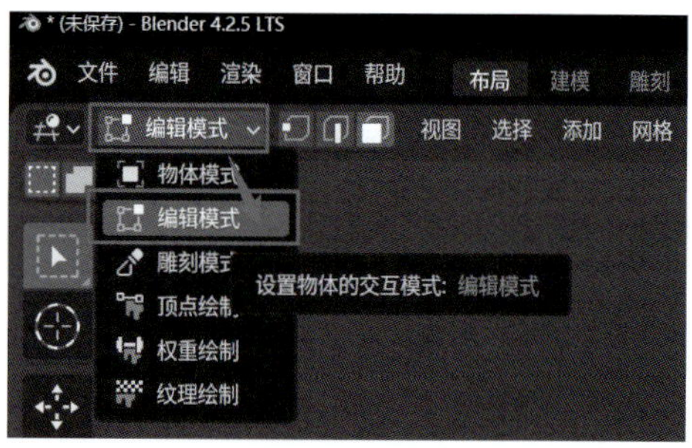

图 3-2-1　“物体的交互模式”切换按钮

（2）快捷键切换方式

选中网格物体后（可多选），按 Tab 键可在物体模式与编辑模式间快速切换。

（3）饼菜单切换方式

按住 Ctrl+Tab 会弹出模式切换饼菜单（图 3-2-2），此时不要松开按键，将光标移动至“编辑模式”后松开按键即可完成切换。该饼菜单也支持快速切换至其它工作模式。

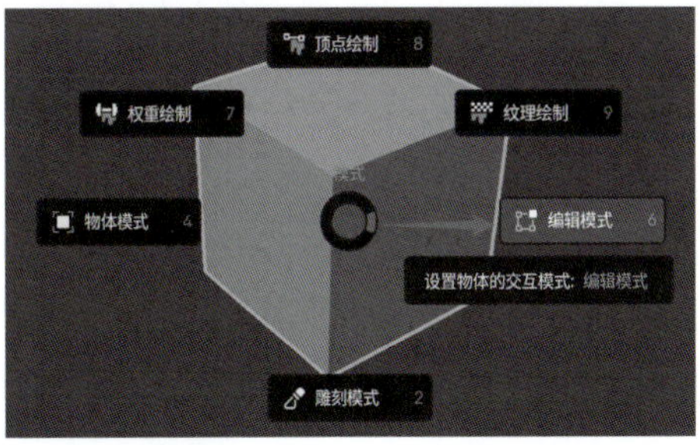

图 3-2-2　按住 Ctrl+Tab 弹出模式切换饼菜单

（4）返回物体模式

通过上述同样的方式，即可从编辑模式切换回物体模式。

3.2.2　切换顶点、边、面三种选择模式

（1）什么是顶点、边、面选择模式

1）顶点选择模式

显示、选择、编辑网格顶点的模式（图 3-2-3 左）。顶点仅支持移动，无法旋转或缩放。

2）边选择模式

显示、选择、编辑网格边的模式（图 3-2-3 中）。边支持移动、旋转与缩放。

3）面选择模式

显示、选择、编辑网格面的模式（图 3-2-3 右）。面支持移动、旋转与缩放。

*注：Blender 的三种选择模式本质上都是对顶点的操作。边和面的变换最终仍作用于顶点坐标，存储为顶点坐标。

知识拓展 3-1：几何数据

（2）切换到顶点选择模式

· 在编辑模式下，3D 视图左上角的选择模式栏包含顶点、边、面三个选择模式图标。默认激活的是顶点选择模式，单击该图标即可启用（图 3-2-4 第一个图标）。

· 按数字键 1 可直接进入顶点选择模式。

（3）切换到边选择模式

· 在 3D 视图顶部的选择模式栏中，点击第二个图标（线段状图标）。

· 按数字键 2 可以直接切换到边模式。

（4）切换到面选择模式

· 在 3D 视图顶部的选择模式栏中，点击第三个图标（矩形图标）。

· 按数字键 3 可以直接切换到面模式。

（5）同时进入多个选择模式

按住 Shift 键点击这些按钮可以同时激活多种选择模式。例如，同时激活顶点和面模式（图 3-2-4）。按住 Shift+1、Shift+2、Shift+3 也可以叠加激活多种选择模式。

图 3-2-4　同时激活顶点和面选择模式

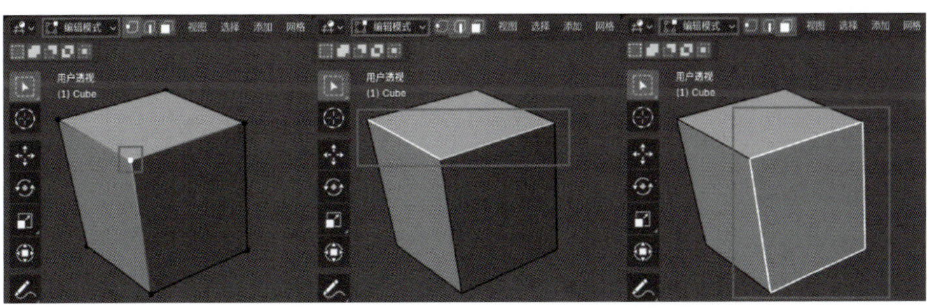

图 3-2-3　编辑模式——顶点、边、面选择模式

3.2.3 在编辑模式下选择多边形元素

（1）与物体模式下的操作类似

在编辑模式下，网格元素的选择逻辑与物体模式相同：

• 右键单击选择单个顶点、边、面，Shift+ 右键单击可加减选。

• 按 B 键激活框选工具（或直接按住鼠标左键拖拽），用矩形选区批量选择元素。

• 按 C 键启用圆形刷选工具，滚动鼠标中键调整选区半径。

• 按 A 键全选所有元素，按 Alt+A 键取消全部选择。

• 按 L 键可快速选择相连元素。

• 选中元素后按 Ctrl+I 可反选当前未选部分。

• 更多选择功能可在顶部菜单栏“选择”菜单中找到。

（2）切换到透视模式选择背面元素

当网格元素被遮挡时，可启用 3D 视图右上角的“切换透视模式”（Alt+Z）。该模式下被遮挡的顶点、边、面会显示为半透明状态，允许直接选择后方元素（图 3-2-5）。

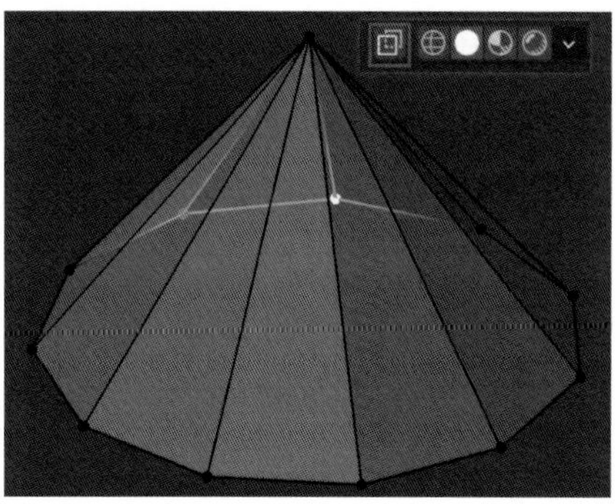

图 3-2-5　切换到透视模式后选择遮挡元素

（3）切换到线框着色模式下选择背面元素

也可通过 3D 视图标题栏切换至线框着色模式（Z 键）。在此模式下，所有元素（包括背面）都可见且可直接选取。

（4）选择相连元素

在编辑模式下选中任意顶点、边、面后，按 Ctrl+L 可快速选择所有相连的几何数据。例如，在顶点模式下选中单个顶点后，执行此操作将选中整个相连的网格。

（5）选择循环元素

在边选择模式下，Alt+ 右键点击边可选中整条边循环。也可执行“选择”菜单→“选择循环”→“循环边”实现（图 3-2-6）。此功能适用于四边面拓扑结构的规则模型。

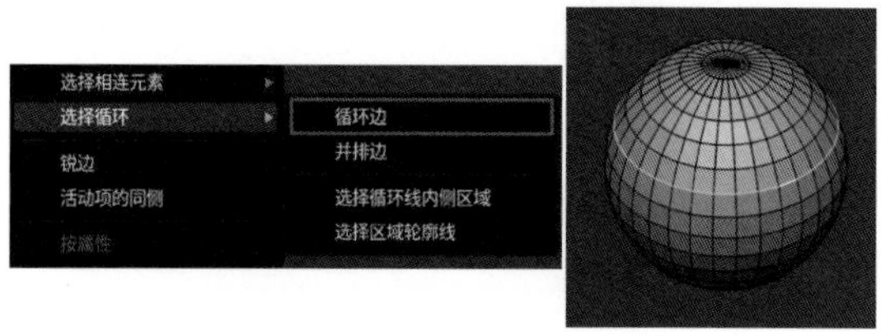

图 3-2-6　自动选择循环边

（6）选择并排元素

在边选择模式下，使用 Ctrl+Alt+ 右键点击边可选中并排边循环，也可执行“选择”菜单→“选择循环”→“并排边”实现（图 3-2-7）。该功能基于相邻面的连接关系，特别适用于圆柱体等环形结构的快速选取。

图 3-2-7　自动选择并排边

*注：并排边选择与循环边选择形成互补，前者处理平行径向拓扑，后者处理横向环形拓扑，共同覆盖了四边循环网格模型的快速选择需求。

*注：循环边选择、并排边选择在四边面拓扑结构中效果最佳。选择过程中按住 Shift 键可追加选择多个循环边、并排边，也可用于选择循环、并排的顶点或面。

（7）隐藏与显示选中的多边形元素

选中网格元素后按 H 键可隐藏，Alt+H 恢复显示。隐藏非关键元素可减少视觉干扰（图 3-2-8），适用于复杂模型的局部编辑。

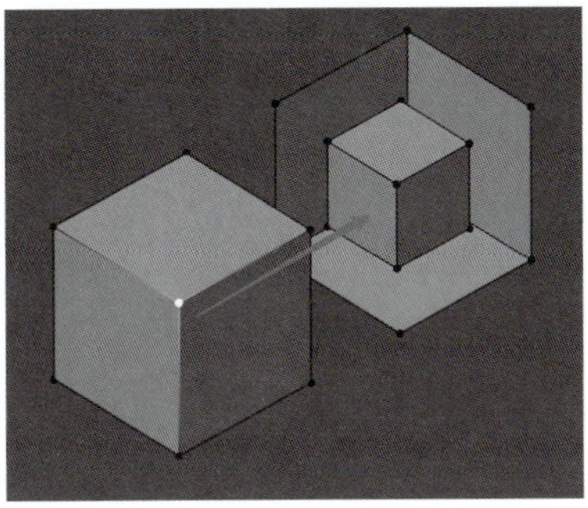

图 3-2-8　隐藏部分网格元素后可见物体内部结构

3.2.4　在编辑模式下变换多边形元素

在编辑模式下，顶点、边、面的变换操作与物体模式基本一致。

（1）移动元素

选中元素后按 G 键激活移动（图 3-2-9）。拖动时可输入 X、Y、Z 约束轴向，如 G → Z → 2 表示沿 Z 轴移动两个单位，按回车键确认。

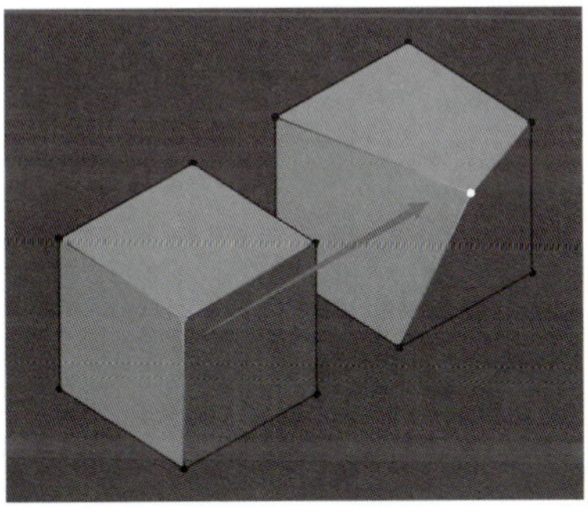

图 3-2-9　移动顶点

（2）旋转元素

选中元素后按 R 键激活旋转（图 3-2-10）。拖动时可输入 X、Y、Z 约束轴向，如 R → Y → 9 表示绕 Y 轴旋转 9°，按回车键确认。

图 3-2-10　旋转边

（3）缩放元素

选中元素后按 S 键激活缩放（图 3-2-11）。拖动时可输入 X、Y、Z 约束轴向，如 S → X → 2 表示 X 轴放大至 200%，按回车键确认。

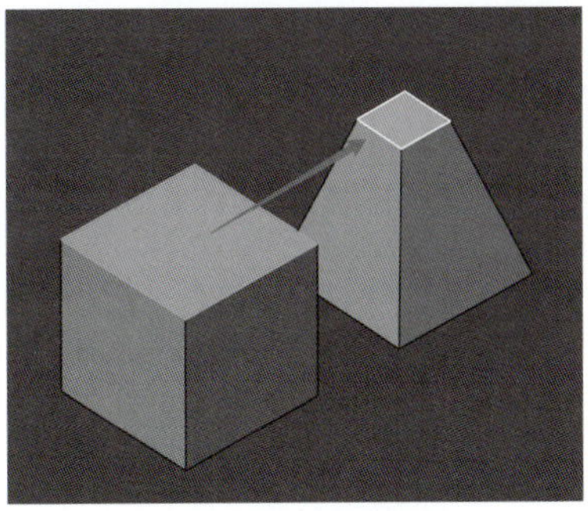

图 3-2-11　缩放面

（4）利用标准视图精确变换

执行变换操作时，使用数字键盘 1、3、7 可切换前视图、右视图、顶视图等标准视图（图 3-2-12）。标准视图能消除透视变形，确保对齐精确。

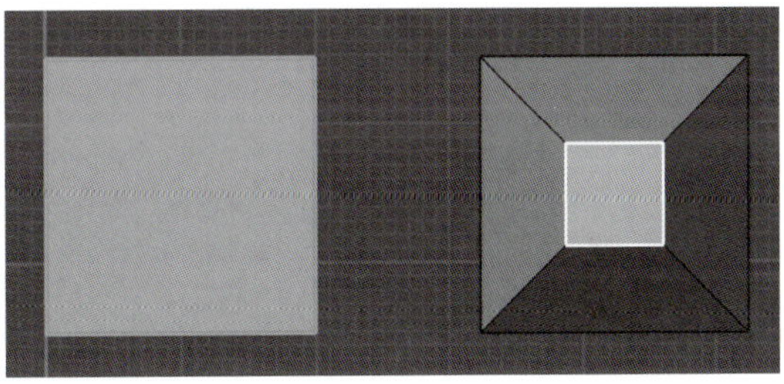

图 3-2-12　切换至标准视图——顶视图

• 按住“～”键调出视图方向快速选择饼菜单。

• 使用 Ctrl+ 数字键盘组合切换底部、后视图等扩展视角。

• 点击 3D 视图右上角导航器的彩色圆点可快速切换对应正视图。

• 按 Ctrl+Alt+Q 进入四格视图分屏模式同步观察。

3.3　网格物体详解

3.3.1　认识网格结构

（1）网格结构三要素

Blender 的网格对象由顶点（Vertices）、边

（Edges）、面（Faces）构成（图 3-3-1），三者共同定义三维物体的几何形态与拓扑结构，但是顶点永远起核心原理性作用。

图 3-3-1　Blender 中的顶点、边、面

• 顶点。顶点是网格数据的基本单元，其位置存储为坐标数组，成为网格构建的基础。可在电子表格编辑器中（编辑器的一种）查看每个顶点的坐标数据。

• 边。边由两个顶点直线连接，决定网格的拓扑框架。

• 面。面由三个及以上顶点通过边围合形成。面分为三角面（Tris）、四边面（Quads）、多边面（N-gons）三类。

（2）什么是网格拓扑

网格拓扑定义网格数据中顶点、边、面元素间的拓扑“邻接性”，与几何位置无关。当对模型执行旋转、缩放等几何变换时，拓扑结构始终保持不变。

以三角面为例：三个顶点通过三条边首尾相连构成封闭面。若对此面执行拉伸或弯曲操作，顶点坐标会发生改变，但顶点间的连接顺序关系（1 → 2 → 3 → 1）保持不变。这是很多网格计算的基础。

优化的拓扑布局可确保细分曲面时获得平滑过渡，形变时表面均匀缩放。例如角色建模中，沿肌肉走向布置的四边形循环边（Edge Loop），可使面部表情动画呈现自然的褶皱效果。反之，杂乱的星形顶点（5 条边交汇）会导致细分后产生尖点畸变（图 3-3-2）。

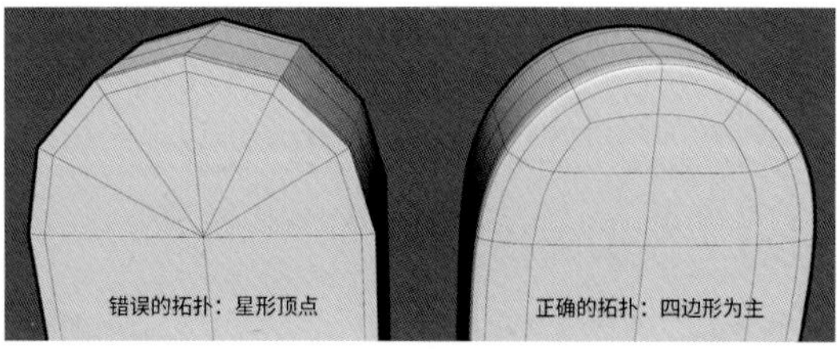

图 3-3-2　避免星形顶点

（3）网格元素的循环拓扑

网格元素的循环拓扑包含边循环（Edge Loop）与面循环（Face Loop），它们相辅相成，有多重好处。

• 循环边（Edge Loop）：一组方向一致的连续边，这些边贯穿一圈后“首尾相接”形成环形路径，例如球体经线或纬线上的边。在边选择模式下，Alt+ 左键单击边可选中连续循环边。

• 循环面（Face Loop）是指沿着网格模型表面连续延伸的一排四边形面，这些面通过共享循环边连接形成环形或带状结构。面选择模式下，Alt+ 左键单击面可选中面环结构，该操作依赖相邻面具备共边连续性（如圆柱体表面）。

• 规划循环拓扑：优秀的循环拓扑需要根据结构合理性与布线难度规划（图 3-3-3），建议在关键区域（如关节、接缝处）优先建立主循环（图 3-3-4），然后向其它区域拓展。初学者不用过度追求完美拓扑，以平衡实用为主。

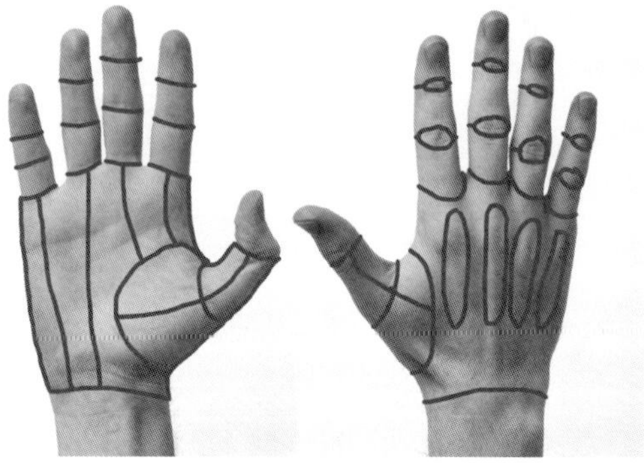

图 3-3-3　规划循环拓扑

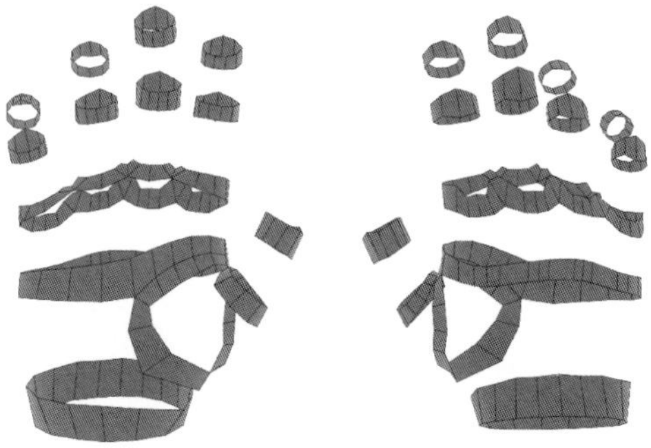

图 3-3-4　优先建立关键处的循环拓扑（关节）

知识拓展 3-2：优秀的拓扑结构

3.3.2 网格顶点详解

（1）顶点类型

1）非孤立顶点

非孤立顶点是通过边与其它顶点相连，构成面并形成完整网格结构的基础元素。

2）孤立顶点

孤立顶点是指未与任何边连接的冗余顶点（图 3-3-5）。这类顶点通常是建模过程中残留的数据，会破坏网格拓扑的完整性，并可能引发多种错误，需及时删除。

3）重合顶点

重合顶点指在空间中位置完全重叠或几乎重叠的两个或多个顶点。多为建模操作失误导致多个顶点占据同一空间坐标，会造成网格表面异常褶皱、破面或其它错误。

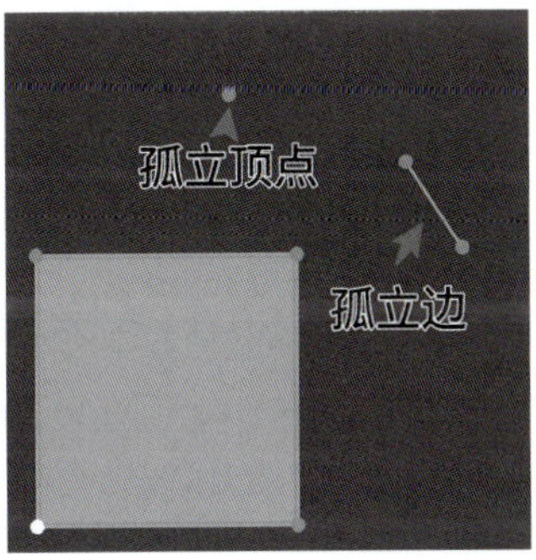

图 3-3-5　查看孤立顶点与孤立边

4）清理孤立顶点与重合顶点

· 在编辑模式下，识别并手动删除孤立顶点。

· 全选顶点后，执行“网格”菜单→“清理”→“删除松散元素”，清理孤立元素。

· 全选顶点后，执行“网格”菜单→“清理”→“按间距合并”，合并重合点。

（2）顶点包含的数据

1）顶点数据与面板

顶点不仅是构成网格的核心元素，还存储了多种数据。这些数据统一存储在物体的数据块中，分类显示在属性编辑器的数据面板（图 3-3-6）中。

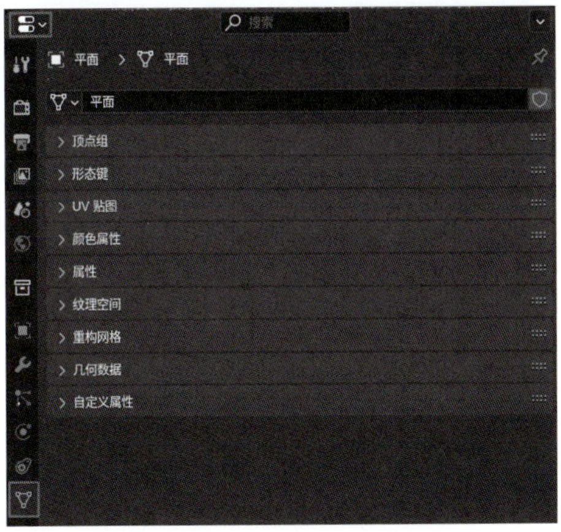

图 3-3-6　属性编辑中的数据面板

2）顶点数据——位置属性

位置数据以（X，Y，Z）坐标数组的形式存储在网格数据块中。当使用移动工具调整变换顶点时，新的坐标将被更新到数据块中。在“电子表格”编辑器（图 3-3-7）中，可以查看每个顶点的编号（网格内的顶点被分配固定编号）及其坐标值。

“顶点位置数据”是所有网格形状的基础。无论是移动顶点、旋转边、缩放面，还是进行挤出、拉伸等操作，本质上都是通过调整顶点位置来实现网格变形。

图 3-3-7　电子表格编辑器

3）顶点数据——顶点法线

顶点法线是一个矢量信息，仅指示方向。它们会影响视图显示、渲染、修改器计算以及多边形编辑工具的作用方向。

显示方法：进入编辑模式，在网格编辑模式叠加层面板的法向栏中，勾选“显示顶点法线”（图 3-3-8）。

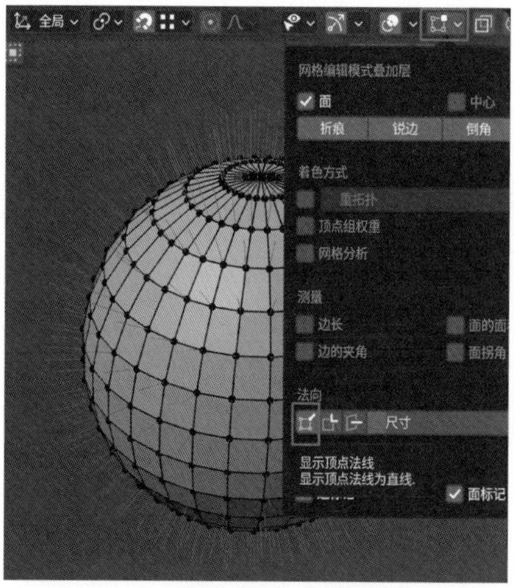

图 3-3-8　“网格编辑模式叠加层”中打开顶点法线显示

4）顶点数据——顶点组和权重

顶点组如字面意思，为“容纳顶点的组”。同时，可为组中包含的每个顶点分配“顶点权重值”（Vertex Weight），取值范围默认为 0 ～ 1。一个顶点可同时属于多个顶点组，且拥有不同的权重值。

顶点权重数据存储在几何体数据中，可在“属性编辑器”→“数据”→“顶点组”中查看。如图 3-3-9 所示，球体表面颜色表示“群组 .001”顶点组的权重分布：红色（1）、蓝色（0）、绿色到黄色（0 ～ 1 过渡）。权重值一般可以理解为“作用力的大小”，权重值越大作用力越大，反之则越小。

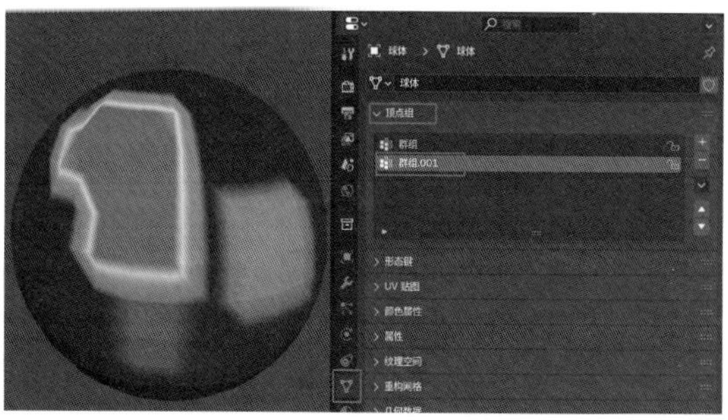

图 3-3-9　数据面板的顶点组

注：要显示查看顶点权重，在物体模式下按住 Tab 键，在弹出的饼菜单中滑选“权重绘制”模式，即可查看和切换不同顶点组的权重分布（图 3-3-10）。

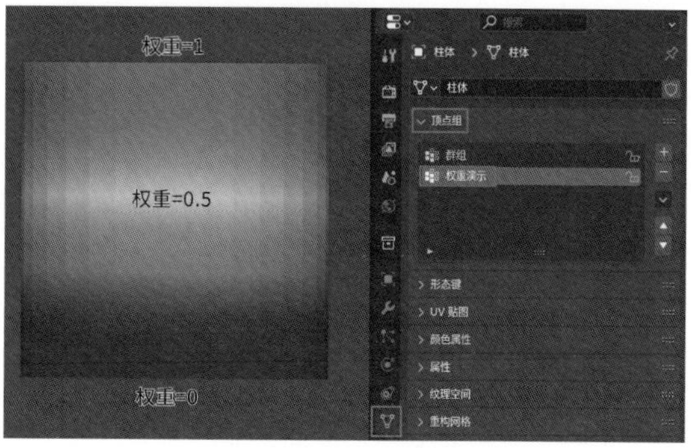

图 3-3-10　进入“权重绘制模式”后即可查看顶点组权重

5）顶点数据——顶点组

顶点组（Vertex Groups）是 Blender 中用于组织和管理网格顶点集合的工具。创建并指定好权重的顶点组可作为一组数据被其它功能调用，常用于控制修改器效果、骨骼变形范围等场景。其应用十分广泛，是必须掌握的功能。顶点组有以下常见用法：

• 在编辑模式下作为“选择集”使用，可快速选取或反选特定组的顶点。

• 动画制作中配合顶点权重被骨骼和约束使用，以精确控制模型的变形效果。

• 支持顶点组权重作为数据被形态键、修改器、粒子、物理等调用，用于限定这些功能的影响范围和控制作用力的大小。

6）顶点数据——形态键

形态键（Shape Keys）是基于“混合顶点位置”，让网格物体在多种形状间随意混合的动画工具，通过调节混合值实现模型平滑形变。其原理是在基础形状与制作好的形态键形状之间，对每个顶点坐标进行插值，自动生成中间过渡形状，特别适合制作无需骨骼驱动的网格变形动画。典型应用包括面部表情动画和物体变形动画。

在操作层面，需先在属性编辑器的形态键栏添加形态键，然后在编辑模式下调整顶点的位置，系统会记录这些顶点相对于基础形态的坐标偏移量，并写入形态键。之后可以通过关键帧动画控制形态键值（默认 0 ～ 1 范围）的变化，即可驱动模型在不同形态间平滑过渡（图 3-3-11）。该功能与 Maya、UE、Unity 等三维软件的同类功能兼容。

＊注：导出 FBX 格式时需勾选“形态键”选项才能导出形态键数据，部分游戏引擎需要额外设置（参照其它软件说明）才能正确识别使用。

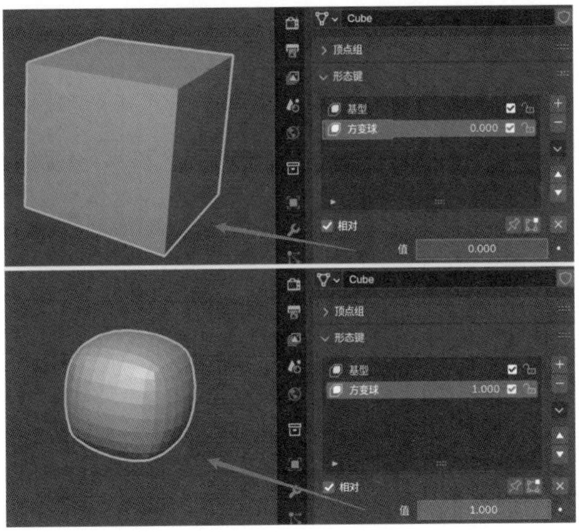

图 3-3-11　使用制作好的形态键使物体变形

3.3.3　网格边详解

（1）边类型

1）面的边

面的边是指合围成面的边，分为轮廓边和共用边。在编辑模型时，常通过调整边（如拉伸、切割等操作）来改变面的形态及布线。

2）孤立边

孤立边指网格中未与任何面相连的边，通常由建模过程中的误操作产生。这类边不仅影响拓扑结构，还会造成各类错误，需要及时清理。

通过执行“选择”菜单→“按特征选择”→“松散几何体”可快速选中孤立边。

3）清理孤立边

• 在编辑模式下，识别并选中孤立边，按 X 键手动删除。

• 按 A 键全选，执行“网格”菜单→“清理”→“删除松散几何体”移除孤立边。

（2）边包含的数据

边可以包含多种数据，从而改变边的类型，在编辑模式——边选择模式下，不同类型的边会以不同颜色的边表示。它们或直接影响网格表现，或被其它工具调用进而影响模型效果。

1）边折痕

为边设置折痕权重值（0 ～ 1）可防止平滑导致的边缘模糊。边折痕能限制细分修改器的平滑程度，折痕权重越高越锐利，细分后的边越能保持原始形状（图 3-3-12）。

• 视觉反馈：折痕边显示为酒红色，权重越大颜色越深。

• 操作方法：编辑模式下选中边后按 Shift+E 进入折痕编辑，拖动鼠标调整。或直接在 N 侧栏中的“边数据”栏输入精确数值。

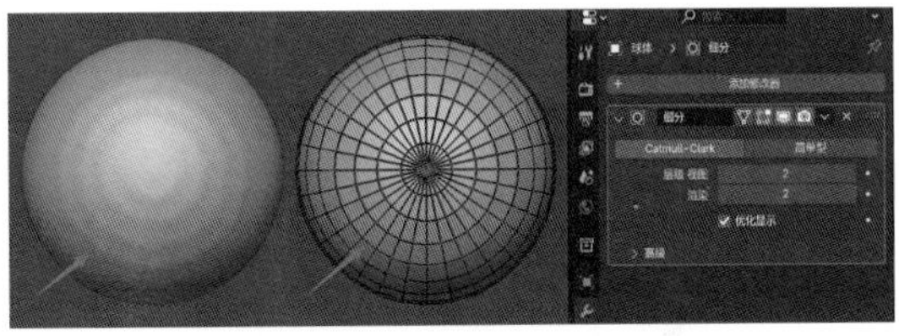

图 3-3-12　边类型——边折痕

2）锐边

锐边是通过标记边来定义平滑着色网格中需要保持锐利效果的边。当启用平滑着色时，表面法线会被平均计算出平滑显示效果，只有被标记为锐边的边会强制保持棱角分明的效果（图 3-3-13）。

• 仅在物体模式下启用“平滑着色”（W 菜单）时才会生效。

• 编辑模式下锐边显示为亮蓝色（图 3-3-13）。

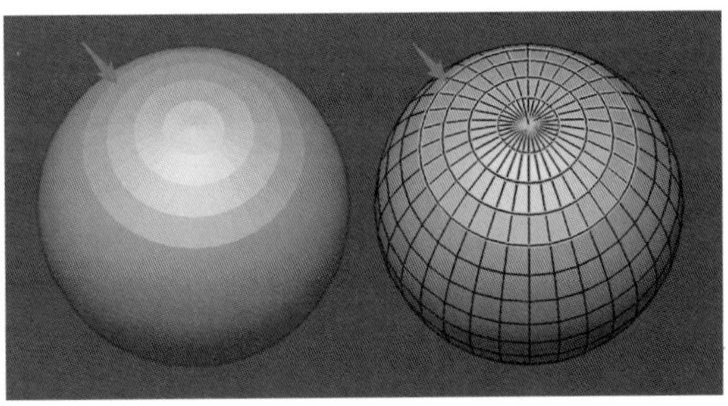

图 3-3-13　边类型——锐边

• 操作方式：编辑模式下选中边后按 W 键，在弹出菜单中选择“标记锐边”（亮蓝色显示）；选择“清除锐边”可取消。

• 广泛应用于游戏低模，用于在平滑曲面上保留锐利的边缘转折。

3）缝合边

缝合边用于 UV 展开时标记拓扑分割线。通过虚拟“裁切”模型表面，将其分割为多个可被展开的表面区域（图 3-3-14）。这种操作仅影响 UV 展开效果，不会改变模型的实际几何结构和外观。

• 标记为缝合边的边在编辑模式下显示为赤红色（图 3-3-14 左）。

• UV 展开时，将提前标记好的缝合边合围区域分割为独立的“UV 孤岛”，展开到 UV 视图（图 3-3-14 右）。

• 操作流程：编辑模式下选中边后按 W 键，在弹出的菜单中选择“标记缝合边”或“清除缝合边”。

• 展开 UV 时：编辑模式下全选（A 键）后，按 U 键在弹出菜单中选择“展开”。

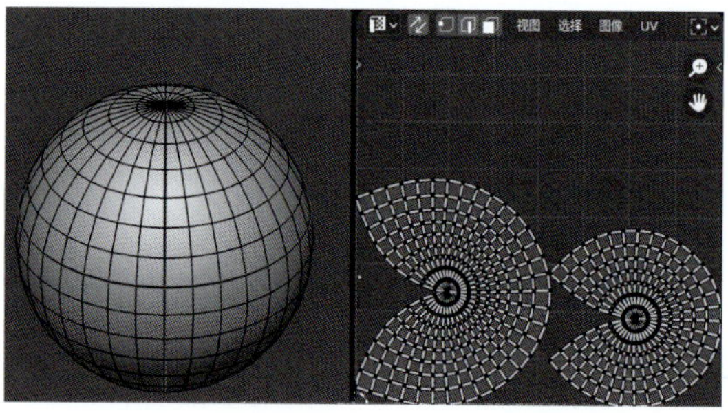

图 3-3-14　边类型——缝合边与 UV 孤岛

3.3.4　网格面详解

面根据边数分为三类：三角面（3 边）结构最稳定但易产生棱角；四边面（4 边）是主流选择，便于细分和变形；N 边面（5 边及以上）会导致网格扭曲，应尽量避免。四边面最适合角色建模和动画变形，三角面多用于游戏低模，而 N 边面通常需要转换为三角面、四边面以获得理想效果。

（1）三角面

1）三角面的定义

由三个顶点连接成三条边，三条边连接成面（图 3-3-15 左）。

2）三角面的优势

· 渲染兼容性：作为渲染管线的标准输入格式，进入渲染管线前所有面最终都会转换为三角面（三角剖分），特别适合游戏等实时渲染需求。

· 物理稳定性：在动力学模拟中具有较好的受力可靠性。

图 3-3-15　三角面、四边面与 N 边面

（2）四边面

1）四边面的定义

由四个顶点连成四条边构成的四边形面（图 3-3-15 中）。

2）四边面的优势

• 细分优化：确保细分修改器处理后保持完美的曲面和连续性。

• 变形优势：在角色建模中，沿肌肉走向布线的四边面能实现自然的形变效果。

• 选择便捷：四边面带来的循环边和平行边有助于快速选择。

（3）N 边面

1）N 边面的定义

由五个及以上顶点构成的多边形面（图 3-3-15 右），仅适用于创建简单平直的结构，在正式项目中应尽量避免使用。

2）N 边面的缺点

• 细分缺陷：被细分修改器细分后易产生褶皱、破面等异常变形。

• 模拟缺陷：物理模拟中计算错误率显著增加。

• 表面缺陷：编辑时极易导致表面不平整。

知识拓展 3-3：分段数

（4）检查面法向是否统一

1）如何显示面法向

进入编辑模式后，点击 3D 视图标题栏“网格编辑模式叠加层”，在法向栏勾选“显示面法线”（图 3-3-16）。此时法线以蓝色线条显示（图 3-3-17 左），正确方向应统一指向模型外侧。

图 3-3-16 编辑模式下的“视图叠加层”中启用面法线显示

2）检查法线一致性

开启透视模式（Alt+Z）或线框显示，观察每个面的法线方向。若出现内外反向（图 3-3-17 中），则需修正。

3）统一面法线方向

• 手动修正：选中法线反向面→按 Alt+N→在菜单中选择“翻转”，此面的法线被翻转到正确的方向（图 3-3-17 右）。

• 自动修正：进入面选择模式，全选面（A 键）→按 Alt+N→在菜单中选择“重新计算外侧”，法线自动统一到向外。

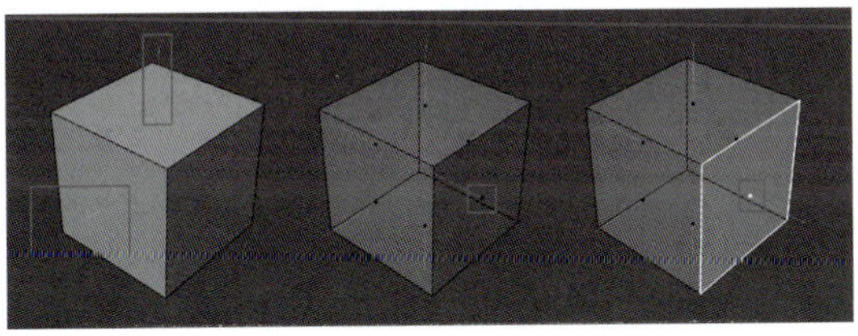

图 3-3-17 查找并修正反向的面法线

（5）如何在三角面和四边面之间转换

1）手动拓扑

通过手动编辑网格元素实现三角面与四边面的相互转换，这要求建模者掌握拓扑结构处理技巧。操作要点：

• 建模初期需规划好多边形走向和布线方案。

• 过程中使用切割工具（K 键）等实时调整布线，确保最终形成四边面、三角面。

2）执行“三角面 -> 四边面”命令

• 选择两个邻接三角面后执行“面”菜单→“三角面 -> 四边面”（图 3-3-18），这对某些拓扑有错误的面可能不会生效（例如多出顶点或邻接边未缝合）。

• 选择两个三角面的公共边，按 X 键选择“融并边”，可消除中间公共边并将三角面合并为四边面（图 3-3-19）。

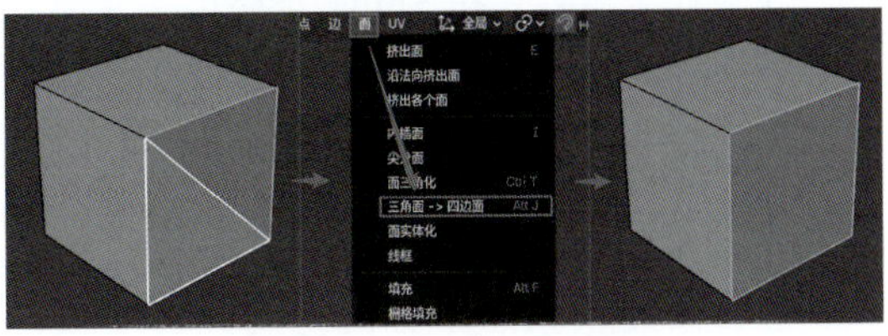

图 3-3-18 三角面 -> 四边面

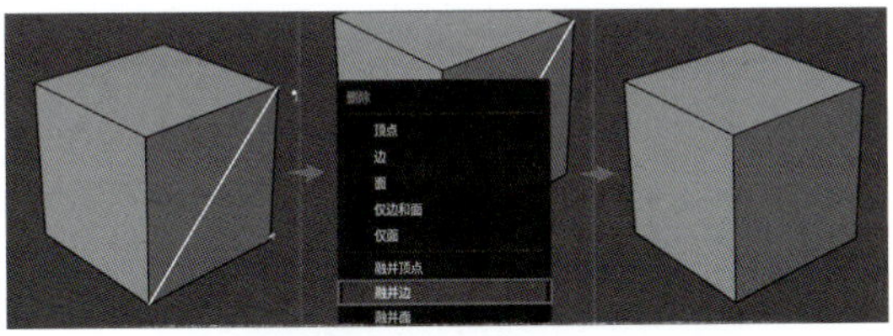

图 3-3-19 删除菜单（X 键）中的“融并边”

3.4 ▸ 编辑模式下的工具栏

进入编辑模式后，3D 视图左侧显示工具栏（图 3-4-1），包含各类网格编辑工具。

图 3-4-1 网格物体编辑模式下的工具栏

• 工具组：右下角带三角形图标的工具按钮标志着该按钮为工具组，按住可展开更多工具以供选择（图 3-4-2）。

图 3-4-2 展开“工具组”并切换工具

• 鼠标悬停在工具上：短暂停留显示工具名称与快捷键，持续停留显示完整功能说明。

• 快捷工具栏：按 Shift+ 空格可在光标位置调出临时工具条，实现快速工具切换。

3.4.1 挤出类工具

挤出类工具是建模最常用的工具，能把点、边、面元素朝一个方向复制并自动相连（图 3-4-3）。

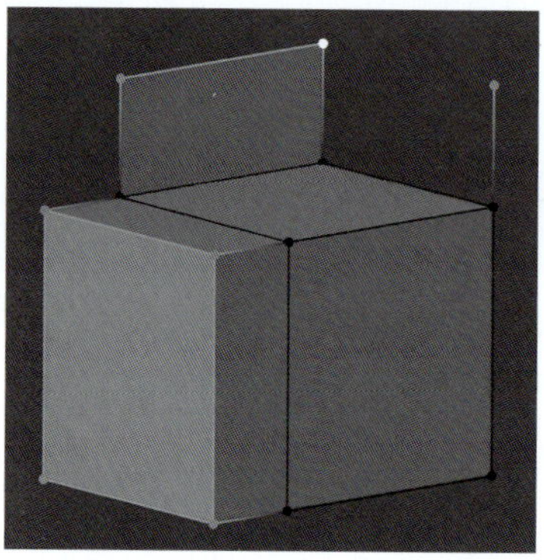

图 3-4-3 挤出点、边和面

（1）挤出选区

挤出选区的操作方法，如表 3-4-1。

操作举例：

• 选中点、边、面后按 E 键挤出，拖动调整深度、方向，单击鼠标左键确认或单击右键取消。

• 挤出时按 X、Y、Z 可锁定对应世界坐标轴的方向，输入数值可精确控制挤出距离。

• 挤出时，通过“变换轴心点”可以调整默认挤出方向。

（2）挤出流形

该工具与“挤出面”功能类似，但默认开启“融并正交边”选项，在挤出操作后会自动移除原始面的边结构（图 3-4-4）。挤出流形的操作方法，如表 3-4-2。

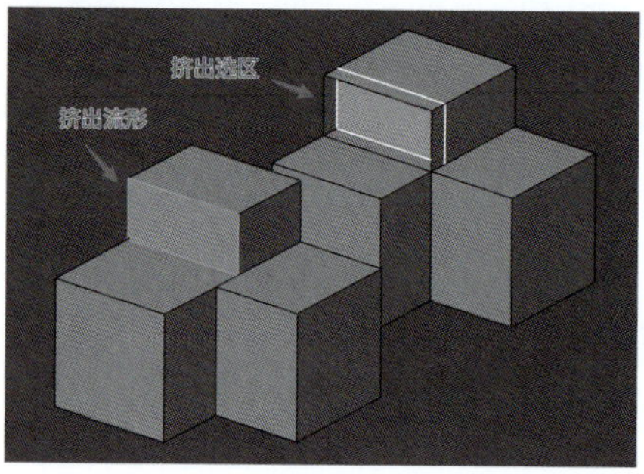

图 3-4-4 挤出选区、挤出流形

操作举例：

• 在编辑模式下选中目标面，长按工具栏挤出工具，选择“挤出流形”。

• 以立方体顶面为例：每次挤出操作后，新面会与原始模型无缝融合（区别于“挤出选区”产生的明显边界）。

（3）沿法向挤出

挤出和偏移将被锁定为只沿选定网格的局部法向移动（图 3-4-5）。沿法向挤出的操作方法，如表 3-4-3。

（4）挤出各个面

该功能可将选中的多个面分别沿各自法向独立挤出（图 3-4-6），而非作为整体按平均法向挤出。挤出各个面的操作方法，如表 3-4-4。

表3-4-1 挤出选区的操作方法

编号	名称	位置	用法
①	挤出选区	编辑模式工具栏	选择点、边、面后，激活工具，用鼠标左键按住黄点拖动
②	快捷键E	按E键	选择点、边、面后，按住E键后移动鼠标
③	挤出菜单	Alt+E	按下Alt+E选择第一项，移动鼠标

表3-4-2 挤出流形的操作方法

编号	名称	位置	用法
①	挤出流形	挤出工具组第二项	激活工具，用鼠标左键按住黄点拖动
②	挤出菜单	挤出菜单第四项	按下Alt+E选择第四项激活，移动光标

表3-4-3　沿法向挤出的操作方法

编号	名称	位置	用法
①	沿法向挤出	挤出工具组第三项	激活工具，用鼠标左键按住黄点拖动
②	挤出菜单	挤出菜单第二项	按下Alt+E选择第二项激活

表3-4-4　挤出各个面的操作方法

编号	名称	位置	用法
①	沿法向挤出	挤出工具组第三项	激活工具，用鼠标左键按住黄点拖动
②	挤出菜单	挤出菜单第三项	按下Alt+E选择第三项激活

图 3-4-5　挤出选区（左）、沿法向挤出（右）

操作举例：

• 在编辑模式下切换至面选择模式，按住Shift键多选目标面。从挤出工具组中选择“挤出各个面”选项。

• 用鼠标左键拖动时，每个面独立沿自身法向挤出（图 3-4-6 左）。然后保持选择状态，按 S 键略微缩放各个面。

• 对比使用“挤出选区”工具时，所有面将作为整体同步挤出（图 3-4-6 右）。

图 3-4-6　挤出各个面（左）与挤出选区（右）

（5）挤出工具产生重叠点的问题

1）问题说明

使用挤出工具（E 键）时，若通过右键取消操作，仅会取消移动步骤，但挤出面仍会保留，导致在原始位置生成重叠顶点。

2）检查方法

进入线框模式或开启透视模式，这样可以选择相互重叠的多个顶点。切换至点选择模式后，使用框选（B 键）或刷选（C 键）工具选取可疑区域的顶点。观察左上角的统计信息——若显示多个顶点即存在重叠。如图 3-4-7 中看似单个顶点，但选中后统计栏显示顶点数为 2，即存在完全重叠的顶点。

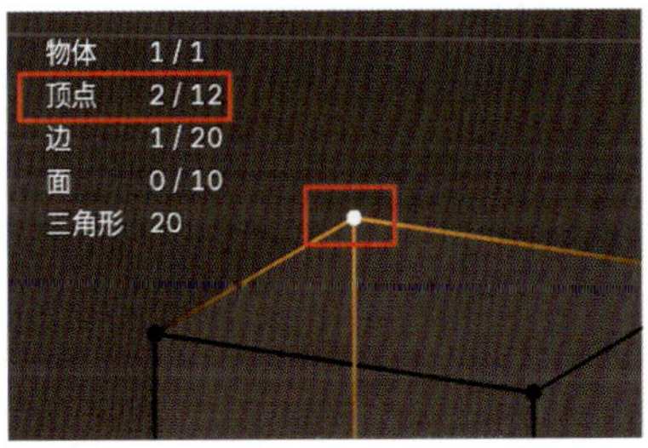

图 3-4-7　透视模式下多选检查重叠点

3）解决方法

• 框选重叠的顶点，按 M 键调出合并菜单，选择“到中心”合并顶点。

• 取消挤出操作后，立即按 Ctrl+Z 撤销整个挤出动作，避免生成重叠顶点。

• 全选模型顶点（A 键）后按 M 键，在合并菜单中选择“按距离”，会自动合并间距小于阈值（可调整）的顶点，适合批量处理复杂模型中的大量重叠点问题。

*注：其它网格编辑工具同样会产生此类问题，可以用同样的思路解决。

3.4.2　内插面

该工具会将当前选中面向内部扩展一段距离（图 3-4-8）。内插面的操作方法，如表 3-4-5。

表3-4-5　内插面的操作方法

编号	名称	位置	用法
①	内插面工具	编辑模式工具栏	选择面后，激活工具，用鼠标左键按住黄圈拖动
②	快捷键I	按下I键	选择面，按I键后，移动鼠标

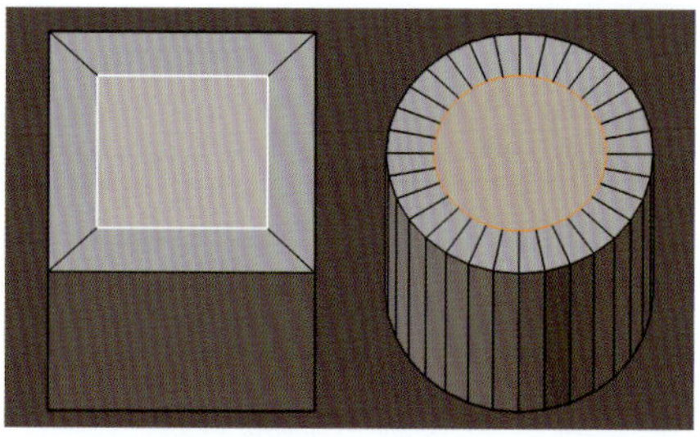

图 3-4-8　使用“内插面”向内扩展

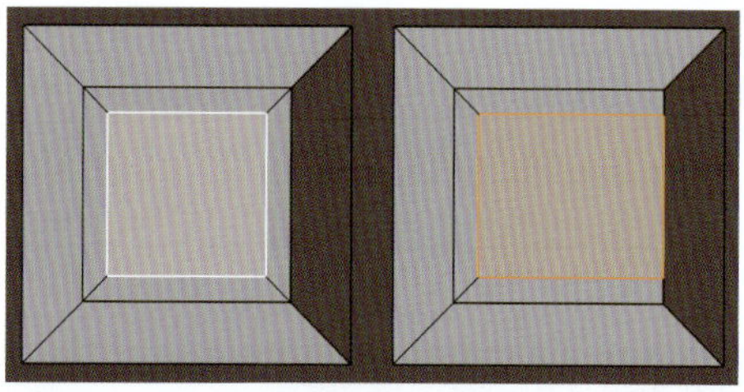

图 3-4-10　产生“内插面”时打开边界范围（左）和关闭边界范围（右）

（1）操作举例

按 Tab 键进入编辑模式，按 3 键切换至面选择模式。选中需要内插的一个或多个面。激活内插面工具后，选中面会出现黄色圆形操控器。拖动该操控器即可在所选面内部生成新面，其大小随鼠标拖动实时调整。

（2）内插面选项

通过调整上一步操作面板（图 3-4-9）可精确调节：

• 厚（宽）度：内插面插入的间距。

• 深度：内插面后沿面法向上下挤压幅度。

图 3-4-9　“内插面”的参数

• 边界范围：该功能决定是否对开放面（有一侧边不是间隔边）进行内插。例如：对存在缺口（右侧边不是间隔边）的多边形面执行内插。开启边界功能：缺口边缘会产生内插面（图 3-4-10 左）。关闭边界功能：缺口处不产生内插效果，新面在缺口位置截断（图 3-4-10 右）。

3.4.3　倒角类工具

倒角类工具用于为几何边缘创建斜角或圆角，增强边缘细节（图 3-4-11）。

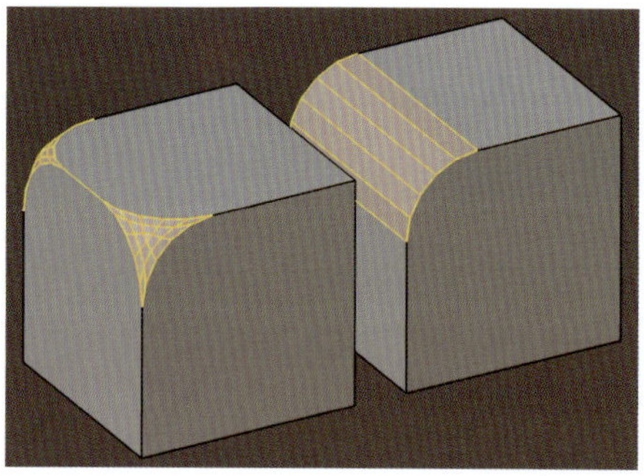

图 3-4-11　顶点倒角（Ctrl+B）（左）和边倒角（右）

（1）边倒角

边倒角用于将一条或几条边进行倒角。边倒角的操作方法，如表 3-4-6。

1）以默认立方体为例

• 按 Tab 键进入多边形编辑模式，按 2 键切换至边选择模式。

• 单击选择单条边，或按住 Shift 键多选需要倒角的边。

2）激活倒角工具后

• 拖动黄色控制点实时调整倒角宽度。

• 滚动鼠标滚轮增减倒角段数（段数越多过渡越平滑）。

• 拖动时按 S 键可锁定宽度，仅调整段数。

• 单击鼠标左键确认，单击右键取消。在调整上一步操作面板中可以调节进阶参数。

（2）顶点倒角

在编辑模式下按1键切换至顶点选择模式，选择一个或多个顶点。激活倒角工具后，在顶部菜单栏中切换到“顶点”模式（图3-4-12），或直接使用Shift+Ctrl+B快捷键执行操作。

图3-4-12 “倒角”切换到顶点模式

3.4.4 环切类工具

（1）对四边形连续边的依赖

四边形连续边（又称并排边）指由数组四边形邻接形成的一系列并排边，构成循环拓扑（图3-4-13）。

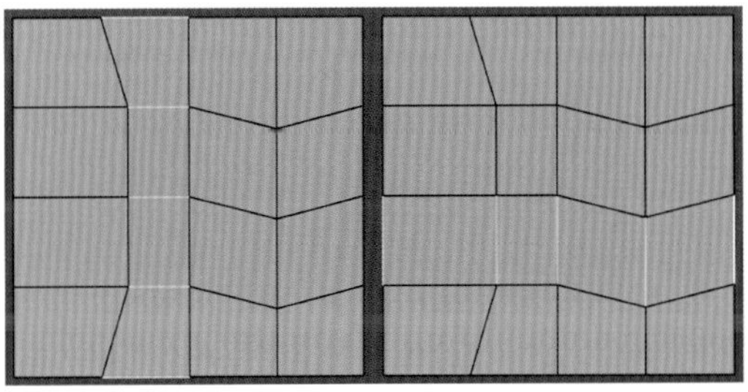

图3-4-13 连续并排边

在四边形连续边（如立方体、圆柱体）上，环切工具效果最佳，能精准添加均匀分布的循环边。若过程中存在三角面、五边形面，环切必然会导致环线扭曲、停顿，产生不均匀、不合理的布线。

（2）环切并排边

环切工具会自动识别并插入一条贯穿并排边的切割线（图3-4-14）。环切并排边的操作方法，如表3-4-7。

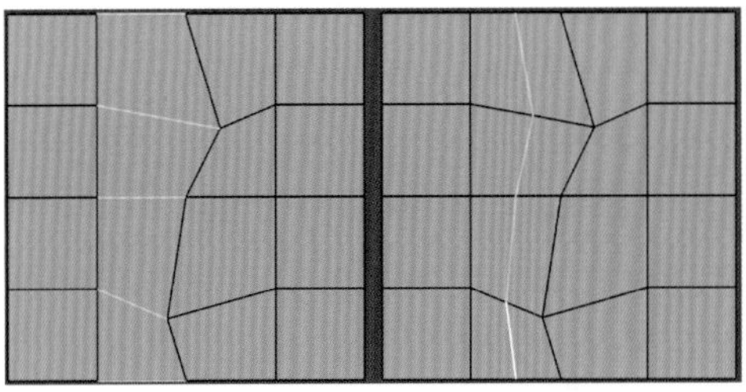

图3-4-14 并排边的环切

（3）偏移环切边

该工具可在选定循环边两侧环切出两组新的循环边。具体操作如下：

• 选中一组循环边。按下Shift+Ctrl+R激活偏移环切边工具，鼠标指针变为双向箭头。拖动鼠标使新增的两条环线分别沿平行方向两侧反向偏移（图3-4-15）。按鼠标左键确定，按右键取消。

• 移动鼠标调整偏移距离，或在调整上一步操作面板输入精确数值。

表3-4-6 边倒角的操作方法

编号	名称	位置	用法
①	倒角工具	编辑模式工具栏	选择边后，激活工具，用鼠标左键按住黄点拖动
②	快捷键	按下Ctrl+B	选择边后，按下Ctrl+B，移动鼠标

表3-4-7 环切并排边的操作方法

编号	名称	位置	用法
①	环切工具	编辑模式工具栏	选择连续并排边后，激活工具，移动光标
②	快捷键	按下Ctrl+R	选择连续并排边后，按下Ctrl+R，移动光标

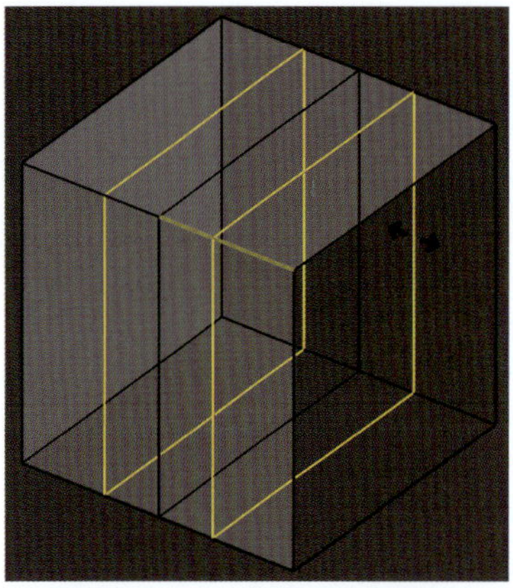

图 3-4-15　边的偏移环切

3.4.5　切割工具与切分工具

切割工具，又被称裁刀拓扑工具，是最常用的手动绘制拓扑线的工具。切割的操作方法，如表 3-4-8。

（1）切割工具

切割工具（K 键）用于在模型表面手动绘制切割线（图 3-4-16），通过分割模型的面来改变拓扑结构，是一种进阶的建模工具。操作方法：

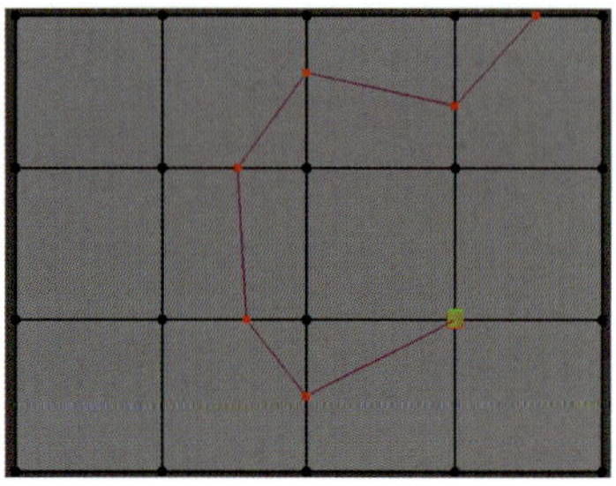

图 3-4-16　使用切割工具手动拓扑线

① 进入编辑模式，按下 K 键激活切割工具，光标变为刀片图标。

② 在模型表面单击鼠标左键并移动光标，在自动吸附下绘制切割线。

• 按住 Shift 键可启用额外吸附边的中点功能。

• 按住 Ctrl 键可禁用吸附，自由绘制切割线。

• 按住 X、Y、Z 键可约束切割线方向至对应坐标轴。

③ 完成绘制后，按回车键确认切割，模型面将沿切割线分割。

④ 若需取消操作，按鼠标右键或 Esc 键退出。

（2）切分工具

切分工具与切割工具类似，但切分工具是用一条直线直接切割模型。

例如，选中一个面上的一组并排边进行切分。可以看到黄色的长线（图 3-4-17），它的朝向确定了需要切分模型的方向，确定后沿黄线方向切割出一条贯穿整个模型的拓扑线。

*注：推荐在标准视图中进行切分操作。

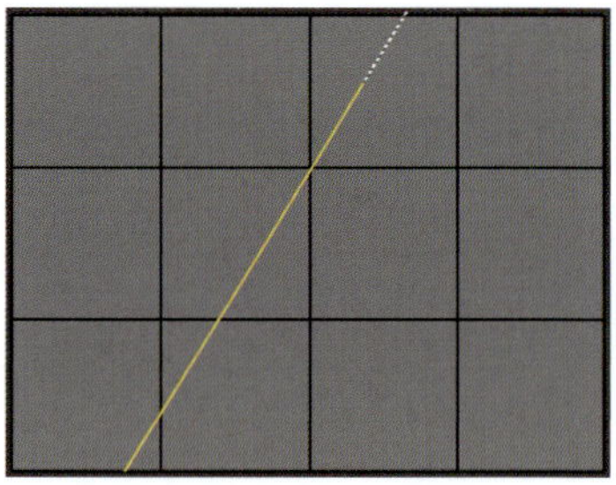

图 3-4-17　使用切分工具在模型拓扑上划线切割

3.4.6　光滑工具与随机工具

（1）光滑工具

光滑工具用于平滑模型表面拓扑，实现“去峰填谷”的效果，使模型表面更加光滑（图 3-4-18）。该工具适用于需要去掉硬边缘或柔化凹凸细节的模型。

表3-4-8　切割的操作方法

编号	名称	位置	用法
①	切割工具	编辑模式工具栏	激活该工具后，光标会变为切刀图标；此时在网格表面移动光标时会进入“捕捉”模式，可以自动捕捉到光标处的顶点或边；通过单击左键→移动鼠标→单击左键，就可以不断地画出布线
②	快捷键K	按下K键	按下K键可直接切换至切割工具

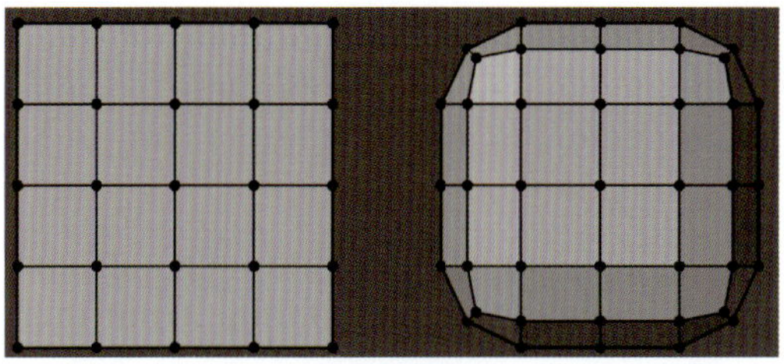

图 3-4-18　使用光滑工具对立方体进行平滑处理

操作举例：进入编辑模式后，选择目标面、边或顶点。激活光滑工具，用鼠标左键按住黄点操控器并拖动，可移动鼠标调节光滑强度，松开鼠标左键确认、右键取消。

（2）随机工具

激活随机工具通过添加噪波，为所选网格顶点添加随机位移效果（图 3-4-19）。

操作步骤：编辑模式下选择目标顶点，在左侧工具栏激活随机工具，通过拖动操控器调节网格顶点的随机位移强度。

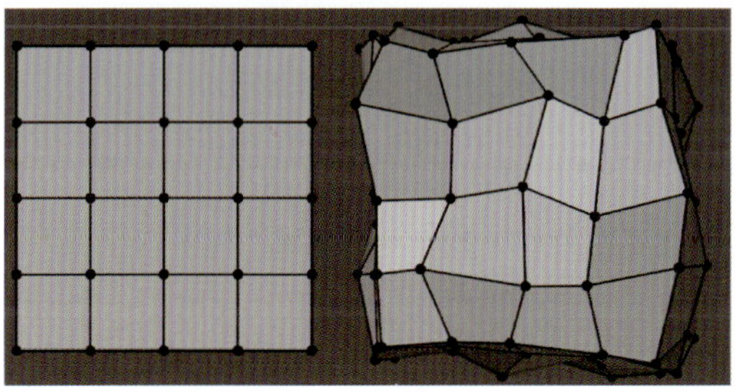

图 3-4-19　使用随机工具对立方体进行扭曲处理

3.4.7　法向缩放工具

法向缩放工具允许沿所选面的法向进行缩放，常用于调整模型外壳厚度或创建均匀的膨胀收缩效果（图 3-4-20）。正向、负向、多元素法向缩放，如图 3-4-21。法向缩放的操作方法，如表 3-4-9。

图 3-4-20　使用法向缩放工具膨胀模型

操作举例：进入编辑模式后，新建一个网格柱体并选中需要缩放的面。点击工具栏中的法向缩放按钮（或者用快捷键 Alt+S 激活法向缩放工具），用鼠标拖动黄色的操控器进行缩放。

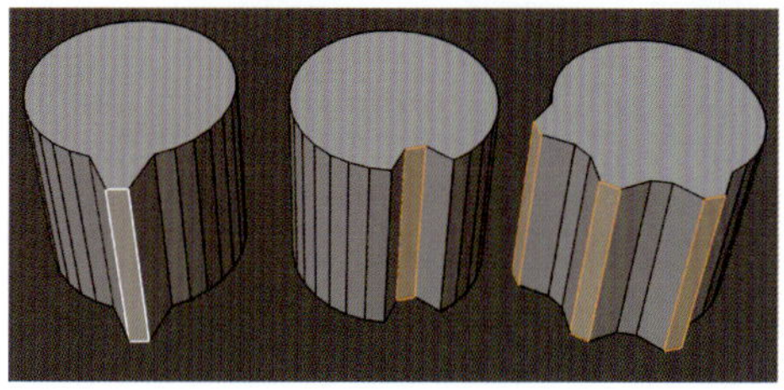

图 3-4-21　正向、负向、多元素“法向缩放”

3.4.8　切变工具与球形化工具

（1）切变工具

切变工具可对选中的元素进行倾斜变形。进入编辑模式后，选中目标元素并激活切变工具，界面将显示白色边框和三个彩色轴向操纵柄（图 3-4-22）。拖动任意操控器即可沿对应方向倾斜变形。

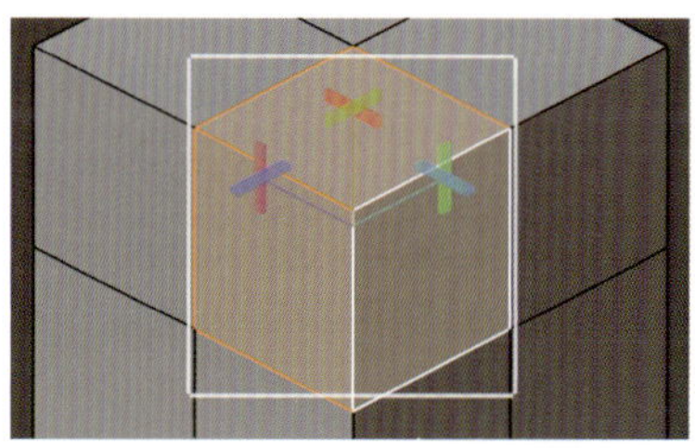

图 3-4-22　切变工具的操纵柄

表3-4-9　法向缩放的操作方法

编号	名称	位置	用法
①	法向缩放	编辑模式工具栏	选中多边形面，激活工具，用鼠标左键按住黄点操控器并拖动
②	快捷键	按下Alt+S	按下Alt+S，激活工具，移动光标

（2）球形化工具

球形化工具可将选中的几何元素逐步变形为球状。通过调整参数，既能把所选网格完全转化为球体（图 3-4-23），也能为所选网格可控地添加球体特征。

图 3-4-23　球形化工具

操作方式：在编辑模式下选中要球形化的网格元素（确保有足够面数），激活工具后左右拖动鼠标即可调节球形化强度。

案例实践 3-1：制作五角星

案例3-1步骤　案例3-1视频

案例实践 3-2：制作一个爱心模型

案例3-2步骤　案例3-2视频

3.5 ▸ 编辑模式下的菜单命令

3.5.1　“网格”菜单下的常用命令

“网格”菜单（图 3-5-1）：网格物体编辑模式下，容纳各种编辑命令。

（1）镜像

1）沿轴镜像

可使网格元素沿指定轴向（X、Y、Z）对称翻转。进入编辑模式，选中网格元素后，执行对应轴（如 X 轴全局）的镜像命令，即可生成对称翻转效果。通过“变换轴心点”可改变镜像的基准点（图 3-5-2）。

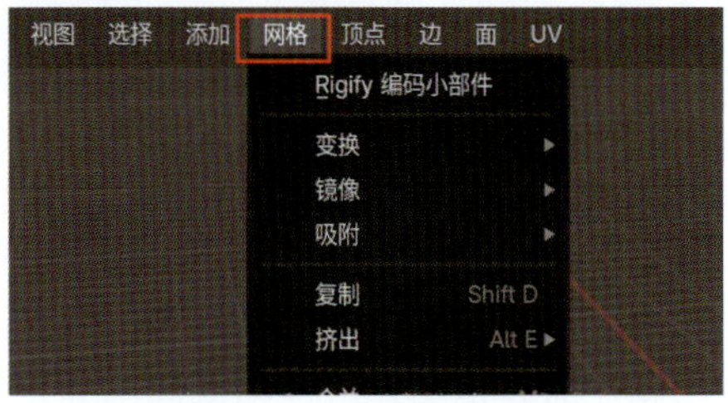

图 3-5-1　“网格”菜单

图 3-5-2　调整镜像轴心

2）交互镜像

进入编辑模式，选中网格元素后，按快捷键 Ctrl+M 激活交互镜像模式。此时按住鼠标中键拖动，会显示镜像轴指示且实时预览镜像结果，单击鼠标左键确认，单击右键取消。

（2）复制

复制可创建所选网格元素的副本。在编辑模式下选中要复制的顶点、边或面，执行“网格”菜单→“复制（Shift+D）”，所选元素的副本会出现在原位置，此时移动鼠标可将副本移至新位置，按鼠标左键确定，按右键取消。

（3）合并

1）合并到中心（图 3-5-3）

在编辑模式下，选中多个网格元素后，执行“网格”菜单→“合并（M）”→“到中心”，可将这些元素合并到它们的几何中心并形成单一顶点。

2）合并到游标（图 3-5-3）

在编辑模式下，选中多个网格元素后，执行“网格”菜单→“合并（M）”→“到游标”，可将这些元素合并到 3D 游标的位置并形成单一顶点。需提前确定好游标的位置。

3）塌陷（图 3-5-3）

与常规合并不同，选中单个网格中多组不相连的元素时，每组会独立合并为单个顶点。例如，一个网格物体中三个孤立面经塌陷后会形成三个独立顶点。

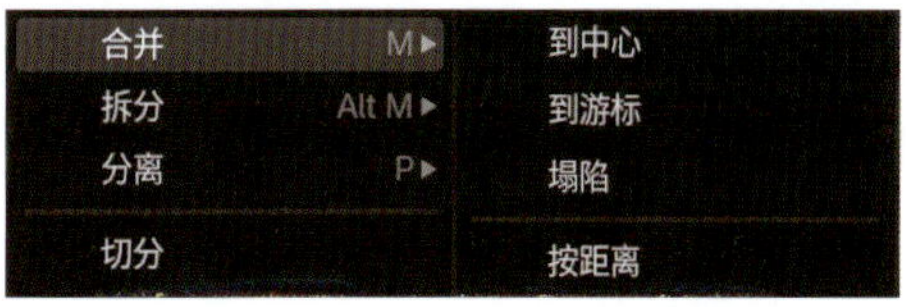

图 3-5-3 “合并（M）”菜单

（4）拆分

拆分命令是在多边形内部将所选元素与相连网格断开，使其成为单独元素（图 3-5-4），被断开的元素仍然在物体内。按下 Alt+M 后弹出，如图 3-5-5 所示的拆分菜单：

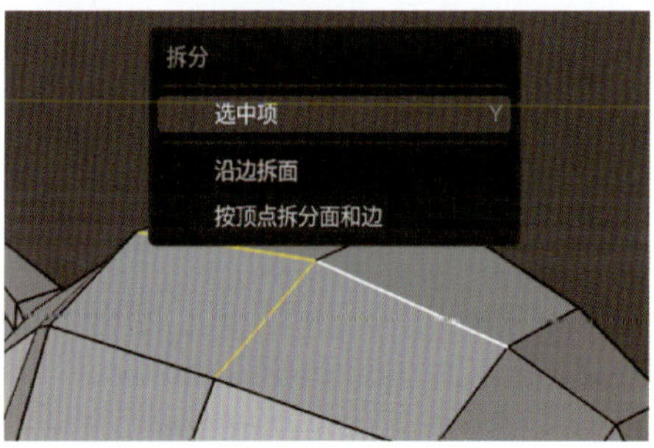

图 3-5-4 拆分菜单

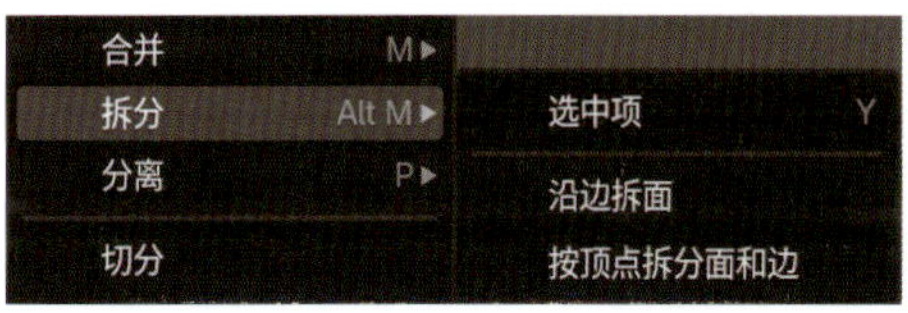

图 3-5-5 “拆分（Alt+M）”菜单

1）选中项

该命令将网格元素（顶点、边、面）与其连接的部分分离成单独的元素。拆分后元素仍在网格内原位重合，需要移动分开。

2）沿边拆面

沿着指定的边将一个面拆分成多个面，拆分后元素仍在网格内原位重合，需要移动分开。

3）按顶点拆分面和边

以顶点为依据对相关面和边进行拆分，拆分后元素仍在网格内原位重合，需要移动分开。

（5）分离

分离命令是将网格物体的内部元素拆分后变为单独物体。

1）选中项

在编辑模式下选择网格元素，执行“网格”菜单→“分离（P）”→“选中项”（图 3-5-6），所选部分将从原网格分离，成为新物体。

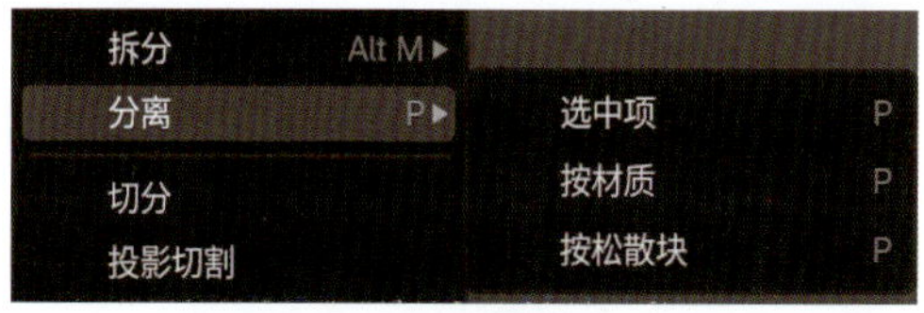

图 3-5-6 “分离（P）”菜单

2）按材质

若网格物体分配了多个材质，执行“网格”菜单→“分离（P）”→“按材质”（图 3-5-6），自动将相同材质的元素分离为独立对象。例如，一个模型包含金属部分和塑料部分，执行后模型会分别成为独立物体，一个金属物体和一个塑料物体。

3）按松散块

如果网格中包含多组不相连的元素（各部分在内部相互分离），执行“网格”菜单→“分离（P）”→“按松散块”（图 3-5-6），每个孤立部分会被分离为单独的对象。

（6）投影切割

1）投影切割

将网格物体 A 作为参考，把物体 A 的轮廓投影到目标网格物体 B 上，并按 A 键在当前视图平面上投射的“投影轮廓”对物体 B 执行切割。该功能会改变目标网格的拓扑结构，常用于创建非常规布线。

2）如何投影切割

投影切割基于当前视图平面法线进行投影计算，所以操作前需首先确定视角。推荐使用标准视图进行投影（例如顶视图）。

操作步骤：

• 准备一个平面物体和位于正上方的投影物体（图 3-5-7 左上）。

• 选中平面进入其编辑模式，面选择模式，选择面。

• 保持上一步操作，在大纲视图中按住 Shift 键加选投影物体（图 3-5-7 右上）。

• 切换到顶视图（数字键盘 7）。执行“网格”菜单中的“投影切割”命令（图 3-5-7 左下）。

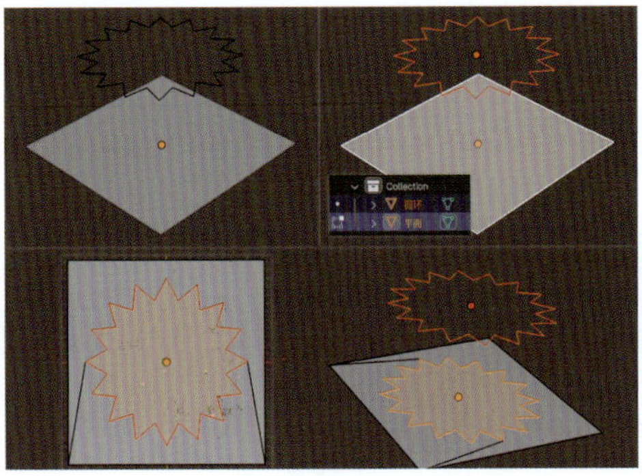

图 3-5-7　投影切割流程

• 锯齿形网格的外形会被投影到平面上，切割出一样的布线（图 3-5-7 右下）。

（7）裁刀拓扑工具

裁刀拓扑工具相当于工具栏中的切割工具，快捷键为 K。

（8）对称

对称命令可沿指定方向，将物体两侧的选中网格元素进行对称，使之相同（图 3-5-8）。在编辑模式下选中要对称的网格元素，执行“网格”菜单中的“对称”命令，然后在调整上一步操作面板中，选择轴和对称方向。

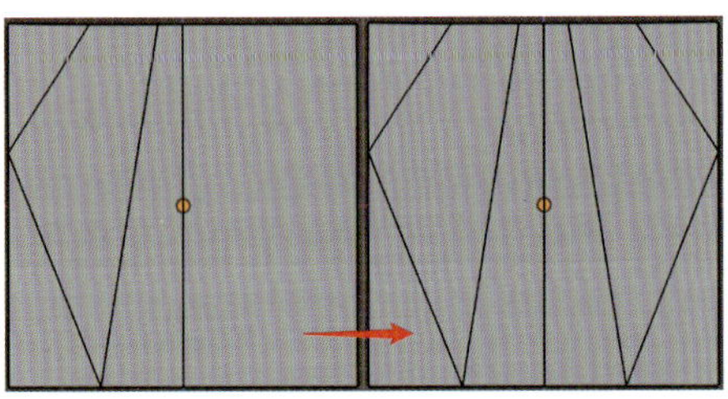

图 3-5-8　对称（网格元素）流程

（9）法向

法向菜单（Alt+N）提供了三个选项来切换选中面的法向，用来修正面法线的方向错误。

1）翻转法向

在编辑模式下选中目标面后，如图 3-5-9，执行“网格”菜单→“法向（Alt+N）”→“翻转”可修正朝向错误的面。

图 3-5-9　“法向（Alt+N）”菜单

2）重新计算外侧

该命令（Shift+N）自动统一网格所有面的法线朝向网格表面外侧，特别适用于修复导入模型时出现的法线混乱的情况。全选所有面后，执行菜单命令即可。

3）重新计算内侧

该命令（Shift+Ctrl+N）与“重新计算外侧”命令的使用方法相同，区别是会使法线方向自动统一并朝向网格表面内侧。

（10）清理

“清理”菜单用来自动清理与简并多余的多边形元素（图 3-5-10）。

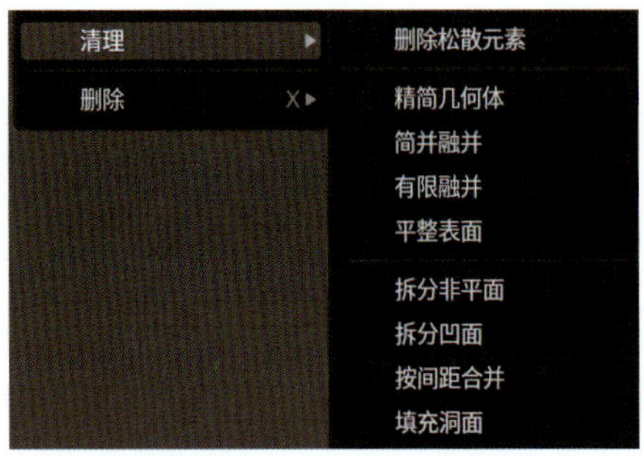

图 3-5-10　“清理”菜单

1）删除松散元素

自动识别并移除网格对象中孤立的、不与任何元素相连的松散顶点、边、面。建模过程中常会产生此类无用元素，该功能可按预定规则去除模型错误。

2）精简几何体

按照三角剖分算法来优化模型，减少面数的同时尽量保持原始形状。在调整上一步操作面板中可调整“比率”参数，数值越小精简程度越高。

3）简并融并

使“没有长度”或“面积过小”的松散边、面进行合并，可通过参数控制融并范围。

4）平整表面

对选中的网格元素进行平整化处理，会自

动调整顶点位置使其接近平面状态。

5）按间距合并

在编辑模式下，通过设置“阈值”参数合并间距过近的顶点。该功能既能优化模型减少顶点数量，又能快速修复顶点重合导致的模型错误，是重要的模型修正工具。

（11）删除

1）删除顶点、边、面

在编辑模式下，选中网格元素后按 X 键（图 3-5-11）或 Delete 键，在弹出的“删除”菜单中选择一项，即可用不同方式删除所选元素和直接相连的其它网格元素。

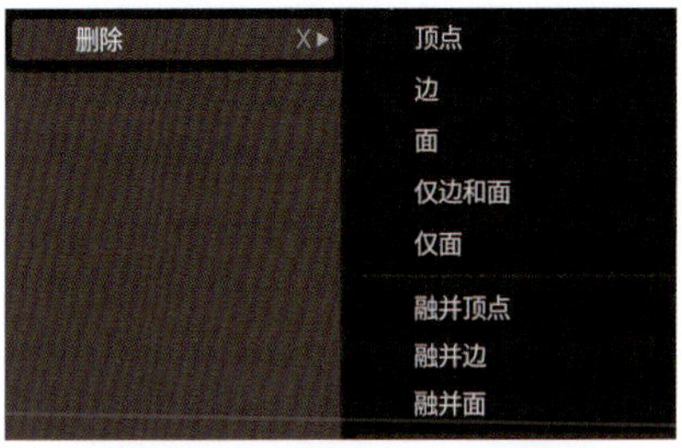

图 3-5-11　“删除（X）”菜单

2）仅边和面、仅面

按 X 键或 Delete 键后选择“仅边和面”，可删除选中的边和面，但保留其顶点；选择“仅面”则仅删除面，保留边和顶点。

3）融并顶点、边、面

按 X 键或 Delete 键后选择“融并顶点”“融并边”“融并面”，则仅移除顶点、边、面，并强制保持网格完整性。融并功能与删除类似，但融并功能会保持网格“不破裂”（图 3-5-12）。

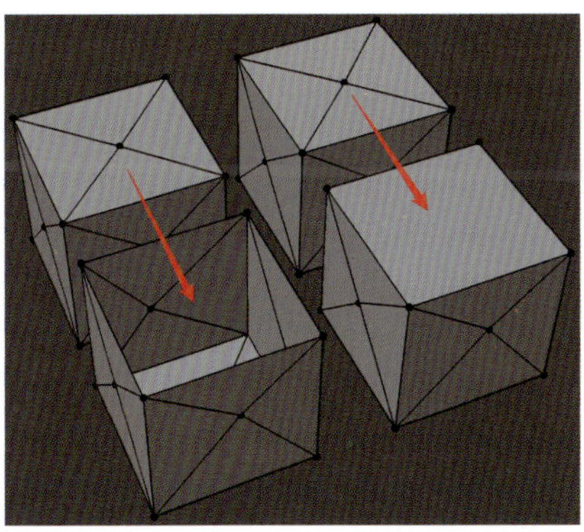

图 3-5-12　删除（左）、融并（右）

3.5.2　“顶点”菜单下的常用命令

“顶点”菜单是网格物体编辑模式下，容纳各种编辑网格顶点命令的菜单（图 3-5-13）。

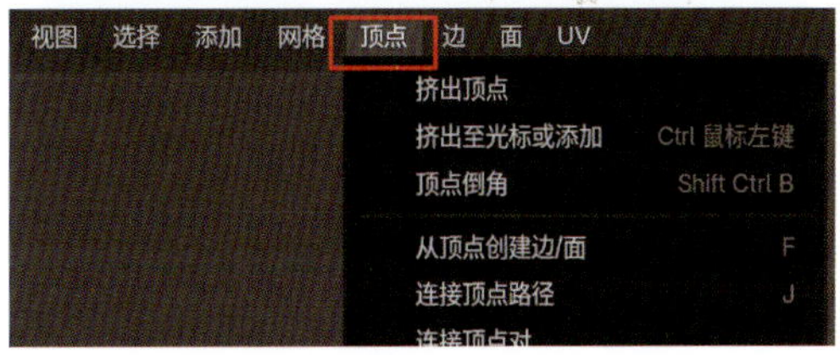

图 3-5-13　“顶点”菜单（Ctrl+V）

（1）连接类

1）从顶点创建边 / 面

该命令通过所选顶点生成边或面。当选择两个顶点时，执行“顶点”菜单中的“从顶点创建边 / 面（F）”命令，创建边；当选择三个及以上顶点时会创建面。

操作步骤：进入顶点选择模式（1 键），按住 Shift 键多选顶点后按 F 键，即可在所选顶点之间创建边或面（图 3-5-14）。

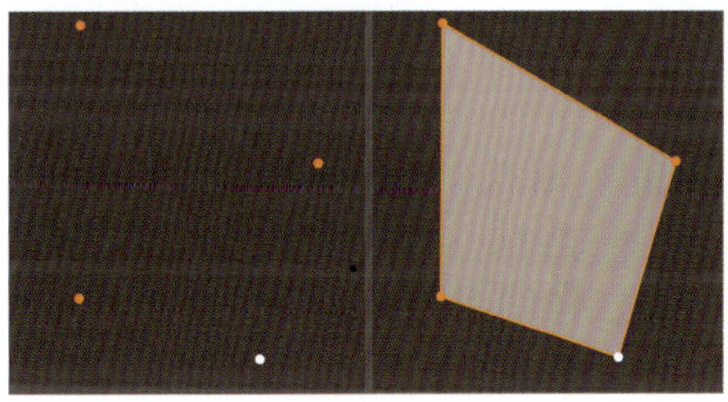

图 3-5-14　“从顶点创建边 / 面（F）”命令

*注：“从顶点创建边 / 面”命令重在“创建”，它的创建过程会无视原本的网格元素连接关系。例如，在已有平面上连接两个顶点时，生成的边不会分割原有平面，而是“浮动”在面上。

2）连接顶点路径

在多个顶点间创建连续路径。进入顶点选择模式，按顺序选择多个顶点后，执行“顶点”菜单中的“连接顶点路径（J）”，按顶点选择顺序依次连接成边（图 3-5-15）。如果是面的顶点，那么连接的边会将网格分割。

3）“从顶点创建边 / 面”与“连接顶点路径”的区别

• 从顶点创建边 / 面：在已有平面上连

接顶点时，生成“悬浮”边不会切割平面（图 3-5-15 左）。

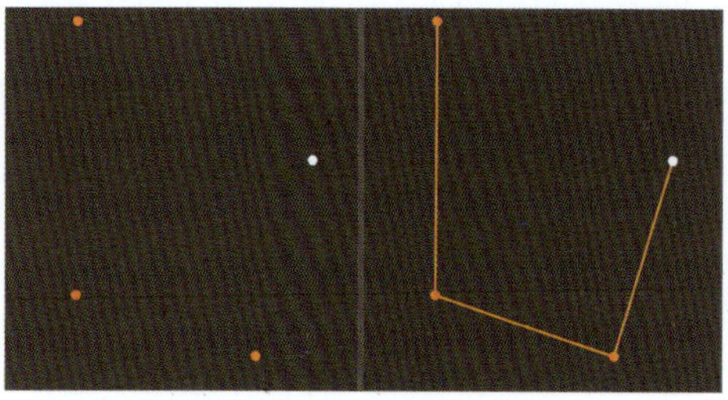

图 3-5-15　“连接顶点路径（J）”命令

• 连接顶点路径：在已有平面上连接顶点时，生成的边会切割平面形成两个独立面（图 3-5-16 右）。需要分割平面时采用此方式。

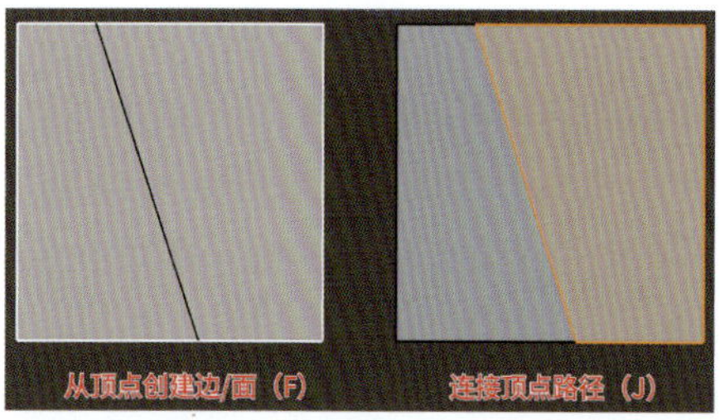

图 3-5-16　从顶点创建边 / 面、连接顶点路径

（2）断离类

1）断离顶点

选择网格顶点后，执行“顶点”菜单中的“断离顶点（V）”命令，可将网格从选中的顶点处断开并进入移动状态。例如，在立方体上选择三个顶点并断离，它们将不再与原网格相连，可通过移动光标将其分开（图 3-5-17 左）。

2）断离顶点并填充

选择网格顶点后，执行“顶点”菜单中的“断离顶点并填充（Alt+V）”命令，断离顶点的同时会自动将断开处与原网格元素相连。例如，在立方体上选择三个顶点执行此操作，会在断离处生成新的连接布线，不会断开原有面（图 3-5-17 中）。

3）断离顶点并延长

选择顶点后，执行“顶点”菜单中的“断离顶点并延长（Alt+D）”命令，类似于“断离顶点并填充”，此命令不会断开网格，但它也不会生成新的连接布线（图 3-5-17 右）。

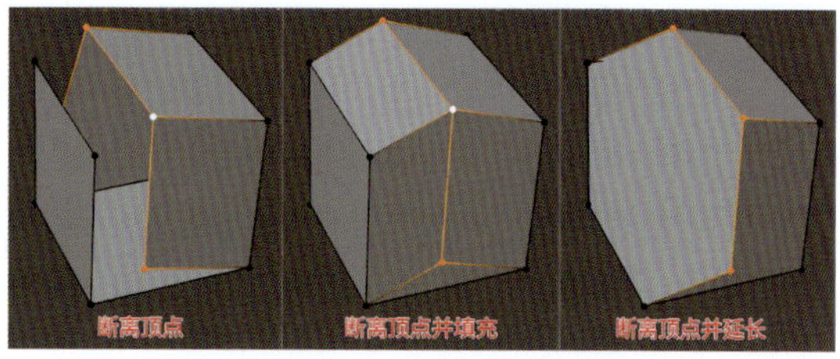

图 3-5-17　三种断离顶点方式

（3）优化类

1）滑移顶点

选择顶点后，执行“顶点”菜单中的“滑移顶点”命令（Shift+V 或连按两次 G 键），可使顶点沿邻接的边滑动。如图 3-5-18 中在立方体上滑移顶点时，移动会受邻接边的约束。

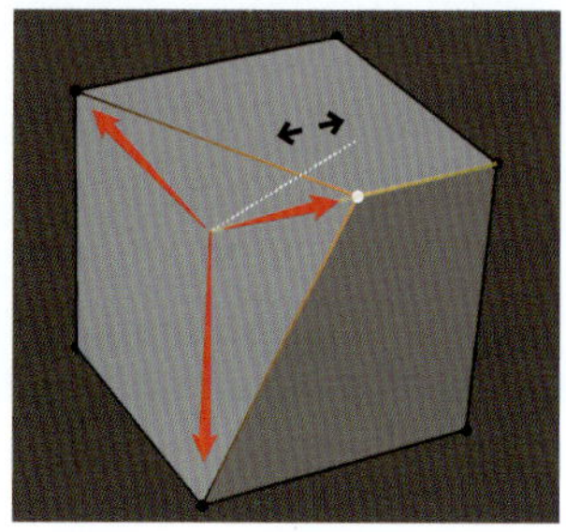

图 3-5-18　“滑移顶点”命令

2）平滑顶点

选择多个顶点后，执行“顶点”菜单中的“平滑顶点”命令，自动平均化顶点的位置。

3）平滑顶点（拉普拉斯）

用拉普拉斯算法计算顶点平均值，和“平滑顶点”类似。

3.5.3　“边”菜单下的常用命令

“边”菜单是网格物体编辑模式下，容纳各种编辑网格边命令的菜单（图 3-5-19）。

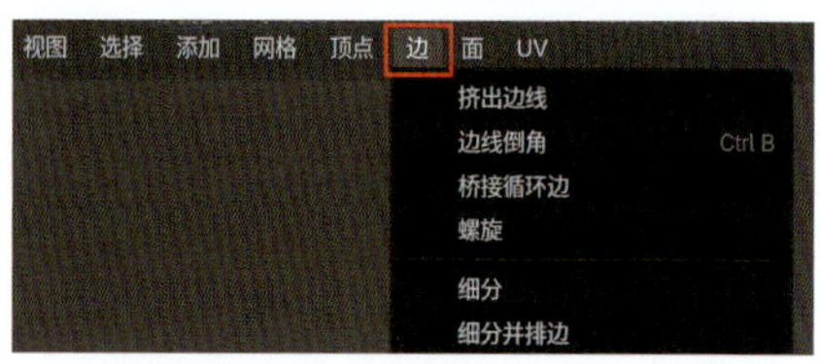

图 3-5-19　“边”菜单（Ctrl+E）

（1）创建类

1）桥接循环边

选择两条循环边后，执行“边”菜单中的

“桥接循环边”命令，会在循环边之间两两填充面（图 3-5-20）。

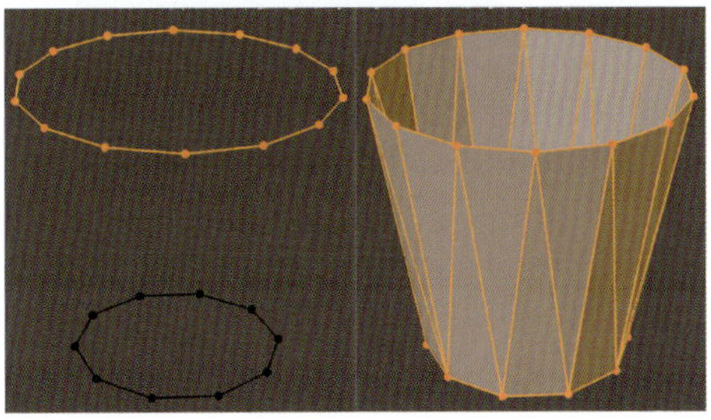

图 3-5-20　“桥接循环边”命令

2）螺旋

选择边后，执行“边”菜单中的“螺旋”命令，可基于该边生成螺旋状的面结构（图 3-5-21）。在调整上一步操作面板中可调整圈数（旋绕次数）、中心（螺旋宽度）和轴向（三条轴方向的延伸量）等参数，以控制螺旋形态。

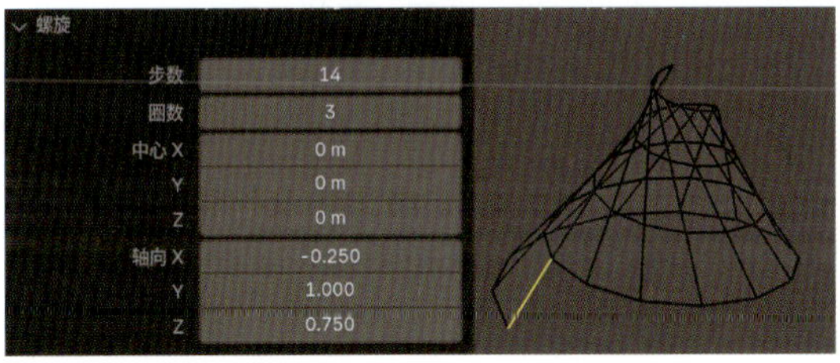

图 3-5-21　“螺旋”命令的参数

（2）细分类

1）细分

选择一条或多条边后，执行“边”菜单中的“细分”命令，可在选中的边上插入新的顶点（图 3-5-22），从而将原始边分割为多段，添加的顶点需要切换到点选择模式查看。

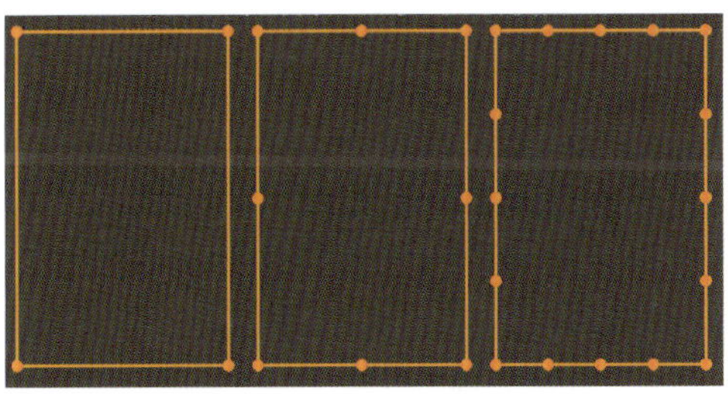

图 3-5-22　“细分”命令

2）细分并排边

仅针对并排边生效。选择并排边后，执行“边”菜单中的“细分并排边”命令，该命令在细分并排边增加顶点的同时，将细分出的顶点连接并生成等距的新边（图 3-5-23）。

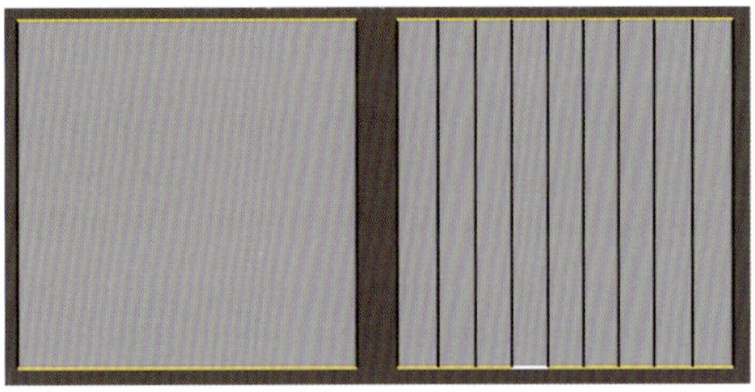

图 3-5-23　“细分并排边”命令

3）反细分

对细分做反向操作，反细分用于减少边的数量。选中细分区域所有边后，执行“边”菜单中的“反细分”命令（图 3-5-24），简化模型结构。尽量用于“细分”命令后的网格。

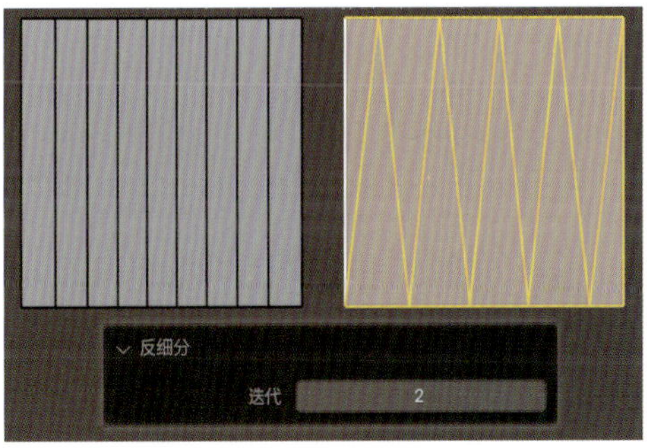

图 3-5-24　“反细分”命令

（3）旋转类

顺（逆）时针旋转边：该命令作用于面与面之间的间隔边旋转。选中间隔边后，执行“边”菜单中的“顺时针旋转边”命令，可使边按顺时针方向旋转，并自动寻找顶点以供旋转后连接（图 3-5-25），逆时针同理。

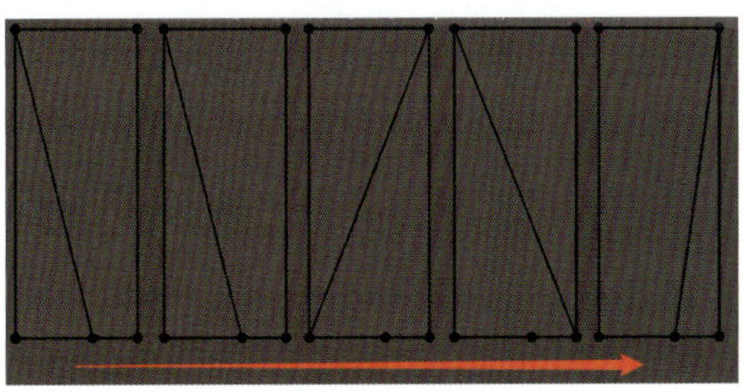

图 3-5-25　“顺时针旋转边”命令

（4）滑移类

1）滑移边

选中一条或多条边后，执行“边”菜单中的“滑移边”命令，可使边沿相邻面的走向滑动，保持拓扑结构不变。

2）环切并滑移

选中一系列并排边后，执行“边”菜单中的“环切并滑移”命令（Ctrl+R），进入环切模式，为并排边之间添加连接线，上下滚动中键滚轮可调整分段数；环切完成后按下左键进入滑移模式，移动鼠标将新增边在并排边之间滑移，按鼠标左键确定，按右键取消。

3）偏移边并滑移

选中边后，执行“边”菜单中的“偏移边并滑移”命令（Shift+Ctrl+R），会在选中边两侧各生成一条新边（图 3-5-26），偏移完成后按下鼠标左键进入滑移模式，移动鼠标将新边滑移位置，按鼠标左键确定，按右键取消。

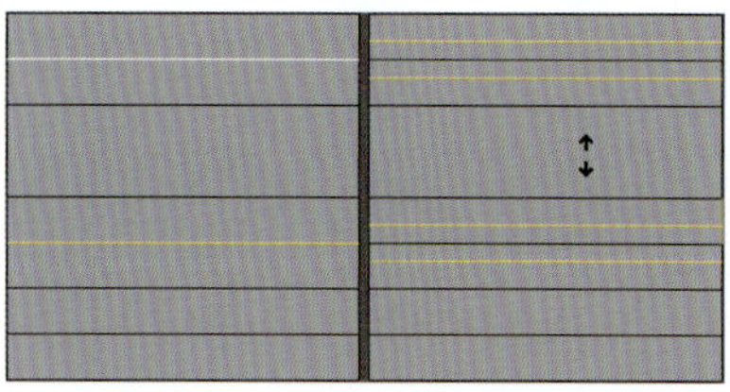

图 3-5-26　“偏移边并滑移”命令

3.5.4　“面”菜单下的常用命令

“面”菜单（Ctrl+F）是网格物体编辑模式下，容纳各种编辑网格面命令的菜单（图 3-5-27）。

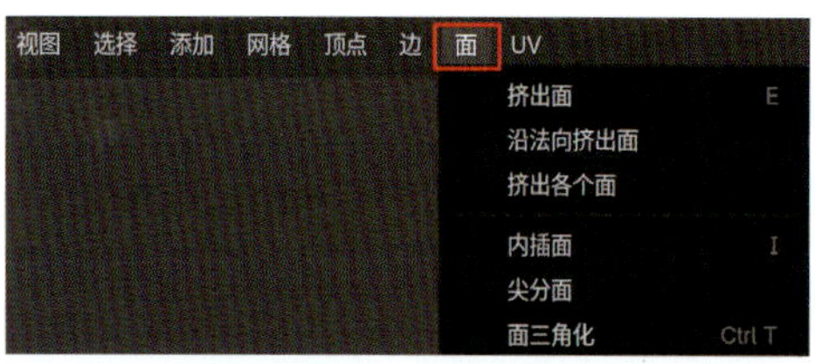

图 3-5-27　“面”菜单

（1）创建类

1）尖分面

选择目标面后，执行“面”菜单中的“尖分面”命令，在面中心生成新顶点并连接至各边顶点，将面分割为多个三角形（图 3-5-28）。

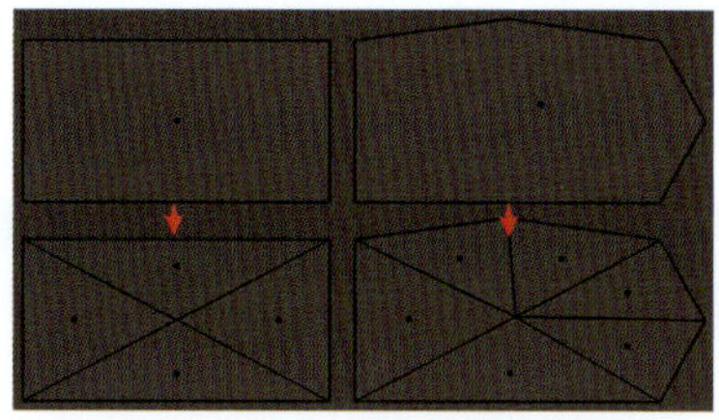

图 3-5-28　“尖分面”命令

2）面三角化

选中具有 4 条及以上边的面，执行菜单“面” → “面三角化（Ctrl+T）”，将多边形分解为三角形组合（图 3-5-29）。

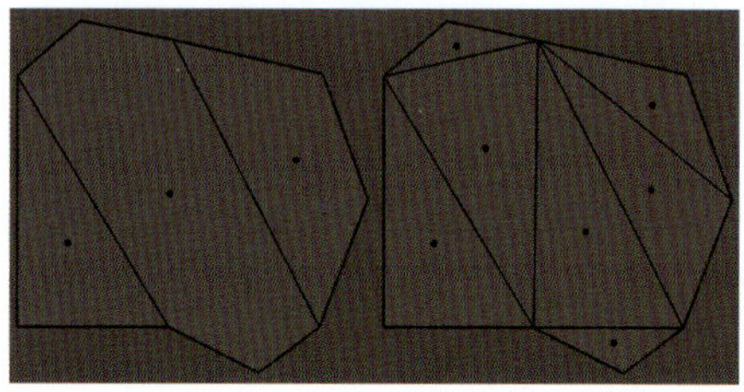

图 3-5-29　“面三角化”命令

3）三角面 -> 四边面

选择邻接的两个三角面，执行“面”菜单中的“三角面 -> 四边面”命令（Alt+J），会将它们合并为四边面（图 3-5-30）。

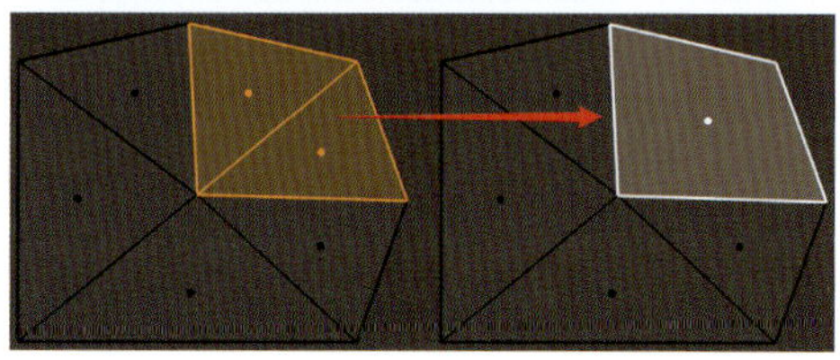

图 3-5-30　“三角面 -> 四边面”命令

4）面实体化

选中面后，执行“面”菜单中的“面实体化”命令，沿法向创建厚度。通过调整参数设置厚度值，用于创建卡片、叶片等薄型物体。

5）线框

选择面后，执行“面”菜单中的“线框”命令，将面沿其边转换为由立体“边框”构成的镂空结构（图 3-5-31）。在调整上一步操作面板中继续调节参数。

（2）补洞类

1）填充

选择一圈开放边后，执行“面”菜单中的

"填充"（Alt+F），封闭生成新的三角面（图 3-5-32）。适用于给任意布线的一圈开放边填充面。

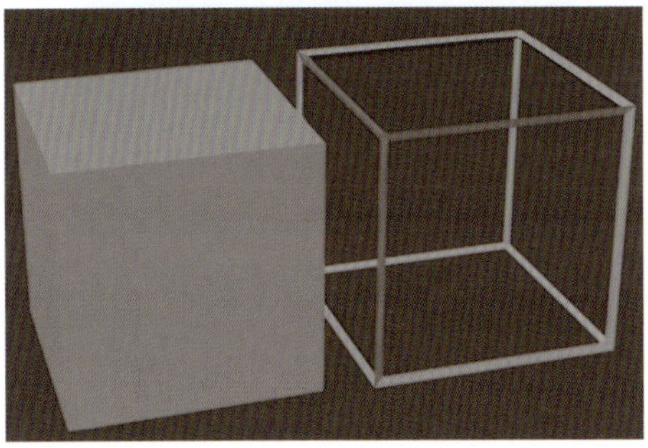

图 3-5-31　"线框"命令

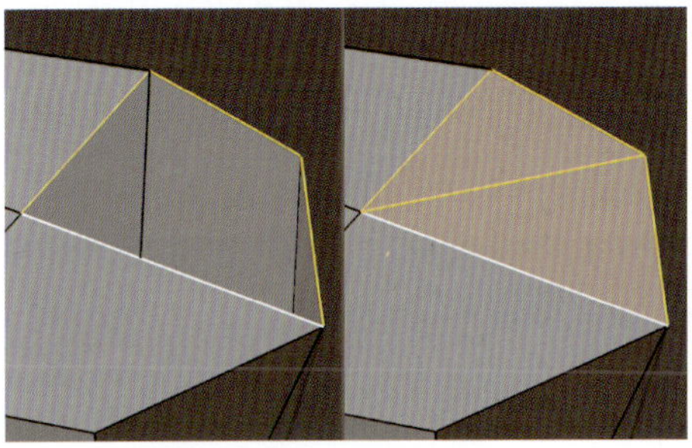

图 3-5-32　"填充"命令

2）栅格填充

选中多边形孔洞边，执行"面"菜单中的"栅格填充"命令（图 3-5-33），填补生成规则网格面。

*注：栅格填充只适用于偶数顶点的洞，奇数顶点的洞无法被填充。

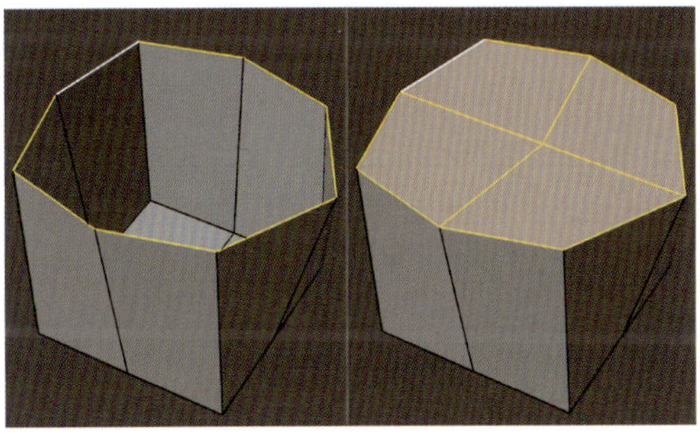

图 3-5-33　"栅格填充"命令

3）完美建面

分析模型的拓扑结构，通过重新排布选中的三角面（图 3-5-34），获得更优化的三角面（即减少细长三角面）。

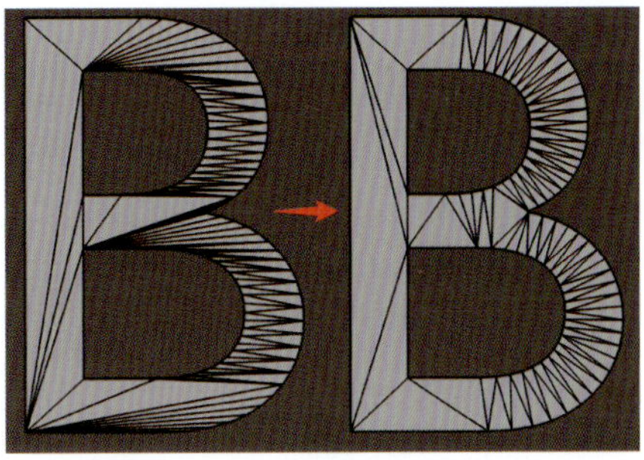

图 3-5-34　"完美建面"命令

（3）布尔类

1）交集（切割）

创建被切割物体（图 3-5-35 圆柱体）与切割物体（图 3-5-35 立方体），进入编辑模式后，执行"面"菜单中的"交集"（切割）命令，它们会发生相互切割并增加相交部分的切割线（图 3-5-35 右）。

图 3-5-35　"交集"（切割）命令

2）交集（布尔）

创建被切割物体（图 3-5-36 圆柱体）与切割物体（图 3-5-36 立方体），进入编辑模式后，执行"面"菜单中的"交集（布尔）"命令，它们会被添加布线并合并为一个网格（图 3-5-36 右）。

图 3-5-36　"交集"（布尔）命令

（4）焊接边到面

选择孤立边与目标面后，执行“面”菜单中的“焊接边到面”命令，会将边与面合并，用线把面分割（图 3-5-37）。

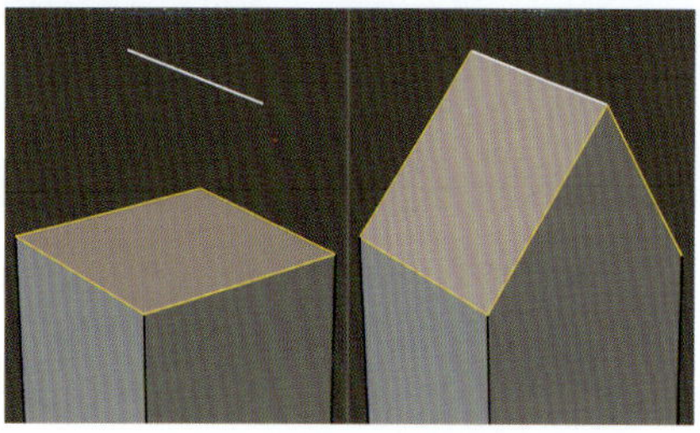

图 3-5-37 “焊接边到面”命令

3.6 ▸ 顶点组与形态键

3.6.1 顶点组

（1）添加空顶点组

• 新建一个 Blender 文件，删除默认场景中的物体。添加一个经纬球。进入编辑模式（Tab 键），确保处于顶点选择模式（按 1 键）。

• 在“属性编辑器”→“数据”→“顶点组”中，点击“+”按钮（图 3-6-1 ②）可新建空顶点组，新的顶点组会被添加到列表（图 3-6-1 ①）中。

• 新建的顶点组默认为空，需后续手动指定顶点权重。

（2）认识数据面板的顶点组

表 3-6-1 按图 3-6-1 中对应的序号来介绍“顶点组”栏的主要构成。

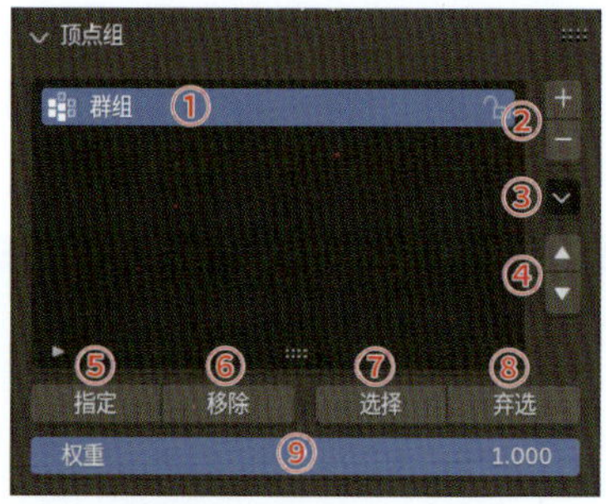

图 3-6-1 认识顶点组

（3）给空顶点组分配顶点权重

• 在经纬球的点选择模式下，按 C 键进入刷选模式，选择部分顶点后（图 3-6-2 左），首先设定“权重”值（图 3-6-2 ③），随后点击顶点组栏的“指定”按钮完成顶点分配（图 3-6-2 ①）。点击“移除”（图 3-6-2 ②）按钮将设定好的顶点组权重移除。

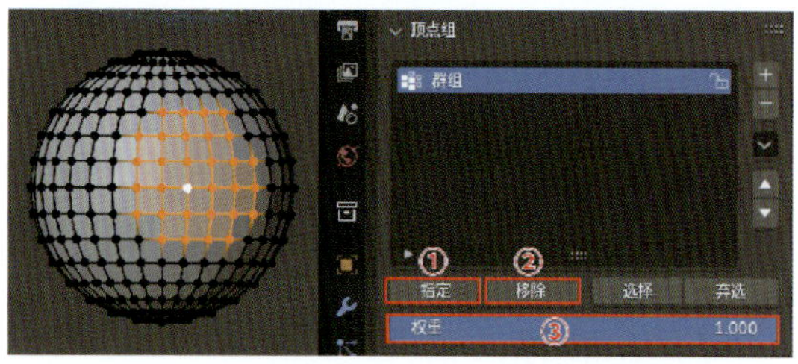

图 3-6-2 指定、移除以及权重指定值

• 切换至权重绘制模式（图 3-6-3），可通过观察颜色来理解顶点组权重分布：红色（权重 1）为已选顶点，黄绿色渐变区域（权重 0.8～0.4）为过渡区（图 3-6-4），蓝色（权重 0）为未分配权重（无权重影响）区域。

表3-6-1 顶点组栏的构成

编号	名称	解释
①	顶点组列表视图	显示所有顶点组，支持选择、重命名及锁定操作
②	添加与移除按钮	用于创建新顶点组或删除选中的顶点组
③	其它菜单按钮	包括排序、复制、镜像、清除及全部删除等操作
④	排序按钮	调整选中顶点组在列表中的排列顺序
⑤	指定	将编辑模式下选中的顶点分配至当前顶点组
⑥	移除	从当前顶点组中删除所选顶点（同时清除其权重值）
⑦	选择	选中当前顶点组内所有权重大于0的顶点
⑧	弃选	取消选择当前顶点组内所有顶点
⑨	权重滑块	为选中的顶点设置权重值（范围0～1）

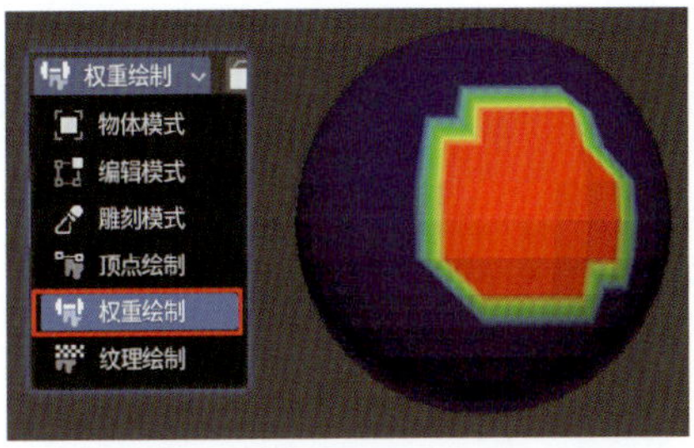

图 3-6-3　为部分顶点指定权重

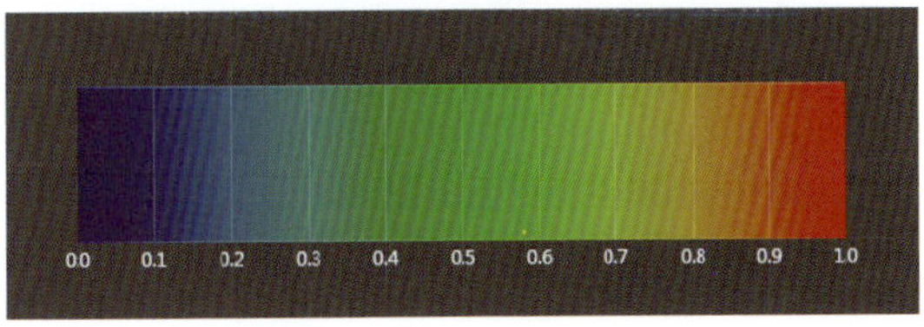

图 3-6-4　权重绘制中的颜色与权重值的对应关系

• 返回编辑模式后，按 C 键后配合 Shift 减选部分顶点，点击“移除”按钮（图 3-6-2 ②）可以移除选中顶点权重。再次进入权重绘制模式，可见被移除顶点恢复蓝色（图 3-6-5）。

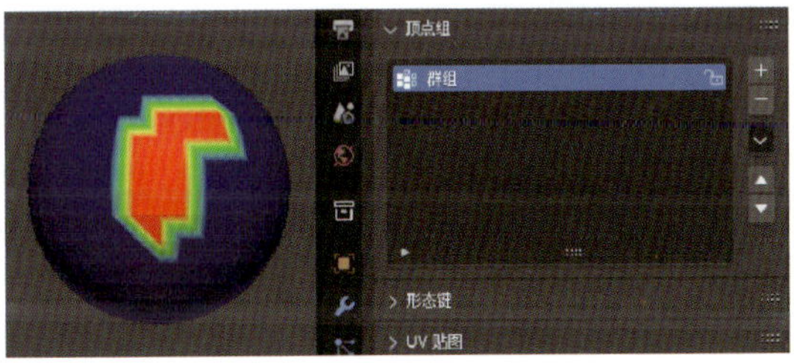

图 3-6-5　移除部分顶点权重

（4）在权重绘制模式下修改顶点权重

1）切换到权重绘制模式

选中带有顶点组的网格物体后，按住 Tab 键，调出模式饼菜单并滑选到“权重绘制”。或使用界面切换到“权重绘制”模式（图 3-6-3）。

切换到权重绘制模式后，可以看到工作区的“顶部菜单栏”和“工具栏”自动切换为独有面板（图 3-6-6），这也是 Blender 的响应式界面表现之一，其构成如表 3-6-2。

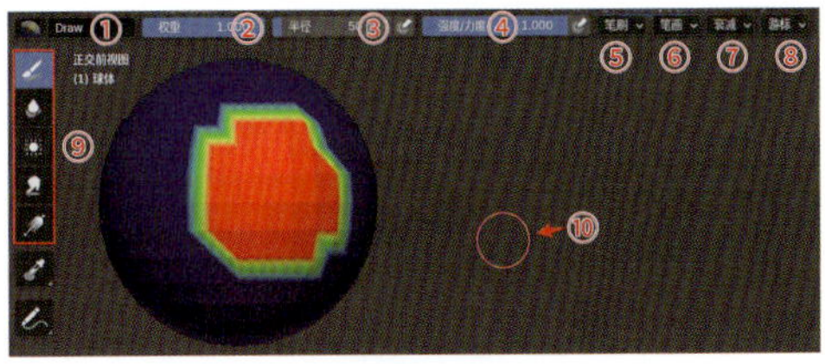

图 3-6-6　权重绘制模式下的工具栏

2）绘制增加权重

• 为物体创建空顶点组后，进入权重绘制模式。

• 使用默认“自由线”工具（Draw 模式），初始权重值为 1，按住鼠标左键拖动光标在网格蓝色区域涂抹绘制显示为红色（图 3-6-7 最大权重红色部分）。

• 调整权重滑块至 0.5，可绘制中等权重区域（图 3-6-7 显示为黄绿色）。

• 按住 Ctrl+ 左键绘制可反向绘制以降低权重值。

• 按 F 键或 Shift+F 可实时调整笔刷半径。

表3-6-2　权重绘制模式面板构成

编号	名称	解释
①	笔刷切换区	显示当前笔刷名称，点击可展开笔刷选择面板
②	当前笔刷权重	设置笔刷最大影响强度（0～1范围）
③	笔刷半径	调整笔刷作用范围大小（按F键调整）
④	笔刷强度	控制笔刷作用力度（相当于透明度）
⑤	笔刷面板	配置笔刷混合模式等叠加效果（笔刷数值叠加）
⑥	笔画面板	包含所有笔画相关参数设置
⑦	衰减面板	定义笔刷边缘衰减类型（线性、平滑等）
⑧	游标面板	调整3D游标
⑨	绘画工具栏	自由线（基础画笔）、模糊、平均、涂抹、渐变、吸管工具
⑩	光标笔刷	绘制时显示圆形光标表示作用范围（按F键缩放）

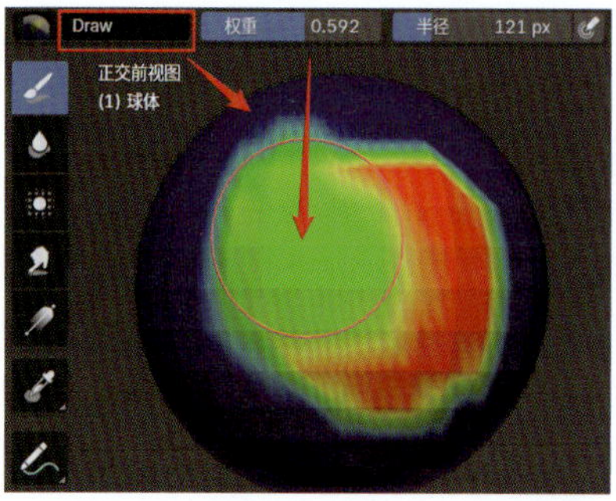

图 3-6-7 “权重绘制模式”下绘制权重

3）擦除绘制权重

· 在权重绘制模式下，将笔刷切换为“Subtract”模式。

· 在需要清除权重的区域涂抹，可逐步擦除现有权重（图 3-6-8）。

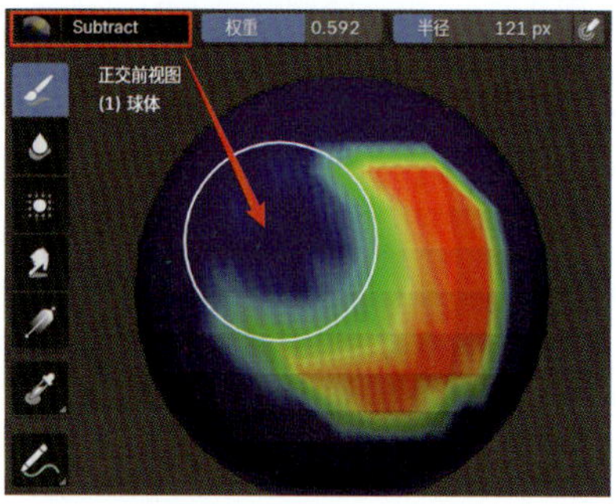

图 3-6-8 擦除权重

4）模糊绘制权重

· 用工具栏中的“模糊”工具，在权重交界处按住鼠标左键涂抹，或在绘制时按住 Shift 键切换为模糊工具涂抹，这时会将模糊过的权重边界平滑混合（图 3-6-9 左上）。

5）平均绘制权重

使用“平均”工具涂抹不同权重值的区域，计算涂抹区域内权重的平均值，使得被涂抹过的部分变成平均值权重（图 3-6-9 右上）。

6）涂抹绘制权重

将一侧权重值“推”向另一侧，实现权重值的流动过渡（图 3-6-9 左下）。

7）梯度渐变权重

· 使用“梯度渐变”工具，用鼠标左键点击起点并拖拽创建渐变方向。

· 效果：生成从设定值（默认 1）到 0 的线性渐变权重（图 3-6-9 右下）。

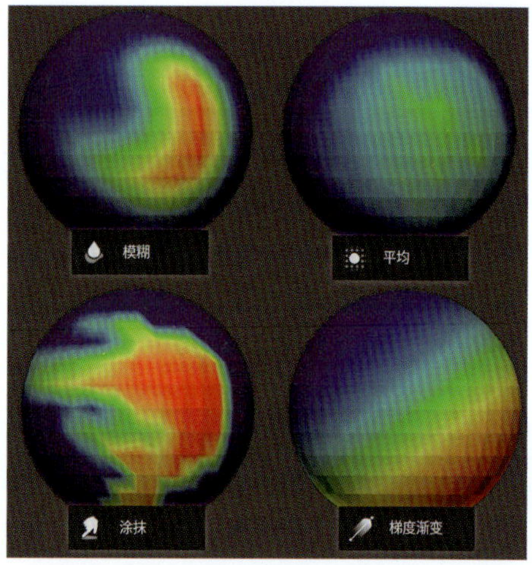

图 3-6-9 四种工具对权重的影响

小练习

使用修改器演示权重值的影响

· 为图 3-6-9 中的四个权重球添加表面细分修改器，并将视图细分级别设为 4。

· 为每个球体添加置换修改器后，在置换修改器的“顶点组”选项中选择相应顶点组，再将“强度”参数设为“-0.8”。此处修改器的作用就是：将球体按顶点组权重沿法向反向收缩。

· 此时权重值越大，球体表面向内凹陷的程度越明显。切换到权重绘制模式后，可直观观察到各球体凹陷强度与权重值的对应关系（图 3-6-10）。

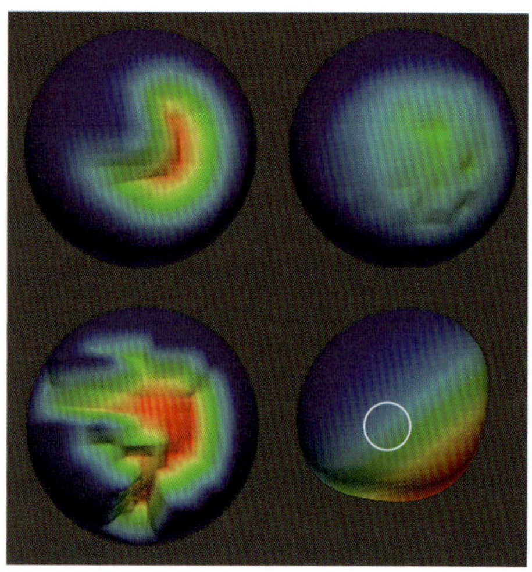

图 3-6-10 顶点权重对置换修改器力度的影响

3.6.2 形态键

（1）为网格物体添加一个形态键

• 新建 Blender 文件，删除默认灯光和摄像机，保留初始立方体。

• 选中立方体，进入“属性编辑器”→“数据”→“形态键”。

• 连续点击面板右侧的“+”按钮两次（图 3-6-11 ②），系统将自动创建“基型”和“键 1”两个形态键（图 3-6-11 ①）。

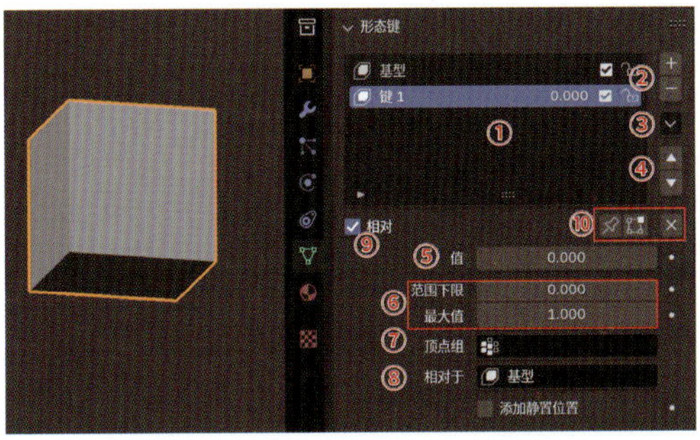

图 3-6-11　数据面板下形态键栏

• “基型”作为列表首个形态键，用于存储网格顶点的原始坐标数据。后续所有形态键的形变效果，均基于“基型”存储的顶点坐标进行相对位移计算。

（2）认识形态键栏

表 3-6-3 按图 3-6-11 中的序号介绍形态键栏的主要构成。

（3）用形态键记录形变数据

1）为新建的形态键添加变形

• 新建一个立方体 A，在“形态键”栏中点击两次“+”分别添加形态键“基型”“键 1”。

• 在形态键栏中，将新建的“键 1”的“值”设为 1（完全激活变形）。

• 进入编辑模式，选中并移动顶点（G 键）。

• 返回物体模式后，调节“值”滑块可观察形变效果（图 3-6-12）。

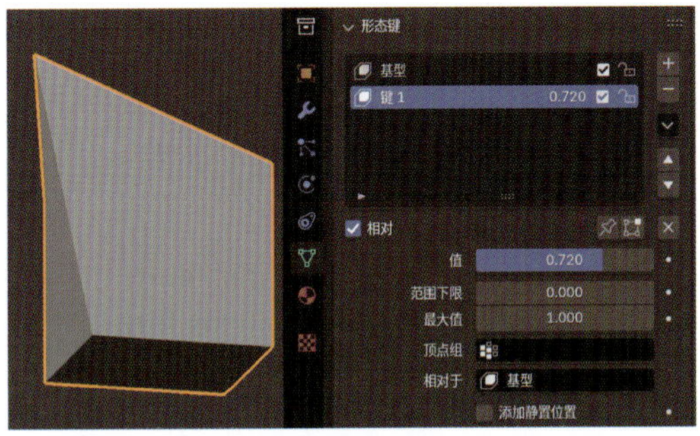

图 3-6-12　调节形态键“值”使物体变形

2）添加第二个形态键

• 在物体模式下为立方体 A 点击“+”新建“键 2”（图 3-6-13）。将其“值”设为 1，进入编辑模式全选顶点（A 键）并旋转（R 键）移动角度。

表3-6-3　形态键栏构成

编号	名称	解释
①	形态键列表视图	显示所有形态键，支持选择、重命名及锁定
②	添加与移除按钮	用于新建形态键或删除当前选中的形态键
③	其它命令菜单按钮	包含排序、混合、镜像、合并、传递、全部删除等命令
④	排序按钮	调整选中形态键在列表中的排列顺序
⑤	值	控制当前形态键在0（默认）到1（默认）之间的混合程度
⑥	范围下限与最大值	例如设为（−1.2，1.5）时，“值”可离开默认区间（0，1）改为在新区间变化，会自动计算变形
⑦	顶点组	将形态键的影响范围限定在指定顶点组内
⑧	相对于	默认以“基型”为变形参考，也可指定其它形态键
⑨	相对（与绝对）	默认以基型为变形参考，亦可指定其它形态键
⑩	其它按钮	锁定：在物体模式下固定显示此键效果； 编辑模式：进入编辑模式时不默认应用此键的最大值； 清除：重置此键影响（将值归零）

• 返回物体模式后，可分别调节“键 1”和“键 2”的值来混合变形与旋转效果。

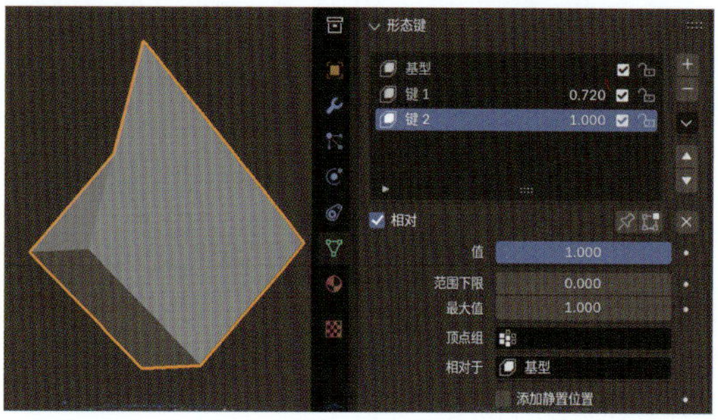

图 3-6-13　两个形态键混合分别带来各自的特征

* 注：不要在形态键中添加或删除顶点。形态键通过记录每个顶点相对于基型的位置偏移来存储变形数据。创建形态键后若增删顶点，会导致顶点索引错乱，破坏已有的变形效果。

课后实践

1. 模式切换与选择

创建一个立方体并进入编辑模式。练习在顶点、边、面三种选择模式间快速切换。使用框选、刷选、随机选择等多种工具（结合透视或线框模式），分别选中模型顶部所有的顶点、模型垂直方向所有的边、模型侧面所有的面。

2. 创建简单模型

从一个平面开始，通过一系列的挤出（E 键）、缩放（S 键）、移动（G 键）操作，将其逐步塑造成一个简单的“十字形”或“T 形”三维结构。然后，对其中的一个端面使用“内插面”工具，并尝试将内插出的新面向内挤压后挤出新的厚度。最后选中模型所有边缘，对其添加倒角。

3. 形态键初体验

创建一个猴头物体。为其添加一个形态键，并进入编辑模式，通过移动顶点塑造一个“微笑”的表情。通过形态键的数值滑块，观察表情在“中性”和“微笑”之间的平滑过渡。

4. 创建你自己的低多边形（Low-Poly）角色

任务：发挥创意，设计并制作一个风格化的低多边形生物或角色（如小怪兽、机器人、火柴人）。

• 整体面数控制在 500 个面以内（尽量保证四边面、循环边）。需包含明显的头部、躯干、四肢、眼睛等特征。

• 运用顶点组功能，为“足部”分别创建独立的顶点组，并用置换修改器调用顶点组来调整足部的大小。

• 为其创建两个副本：复制两个角色，站在原角色对面，一个修改为“打招呼”姿势，另一个修改为“走路”姿势。

第 4 章

纹理与材质

本章学习目标：

- 学习纹理用法、UV相关知识，掌握基础UV贴图流程。
- 学习材质编辑器和节点系统，并通过“PBR案例”融会贯通。
- 学会用技术来搞艺术，既像工程师一样尊重流程参数，又像艺术家一样追求效果，开始具备数字艺术生产的工程化思维。

本章学习重点：

- 纹理导入与UV处理：用图像编辑器查看纹理，用UV编辑器展开网格，完成贴图映射。
- 节点与材质编辑：掌握着色器编辑器、材质面板与节点视图的基本操作。学习常用节点的结构、分类、功能和连接方法。
- PBR材质实践：学习PBR材质的结构，并掌握一套PBR流程配置方法。

本章学习难点：

- Blender的纹理、UV和材质需要用到三个独立编辑器和属性编辑器。所以整个操作流程较为割裂和繁琐，也不利于学习。
- 节点式材质对于初学者来说颇为抽象、较难理解；可以先记住一套用法，在今后的使用中慢慢地理解。

4.1 ▸ 初识纹理

材质（Material）是指在 3D 软件中模拟现实物体表面颜色和质感。

纹理（Texture）是通过预制图像或软件算法生成的图案，用于为材质添加表面颜色（如木纹、大理石、皮肤等），增强渲染的真实感。同时，纹理也可以作为材质中其它质感通道的数值来源（如光泽、凹凸、透明等），模拟表面质感变化、起伏凹凸和定义哪些部分透明等。

材质与纹理的结合将模型从平淡无奇的几何体渲染为具有各种真实质感的物体。例如，石头表面首先需要一个高粗糙度的材质，然后通过石纹纹理表现石头的颜色，之后通过加入凹凸纹理和置换纹理来创造石头表面的起伏。

4.1.1 添加纹理图像

（1）图像编辑器的构成

图像编辑器是 Blender 中查看和编辑图像纹理的编辑器，其主要构成如表 4-1-1。任何一个区块的编辑器都可以切换为图像编辑器（图 4-1-1）。它有三种主要功能：

- 导入、查看外部纹理和内置纹理（包括渲染结果图像）。
- 新建空纹理或 UV 栅格图。
- 绘制纹理图像和遮罩图像。

图 4-1-1 图像编辑器的构成

表4-1-1　图像编辑器的构成

图中编号	名称	解释
①	编辑器类型切换、编辑模式切换	将任何一个编辑器切换到图像编辑器，有视图模式、绘制模式、遮罩模式
②	菜单栏	收纳图像编辑器的各种视图与编辑命令
③	当前图像操作栏	切换、新建、打开和删除图像纹理
④	操控器与叠加层	图像编辑器下的显示操控器和显示叠加层
⑤	视图操控器与侧栏	放大、平移视图按钮，按展开按钮显示侧栏（N键）

表4-1-2　新建图像面板的构成

图中编号	名称	解释
①	名称	输入新图像的名称
②、③	宽度、高度	新图像宽和高的像素数
④	颜色	如果是空白图像，那么为其填充一个颜色
⑤	Alpha开关	新的图像是否有Alpha通道
⑥	生成类型	空白：单色图； UV栅格图：用来查看UV的方格图； 彩色栅格图：带颜色和刻度的UV方格图

（2）新建纹理图像

在图像编辑器中，点击当前图像操作栏中的“新建”后，弹出创建一个新图像面板（图4-1-2）。可选择创建一张“空白”图像或UV栅格图。其主要构成，如表4-1-2。

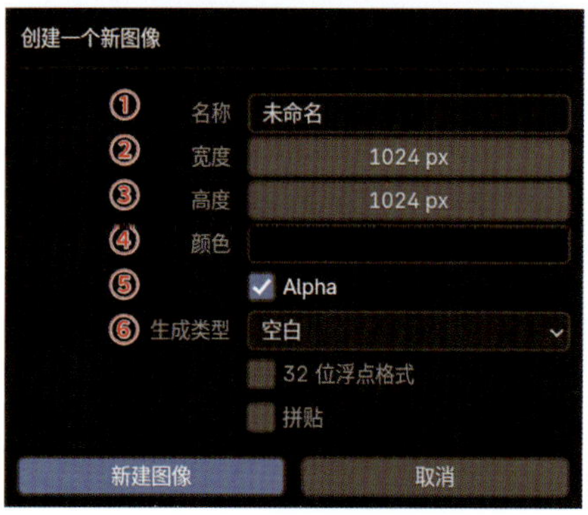

图 4-1-2　新建图像面板

（3）导入外部图像

在图像编辑器中，点击当前图像操作栏中的“打开”按钮后，弹出文件视图，选中并载入一张外部纹理图像（图 4-1-3）。

（4）导入外部图像作为视图参考

• 在 3D 视图中按 Shift+A，在“添加物体”菜单中选择“图像”中的“参考”。

图 4-1-3　图像编辑器载入纹理后的显示状态

• 由于导入的参考物体平面默认和当前视图平面对齐，所以在导入前，首先要确认视图平面的位置。一般切换到一个标准视图（如正视图或顶视图），再导入作为建模参考。

• 创建后自动打开，并通过文件视图选取需要导入的外部图像。

• 该图像将作为“参考”物体出现在 3D 视图中（图 4-1-4 左）。参考物体实质上是带有图像显示功能的空物体，不会被最终渲染，主要用于建模或其它创作时的图像参考。

图 4-1-4 空物体 3D 视图参考（左）、外部纹理网格平面（右）

（5）导入外部图像作为网格平面

• 在 3D 视图中按 Shift+A，在“添加物体”菜单中选择“图像”中的“网格平面”。

• 创建后自动打开并通过文件视图选取需要导入的外部图像。

• 此时会生成一个带有该纹理的平面网格物体（图 4-1-4 右）。按 Z 键切换至“材质预览”模式即可查看纹理效果。该平面属于标准网格物体，可正常编辑并参与最终渲染。

• 导入“网格平面”图像可以作为单次导入带纹理的网格平面的标准做法。

（6）导入外部图像作为标准视图背景

• 首先切换到标准视图，按 Shift+A，在“添加物体”菜单中选择“图像”中的“背景”。这样就会为当前标准视图添加一个背景参考。

• 可以分别切换且为每个标准视图都添加一张对应的标准视图图纸，例如在右视图中添加一张“侧视图”，然后按 Ctrl+Alt+Q 切换到四格视图，这样可以进行多向图纸参考建模（图 4-1-5）。当然，需要提前绘制好标准图纸，并裁剪好保存为图像。

4.1.2 纹理映射

纹理映射（又称 UV 映射）是将 3D 模型网格展开成 2D 平面网格，然后进行纹理贴图的技术。其中“U”代表 2D 网格的横向坐标轴，“V”代表 2D 网格的纵向坐标轴。只有经过正确 UV 映射的模型，才能确保纹理精准贴合表面（图 4-1-6）。如果物体没有 UV 映射，那么它在贴图后大概率会产生纹理混乱和拼接错误（图 4-1-7）。

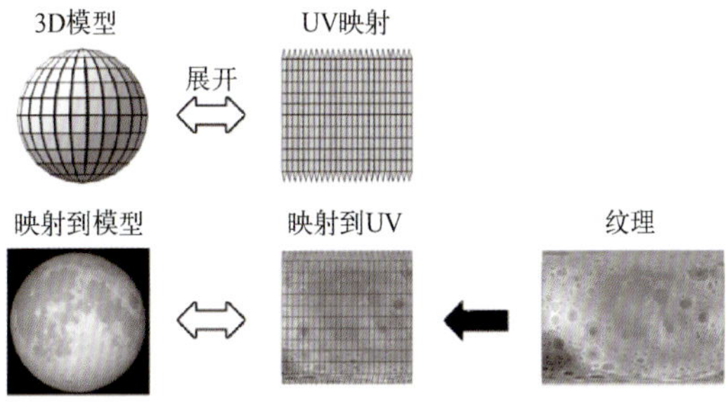

图 4-1-6 UV 映射与纹理贴图

图 4-1-7 无纹理映射（左）、具有纹理映射（右）

（1）UV 映射

UV 映射是通过展开模型 UV，可让纹理精准地包裹模型表面的技术。在 Blender 中，UV 贴图作为数据存储在网格物体的数据块中，

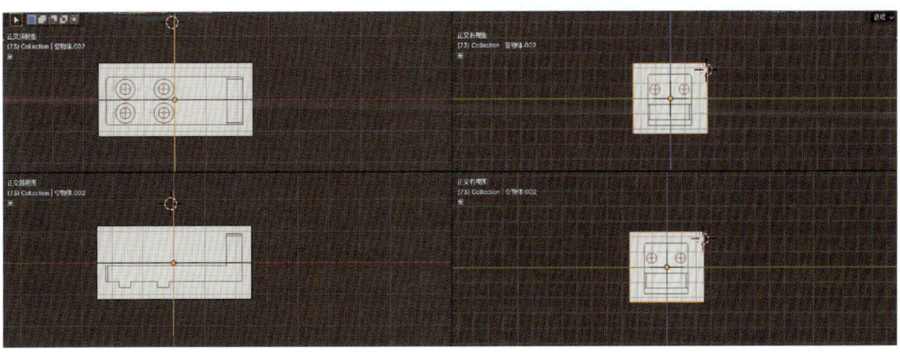

图 4-1-5 导入外部图像作为标准视图背景

一个网格物体支持多套UV映射。UV映射有多种方式：

· 自动UV映射：软件自动处理，仅对规则几何体有较好适配。

· 手动UV映射：又称“UV展开”，手动为模型添加缝合边并展开、调整UV，适用于处理复杂的模型，如人体、动物、汽车等。

· 选择UV映射方式：可以挑选内置的几种映射方式，如方盒、圆柱、球体等。

（2）UV 展开

UV展开（手动UV映射）是将3D物体表面“剪开”并平铺到2D坐标系的过程（图4-1-8）。展开后可使用UV进行纹理绘制，最终通过材质将纹理贴回3D模型表面。

图 4-1-8　UV展开示意图

4.1.3　纹理通道

（1）R通道、G通道、B通道

RGB图分别包含红、绿、蓝三个颜色信息通道，将三色通道混合成“RGB通道”呈现彩色图像（图4-1-9）。在Blender中，这三个通道分别支持独立使用和编辑。此外，RGB图可能包含一个额外的Alpha通道来存储透明信息。

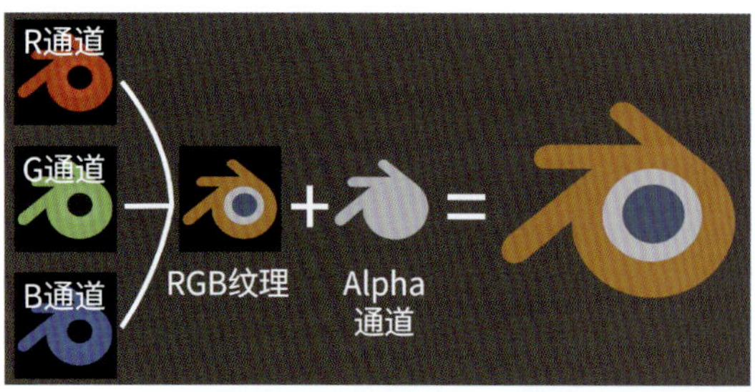

图 4-1-9　纹理通道示意图

（2）Alpha 通道

Alpha通道（又称透明度通道）将RGB图扩展为RGBA图，用于存储每个像素的透明度信息。该通道可使图像实现透明或半透明效果（图4-1-10）。

图 4-1-10　Alpha 通道的透明效果

（3）非彩色（黑白）通道

RGB图可转换为单色黑白图，也有仅包含黑白通道的图像。其黑白灰范围可数值化（0～1）后被材质的Alpha、凹凸、光泽度等通道引用，控制这些值的强度。

4.1.4　程序化纹理

（1）程序化纹理简介

程序化纹理是通过不同算法程序生成的随机纹理，具有无接缝、无限大的特性（图4-1-11）。其优势在于通过调整算法参数即可产生无尽变化的纹理效果。其用途多种多样，可以作为一般纹理被任何材质通道或修改器（如置换修改器）引用。

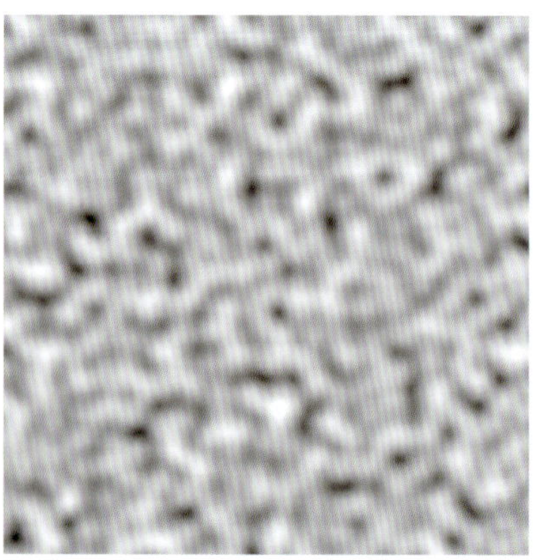

图 4-1-11　程序化噪波纹理

（2）在属性编辑器中添加

在如图 4-1-12 所示的属性编辑器的纹理面板中的“类型”下拉菜单中可选择并添加程序化纹理。添加后的程序化纹理可被物体的修改器（如置换修改器）直接调用。

*注：只有此面板的纹理可以被当前物体修改器引用，材质节点中的不行。此面板也可以导入外部纹理图像，被修改器引用。

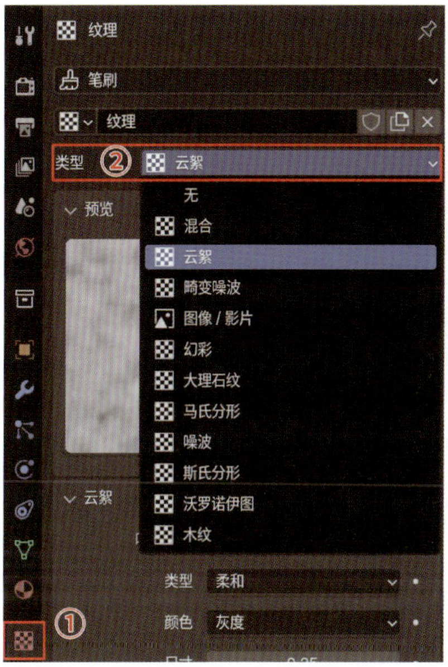

图 4-1-12 纹理面板中“类型”下拉菜单

（3）在着色器编辑器中添加

在着色器编辑器节点视图中，按 Shift+A，在“添加”菜单中选择“纹理”可添加一系列程序化纹理节点（图 4-1-13）。

*注：此类纹理节点仅能在着色器编辑器中被其它节点引用。

图 4-1-13 着色器编辑器中添加程序化纹理

4.2 ▸ 使用UV编辑器展开模型

UV 编辑器是专门查看、编辑 UV 映射的界面，可通过切换编辑器类型随时从其它编辑器区块更改。其功能包括：

• UV 查看：只有模型带有 UV 时，才能在 UV 编辑器中查看。

• UV 展开：将 3D 表面网格展开到 2D UV 网格。

• UV 点、线编辑：操作 UV 网格中的点和线，其编辑方式与网格物体的编辑方式相同。在 UV 框中调节顶点的位置，解决 UV 拉伸造成的纹理变形问题。

• UV 孤岛布局、排列：调整 UV 孤岛（UV islands）的排布与比例，解决重叠问题。

4.2.1 UV贴图栏

不是所有网格物体都有 UV，如果没有 UV 的网格物体，需要在 UV 贴图栏中添加一个 UV 才能进行创建和编辑。UV 贴图栏还可以为物体增加 UV 数量，一个网格物体可以有多套 UV，在材质中可以选择使用哪套 UV 来表现物体。

（1）UV 贴图栏的位置

选择任意网格物体后，在属性编辑器的数据面板中，可以找到 UV 贴图栏。

（2）UV 贴图栏的构成与使用

• 如图 4-2-1 ①为 UV 贴图槽，当前 UV 数量和名称排列在贴图槽中，双击 UV 名称可以进行修改。

• 如图 4-2-1 ②为添加 / 删除按钮，添加一个新 UV 槽或删除当前 UV 槽。

图 4-2-1 属性编辑器数据面板的 UV 贴图栏

*注：UV 名称中不能有中文才能确保导出的模型 UV 可以被所有外部软件兼容；此外，某些软件可能对 UV 命名格式有要求，需要具体研究。

4.2.2 UV编辑器的构成

（1）UV 编辑器的主要部分

• 编辑器菜单栏：列出所有的工具和选项。

• UV 视图区：进入拥有 UV 的网格模型的编辑模式后，选择部分网格，显示所选网格的 2D UV 网格，可在此编辑 UV 孤岛和 UV 网格。

• 工具侧栏（N 键）：提供当前工具的额外操作选项。

（2）UV 编辑器的构成

UV 编辑器的界面，如图 4-2-2；其主要构成，如表 4-2-1。

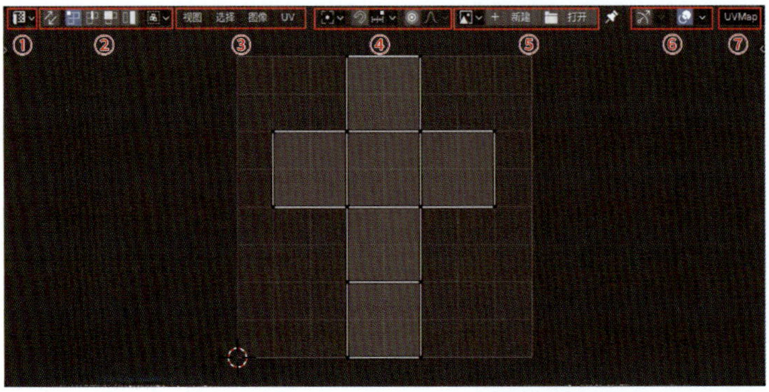

图 4-2-2　UV 编辑器的构成

表4-2-1　UV编辑器的构成

图中编号	名称	解释
①	编辑器类型切换	将任何一个编辑器切换到UV编辑器
②	UV选择模式切换	UV选区同步：指是否在UV编辑器中仅显示3D视图中选中的网格物体面，关闭后始终显示全部网格物体；选择模式（顶点、边、面、孤岛）
③	菜单区	收纳所有显示选项与命令工具
④	轴心、吸附与衰减	与3D视图中同类工具用法相同。分别用于设置变换轴心点、变换元素时吸附到其它元素和对元素进行衰减变换
⑤	当前纹理切换栏	切换、新建、打开一张纹理，显示在UV视图
⑥	显示设置	显示操控器与叠加层，同3D视图同名工具
⑦	活动UV贴图层	在多套UV贴图之间切换

案例实践 4-1：UV 展开操作

案例4-1步骤　　案例4-1视频

4.3 ▸ 使用着色器编辑器制作材质

4.3.1 着色器与材质

在计算机图形学中，着色器（Shader）是一种运行在 GPU 上的程序，用于在渲染 3D 图形时计算物体表面的光照、颜色和明暗效果——这一过程称为着色（Shading）。

Blender 中，着色器编辑器（Shader Editor）是创建和编辑材质的操作面板，它利用预设着色器节点和各类通道、运算节点来制作材质，最后通过输出节点将制作好的材质输出到渲染引擎计算物体表面着色。

Blender 的 Cycles 和 EEVEE 渲染引擎采用同一套节点化着色器系统，这些节点是基于 OpenGL 着色语言（GLSL）或 Open Shading Language（OSL）封装的可视化着色器脚本，只需将它们按照简单易懂的逻辑添加和连接，即可直观地制作自定义材质。

• 由于 EEVEE 渲染器的原理限制，部分高级效果（如体积散射、次表面散射等）在 EEVEE 中的效果可能与 Cycles 不同，但是节点连接方式相同。

• EEVEE 和 Cycles 的着色器节点大部分通用，但由于 OSL 语言仅用于 Cycles，有的节点不支持在 EEVEE 中使用。无需担心的是切换到 EEVEE 后，仅用于 Cycles 的节点不会出现在添加节点菜单中，但现有的非支持节点会显示为“红框”并失效。

4.3.2 属性编辑器中的材质面板

创建一个新的 Blender 文件，选择默认场景中的立方体，可以在属性编辑器中找到材质面板。

其包含三个主要部分：材质槽（图 4-3-1 ①）、当前材质操作栏（图 4-3-1 ②）、材质面板（图 4-3-1 ③）。

图 4-3-1 材质面板的构成

（1）材质面板的构成

1）材质槽——在物体模式下

可创建、删除、复制或清空材质（图 4-3-2），属于物体层面的宏观操作。

图 4-3-2 材质槽——物体模式下

*注：在物体模式下可以添加、删除材质，而在编辑模式下可以指定材质。

2）材质槽——在网格编辑模式下

可为网格元素指定不同材质，此时材质槽面板会自动切换模式，显示相关功能的按钮（图 4-3-3）。

图 4-3-3 材质槽——网络编辑模式下

• “指定”按钮：将当前材质槽中的所选材质指定到当前选中的网格元素。

• “选择”按钮：选中所有使用当前所选材质的网格元素。

• “弃选”按钮：将所有使用当前所选材质的网格元素从当前已选择的网格元素中剔除。

3）当前材质操作栏（材质槽下方）

• 切换材质（左侧按钮下拉菜单）：选择场景中现有的材质，将其设置为当前材质。

• 重命名（名称栏）：双击名称，修改当前材质名称。

• 添加伪用户（盾牌图标）：防止材质被自动清理。

• 新材质（复制图标）：将当前材质复制为独立的副本，取消关联使其可以单独编辑。

• 断开关联（× 按钮）：从当前材质槽移除当前材质的引用。

*注：断开关联的材质作为数据块不会被立刻彻底删除，它们被保存在文件中，依然可以被其它材质槽引用。没有被任何材质槽引用的材质，在关闭软件或使用“数据块清理”手动清理

冗余数据块时才会被彻底删除。被设置成伪用户的材质，会永久保留。

4）材质面板

如图 4-3-1 ③，从上到下介绍各栏。

• 预览：显示当前材质的预览，可切换预览类型（物体）。

• 表（曲）面：配置当前材质的着色器参数（如默认的"原理化 BSDF"）。

• 体积、置换、厚度：设置材质中同名通道的参数。

• 设置：调整当前材质的渲染通用设置，这些设置在"着色器编辑器"的侧栏（N 键）的最后一页也可找到。可以宏观地调整当前材质的选项，不受节点影响。

• 线条画：与描边（卡通渲染的艺术线条）功能相关。

• 视图显示：这些设置可控制 3D 视图在"实体"着色方式时的显示效果。也就是用材质来区分 3D 视图中的物体。在 3D 视图右上角的"视图着色方式"下拉菜单中的"颜色"栏中切换为"材质"。

（2）为网格物体添加和删除材质

1）给没有材质的物体添加材质

• 在物体模式下选中目标网格物体。

• 在材质面板右侧点击"+"按钮，新建材质槽。

• 在材质面板的当前材质操作栏点击"新建"按钮，自动创建一个默认材质（原理化 BSDF）并指定给物体的全部元素。

2）给已有材质的物体添加新材质

• 在材质属性面板右侧点击"+"按钮添加新材质槽。

• 在材质栏下方点击"新建"按钮（或选择一个现有材质），新材质不会自动分配给任何元素，需进入编辑模式，选择网格元素后按下"指定"按钮。

3）为选中的网格元素指定材质

• 进入网格物体编辑模式，按 3 键切换到面选择模式。

• 先选择需要被指定材质的面，在材质槽中切换到想要的材质后，点击"指定"按钮将当前选择的材质指定给选中的面（图 4-3-4 ② 粉红色部分）。

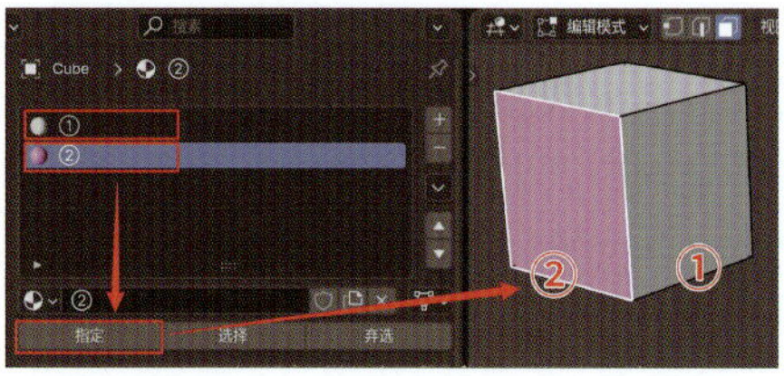

图 4-3-4　为选中的网格面指定材质

4）移除材质

• 清除材质关联（点击"×"按钮）：仅移除当前材质槽的材质引用，保留空槽。

• 删除材质槽（点击"–"按钮）：完全移除材质槽及其关联材质。若存在其它可用材质槽和材质，软件会自动将"前一个可用材质槽"指定给失去材质的面。

4.3.3　着色器编辑器的构成

着色器编辑器是用于创建、编辑节点化材质的操作平台。它是一个编辑器，所以可从任何区块的编辑器切换而来。

（1）着色器编辑器的主要构成

• 编辑器菜单栏（图 4-3-5 ①）：列出所有的工具和选项。

• 节点视图（图 4-3-5 ②）：在此对材质进行可视节点化编辑。

• 侧栏（图 4-3-5 ③）：提供节点、工具、视图以及选项四页面板，对应不同功能。

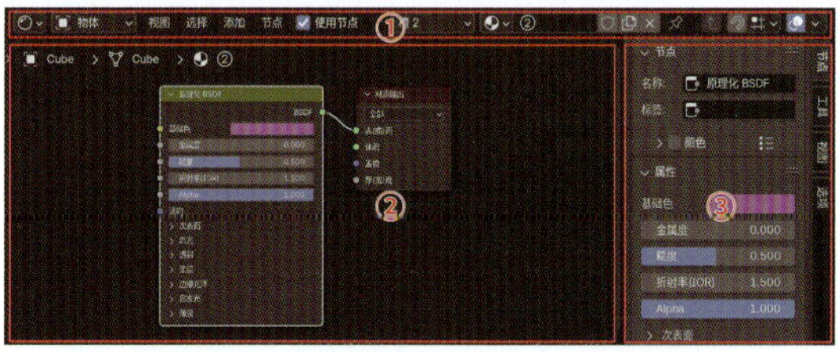

图 4-3-5　着色器编辑器的主要构成

（2）着色器编辑器的分项构成

着色器编辑器界面，如图 4-3-6；其主要构成，如表 4-3-1。

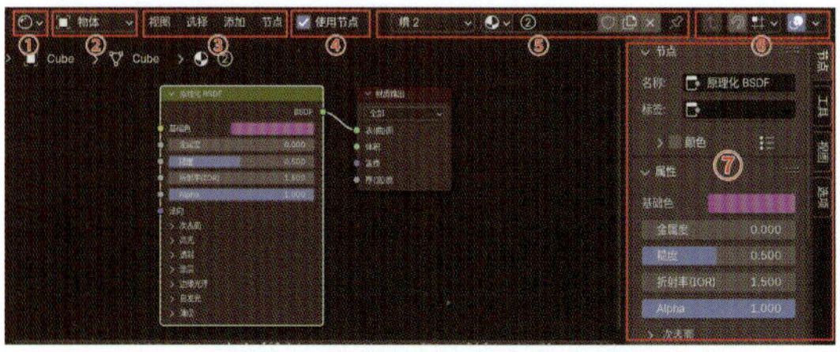

图 4-3-6　着色器编辑器分项构成

表4-3-1 着色器编辑器分项构成

图中编号	名称	解释
①	编辑器类型切换	可将任意编辑器切换为着色器编辑器
②	切换着色器类型	在物体模式、世界环境模式和线条样式模式之间切换，每种模式对应独立的节点页面和节点
③	菜单区	容纳所有可视化选项与节点编辑命令
④	使用节点	控制当前着色器节点系统的启用、禁用状态
⑤	当前材质操作栏	提供当前材质切换、新建材质等功能，与属性编辑器中材质面板的同名栏相同
⑥	吸附与显示	开启节点吸附功能及节点视图叠加层设置
⑦	侧栏（N键）	节点页：选中节点时显示其全部可调参数； 工具页：当前激活工具的详细设置项； 视图页：节点视图的显示信息； 选项页：与属性编辑器材质面板中同名栏相同

4.3.4 着色器节点的操作

（1）操控节点视图

• 平移视图：按住鼠标中键拖动。

• 缩放视图：滚动鼠标滚轮或按住 Ctrl+鼠标中键上下拖动。

• 聚焦所选：选中节点后按“.Del”键使节点居中显示。

• 显示全部：按 Home 键显示所有节点。

（2）选择节点

• 单击选择：左键 / 右键单击选择单个节点。

• 多选操作：Shift+ 左键单击添加 / 移除选择。

• 框选操作：按住左键 / 右键拖动框选多个节点。

• 全选节点：按 A 键选择所有节点，按 Alt+A 取消所有选择。

• 反选节点：按 Ctrl+I 反向选择。

（3）移动与复制节点

• 拖动移动：用鼠标左键拖动选中节点。

• 快捷键移动：选中节点后，按 G 键移动鼠标。

• 精确移动：移动时按住 Ctrl 键以 1 单位为间隔吸附。

• 复制并移动：按 Shift+D 复制并移动，单击鼠标左键确认，右键取消。

（4）添加与删除节点

1）添加节点

• Shift+A 打开“添加”菜单后选择节点类型。

• 按 F3 键调出搜索框，搜索节点名称后选择并添加。

2）删除节点

• 直接删除：选中节点按 X 键。

• 保留前后连接并删除选中节点：按 Ctrl+X 删除节点，但保持它输入、输出的已有连接（图 4-3-7），前提是被删除的节点的之前节点和之后可节点已被连接。

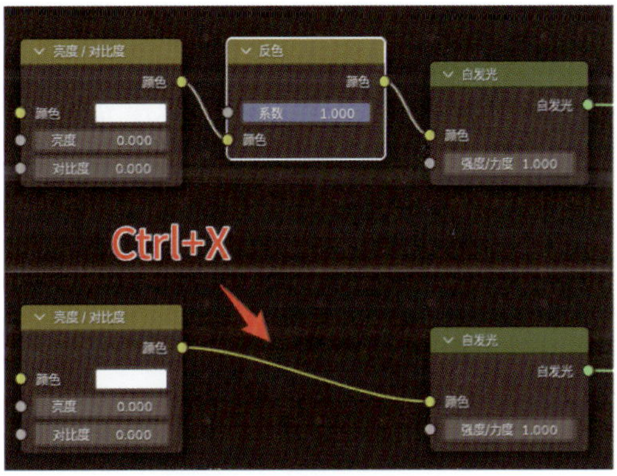

图 4-3-7 删除并重连节点

（5）连接与断开节点

1）连接节点

• 手动连接：将鼠标悬停在节点的输出接口上，按住鼠标左键拖出连线至目标节点的输入接口，松开左键完成连接。

＊注：如果节点之间的连线是白色，此连线有效；如果节点之间的连线是红色，说明该连线无效，原因是输入、输出接口的数据类型不匹配。

· 快捷键连接：选中两个节点后按 F 键，会根据输入、输出逻辑自动连接。

* 注：自动连接仅适用于数据类型匹配的节点接口，如果没有数据类型匹配的接口，自动连接不会生效。

2）断开连接节点

· 拖离接口：光标对准输入或输出接口处按住鼠标左键拖动，将连线拖离接口，移至空白处松开即可断开连接。

· 划刀断线：按住 Ctrl+ 右键切换为刀形光标，在连接线上划过即可断开连接。

· 拖动节点：按住 Alt 键拖动有连线的单个或多个节点，可断开其所有连接。

3）屏蔽连接

按住 Ctrl+Alt+ 右键不松开，将光标划过连线，连线会变为红色且中间有一个“竖线”（图 4-3-8），此时，该连线之前的所有节点将被停用。再次重复相同的操作可启用连接。

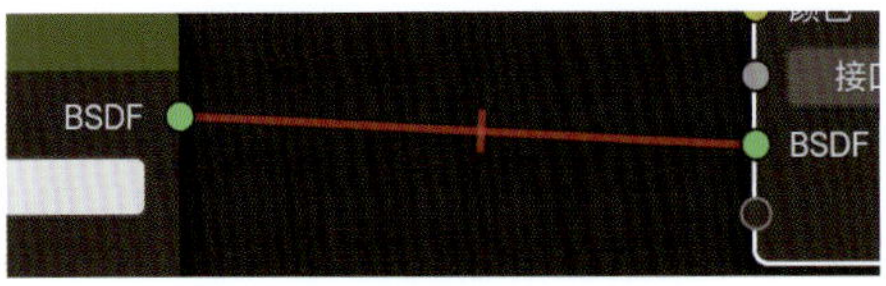

图 4-3-8 暂时屏蔽连接

（6）节点组的操作

节点组用于封装和复用一套建立好的节点，它们可以在同一个文件中被重复调用，也可以在不同“.blend”文件之间相互调用。

1）创建节点组

· 从现有节点创建：多选要组合的节点后按 Ctrl+G 创建组（图 4-3-9）。

· 添加已有的节点组：按 Shift+A →“添加”菜单→“群组”→“<节点组名称>”。

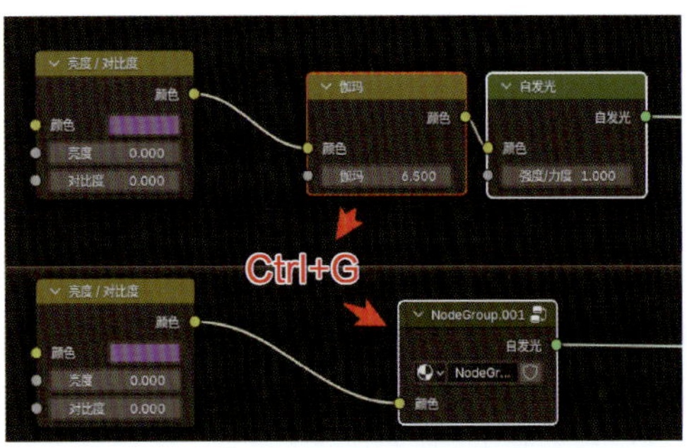

图 4-3-9 将两个节点打包成节点组

2）编辑节点组

· 进入节点组编辑：选择一个节点组后，按 Tab 键或单击节点组右上角“展开”按钮进入组内编辑模式，此时外部顶点组会消失，并多出一个“组输入”“组输出”节点。

· 退出节点组编辑：在节点组内按 Tab 键退回上一层，或单击着色器编辑器右上角的“返回”按钮（向上箭头）。

3）管理节点组的输入、输出接口

节点组与节点类似，有自己的输入、输出接口，用于组内、组外数据交流；但不同的是，节点组的输入、输出接口由组内的“组输入”和“组输出”节点决定。

· 按 Tab 键进入节点组内部找到一个“组输入”和一个“组输出”节点。

· 按 N 调出侧栏第一页“群组”，找到群组接口栏，可以添加、删除接口和更改接口的类型（图 4-3-10）。

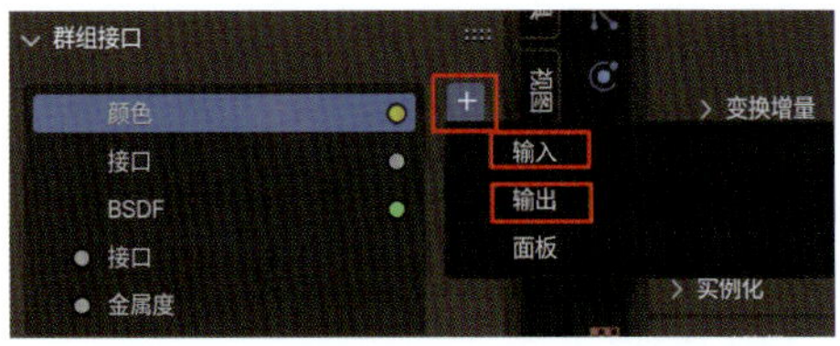

图 4-3-10 为节点组添加输入、输出接口

· 查看“组输入”和“组输出”，查看新增的接口（图 4-3-11）。同时，新增的组内接口也会显示在节点组自身的输入、输出接口处。

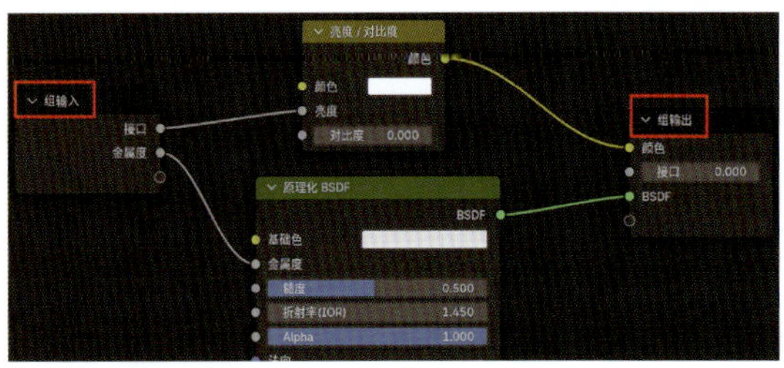

图 4-3-11 “组输入”“组输出”节点

4）节点组嵌套

节点组可以包含其它节点组，这种相互包含的关系称为节点组嵌套。

5）调用其它文件节点组

· 执行“文件”菜单中的“追加”，打开文件视图后找到一个包含顶点组的“.blend”文件。

· 进入该“.blend”文件后，找到“NodeTree”文件夹，列出此文件中所有的顶点组，选中后单击“追加”导入场景中。

· 导入后在节点视图执行 Shift+A →“添加”菜单→“群组”→“< 节点组名称 >”。

（7）其它节点操作

· 屏蔽节点：选择一个或多个节点后，按 M 键暂时禁用（图 4-3-12 左），屏蔽后节点变灰，但不影响它连接的其它节点。屏蔽一个节点后，会跳过它的影响向后计算其它节点。主要用于在编辑材质时快速开关某个节点，直观对比效果。

· 折叠节点：按 H 键收起该节点所有选项（图 4-3-12 右上），变为一个仅有标题和接口的小块节点，节省节点视图的空间。

· 折叠节点并隐藏未连接接口：按 Ctrl+H（图 4-3-12 右下），收起该节点所有选项的同时，隐藏除了已连接接口以外的所有接口。

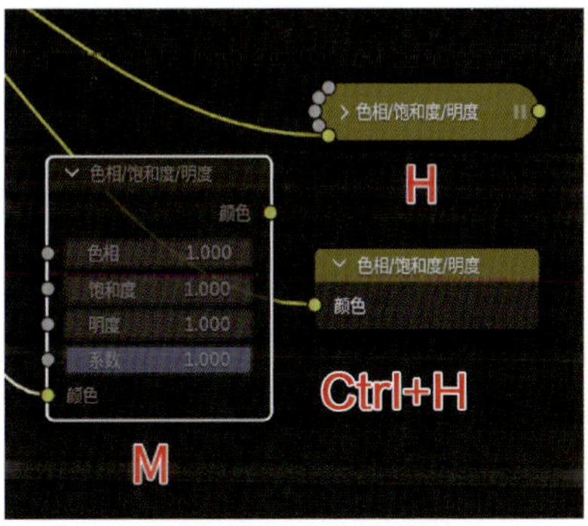

图 4-3-12 屏蔽和折叠节点

4.4 ▸ 着色器编辑器的节点

4.4.1 节点的结构

节点是着色器编辑器中最基本的单元，每个节点由三个主要部分组成：节点标题栏、节点属性栏、输入和输出接口。

（1）节点标题栏

节点标题栏位于每个节点的顶部，显示节点的名称和折叠按钮。

以“原理化 BSDF”节点为例，点击标题栏最左侧的小箭头，可将节点内容折叠到标题栏（图 4-4-1），等同于按 H 键。

* 注：节点的标题栏同时也具有显示节点类型的作用，不同的节点类型用不同的颜色表示，熟悉后可通过颜色立刻区分节点类型。

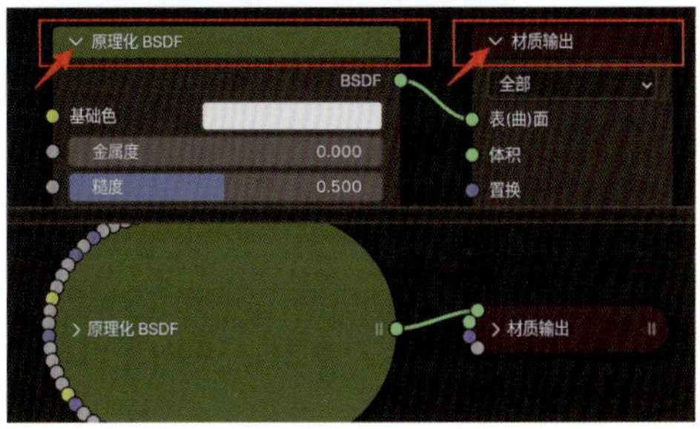

图 4-4-1 节点的标题栏和折叠按钮

（2）节点属性栏

节点属性栏位于标题栏下方，包含节点属性参数设置，以及滑块、按钮、输入框、下拉菜单等交互控件。不同节点类型有不同的属性参数，例如“RGB 曲线”节点（图 4-4-2）：提供曲线编辑窗口、曲线控制点类型、颜色通道等参数，通过修改这些参数改变节点输出效果。

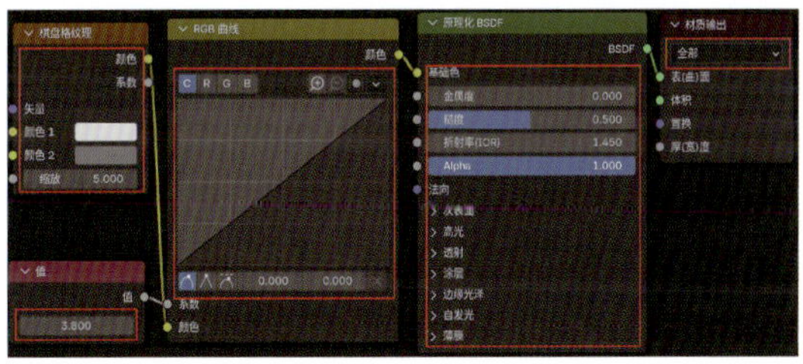

图 4-4-2 不同节点的属性区

（3）输入接口、输出接口

1）输入接口

输入接口位于节点左侧，用于接收数据输入。不同颜色的圆点表示不同数据类型。部分节点（如“值”节点）仅有输出接口。

2）输出接口

输出接口位于节点右侧的圆点，负责输出由节点处理后的数据，其颜色反映数据类型。部分节点，如“材质输出”节点，没有输出接口。

3）接口颜色与数据类型

接口的颜色代表不同数据类型（表 4-4-1），掌握后可直观找到相同数据接口连接（图 4-4-3）。

* 注：光标悬停在接口上可显示完整的数据类型名称。

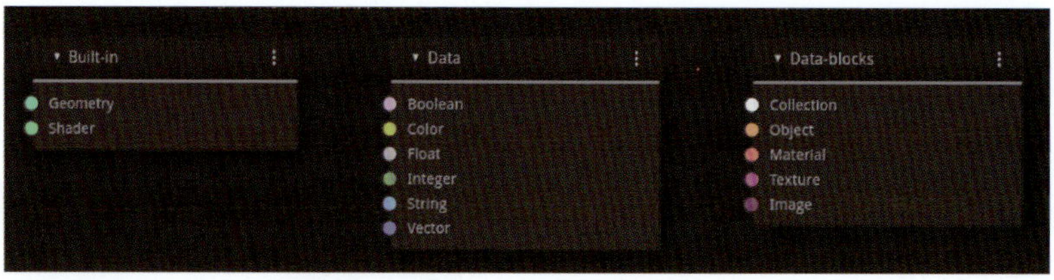

图 4-4-3　接口颜色与对应的数据类型

表4-4-1　接口的数据类型及颜色描述

接口颜色	数据类型	作用
亮粉色	布尔值（Boolean）	传递“真/假”值，简单来说就是“是/否”
黄色	颜色（Color）	RGB颜色信息，所有彩色输入、输出均用此项
灰色	浮点值（Float）	输入、输出浮点值；它可以是浮点数值，也可以是灰度图像像素存储的浮点值组
石灰绿	整数（Integer）	输入、输出：整数值
浅蓝色	字符串（String）	输入、输出：文本字符串（一段文字）
蓝紫色	矢量（Vector）	输入、输出：向量、坐标和法向
橙色	物体（Object）	传递一个物体数据块，用于引用物体对象
粉红色	纹理（Texture）	传递一个纹理数据块，用于引用纹理对象
杏红色	材质（Material）	传递一个材质数据块，用于引用材质对象

4.4.2　节点的连接方式

（1）单输入单输出

最基本的节点连接方式，通过单一节点连线将一个节点的输出接口与另一个节点的输入接口相连，实现数据的单向传输（图 4-4-4）。

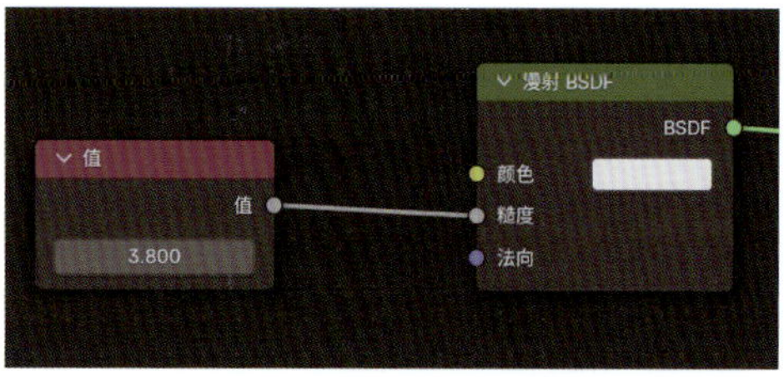

图 4-4-4　单输入单输出

（2）多输入单输出

允许目标节点接收来自多个节点的数据输入，将不同数据类型的数据输入单一节点（图 4-4-5）。

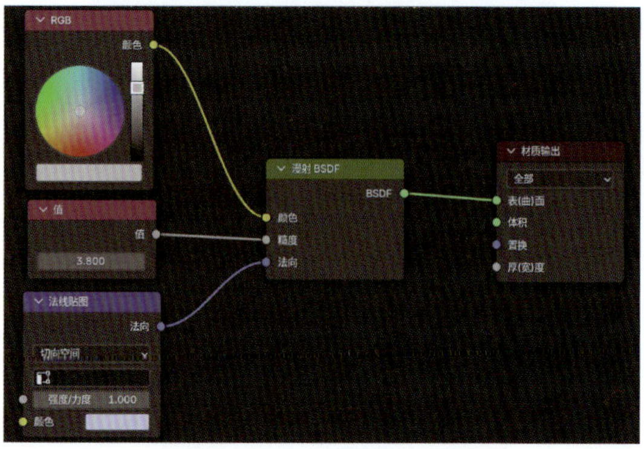

图 4-4-5　多输入单输出

（3）单输入多输出

允许单一节点的输出数据同时输出至多个节点（图 4-4-6），实现数据的多路复用。

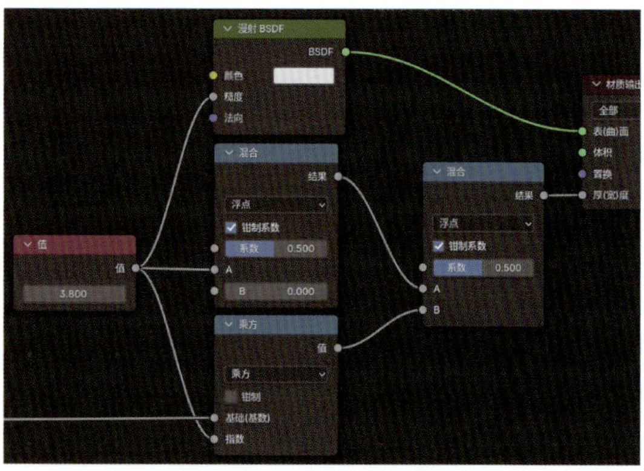

图 4-4-6　单输入多输出

4.4.3 常用着色器节点介绍

（1）输入类节点

作为节点序列的数据源头，输入类节点仅有输出端口，提供“生成数据”或“引用数据”供其它节点引用。以下是几个常用输入节点（图 4-4-7）。

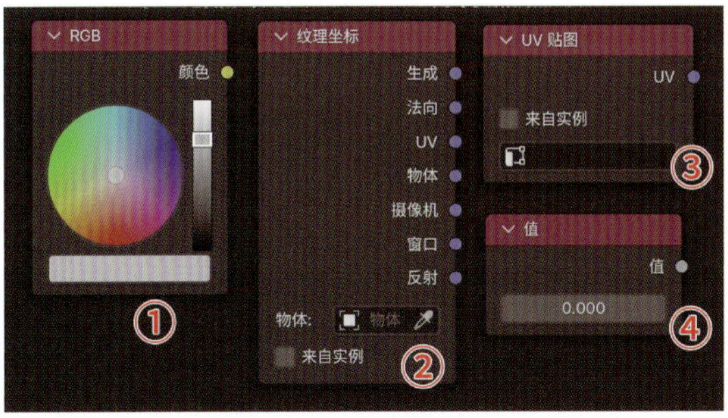

图 4-4-7　输入类节点节选

1）RGB 节点（图 4-4-7 ①）

通过颜色选择器生成自定义 RGB 颜色值，作为 RGB 值的来源。

2）纹理坐标节点（图 4-4-7 ②）

提供多种纹理坐标映射方式（物体、世界、UV 等），控制纹理在网格表面的定位与方向。可以将矢量坐标输入给其它矢量运算节点或将任意纹理节点作为 UV 坐标使用。

3）UV 贴图节点（图 4-4-7 ③）

选择并调用网格 UV 数据块（展开的 UV），输出给纹理节点映射纹理。

4）值节点（图 4-4-7 ④）

输出浮点值，给运算节点运算或用于控制其它节点的强度、混合比例等浮点数值。

（2）输出类节点

材质输出节点（图 4-4-8）处于节点网络的末端，负责将整个节点系统处理好的材质结果输入渲染器，渲染时可随时调用来计算材质表面的质感。

* 注：任何着色器节点网格最终必须连至该节点的“表（曲面）”接口，才能在渲染中生效。如果一个材质在渲染中呈现黑色，可以检查此问题是否存在。

图 4-4-8　材质输出节点

（3）着色器类节点

着色器类节点是材质系统的核心，决定物体表面最终呈现的颜色和质感。下面介绍常用的着色器节点（图 4-4-9）。

1）漫射 BSDF 节点（图 4-4-9 ①）

采用朗伯特（Lambertian）漫反射模型，模拟光线均匀散射的效果，适用于表现无光泽的粗糙表面材质，如粗布、混凝土、纸张等。

• 颜色输入：控制表面的基础颜色，可以输入纹理或 RGB 颜色。

• 粗糙度：数值越大，表面越粗糙，反射光越分散，但不产生光泽。

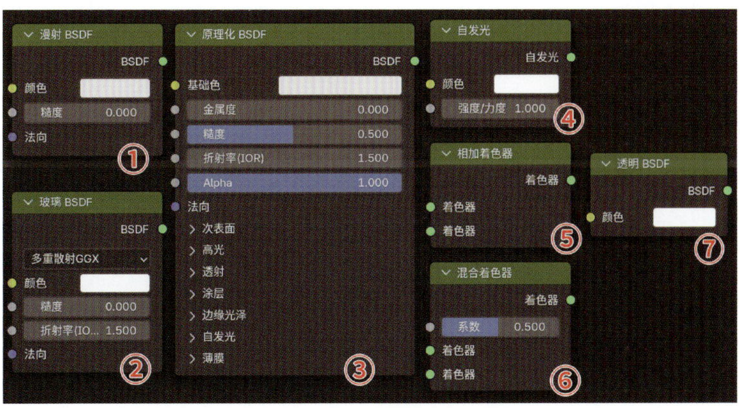

图 4-4-9　着色器类节点节选

• 法向：将“法线贴图”或“凹凸”节点输入，产生表面凹凸。

2）玻璃 BSDF 节点（图 4-4-9 ②）

基于光学原理模拟玻璃、水晶、液体等透明物体的折射与反射效果（图 4-4-10）。

图 4-4-10　不同折射率的透明玻璃

• 颜色：控制玻璃的透射光颜色（如彩色玻璃）。

• 粗糙度：数值越大，表面越模糊（磨砂玻璃效果），0 为完全光滑。

• IOR（折射率）：定义材质的折射效果程度（空气≈1.0，水≈1.33，玻璃=1.5～1.8，钻石≈2.4）。

• 法向：将“法线贴图”或“凹凸”节点输入，产生表面凹凸。

注：若要正确渲染出玻璃或水晶类材质的折射焦散效果，需要在“属性编辑器”→“渲染”→“光程”→“焦散”中开启折射（仅限 Cycles）。

3）原理化 BSDF 节点（图 4-4-9 ③）

原理化 BSDF（Principled BSDF）是高度集成化的核心着色器节点，通过预设好的、高度精准的物理参数统一控制材质的光学特性，可有效模拟绝大多数材质（图 4-4-11）。是 Cycles、EEVEE 渲染器中最强大、最通用的着色器节点，需要优先学习。

图 4-4-11　原理化 BSDF 可用来制作几乎所有类型的材质

• 基础色：控制表面的基础颜色，可以输入纹理或 RGB 颜色。

• 次表面散射：模拟光线在材质内部的散射（如皮肤、蜡、玉石）。过度使用次表面散射会显著增加渲染时间。

• 次表面颜色：次表面散射光的颜色（如肉的血色或玉石的青色）。

• 金属度：0 为非金属（如塑料），1 为纯金属（如不锈钢）。

• 高光：调整非金属材质的反射强度（默认 0.5）。

• 粗糙度：表面光滑度（0 为镜面，1 为完全粗糙）。

• 透射：模拟透明材质的透光性（如玻璃，需配合折射率使用）。

• 透射粗糙度：磨砂透明效果（如毛玻璃）。

• 折射率（IOR）：定义材质的折射效果，从而改变材料。

• 清漆：在表面质感之上额外添加一层透明涂层（如汽车漆）。

• 各向异性：模拟拉丝金属或 CD 表面的方向性高光，可设置方向。

• 法向：将“法线贴图”或“凹凸”节点输入，产生表面凹凸。

注：以上全部通道均支持颜色（RGB 或黑白）、纹理贴图或程序化纹理输入。

4）自发光节点（图 4-4-9 ④）

使物体产生发光效果，照亮周围环境，常用于模拟光源、屏幕等发光物体。

• 颜色：控制自发光的颜色（可输入纹理）。

• 强度：数值越大，发光越亮。

5）相加着色器节点（图 4-4-9 ⑤）

将两个着色器的输出结果进行相加运算，用于组合不同的材质效果，增强或叠加特定材质效果。例如，将自发光着色器与漫射 BSDF 着色器的数据输出到相加着色器（图 4-4-12），可使物体在具有漫反射材质外观的同时还能自发光。

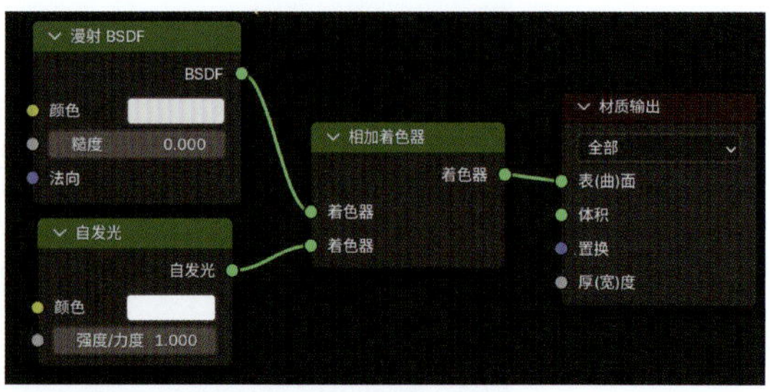

图 4-4-12　使用相加着色器组合两个材质

6）混合着色器节点（图 4-4-9 ⑥）

在两个着色器之间进行线性混合，常用于创建材质渐变、融合不同材质区域等（图 4-4-13）。

图 4-4-13　使用混合着色器混合两个材质

比如在制作一个从金属过渡到塑料的材质时，将金属材质的原理化 BSDF 节点与塑料材质的原理化 BSDF 节点连接到混合着色器的两个输入接口，通过调节系数值控制混合比例（图 4-4-14）。

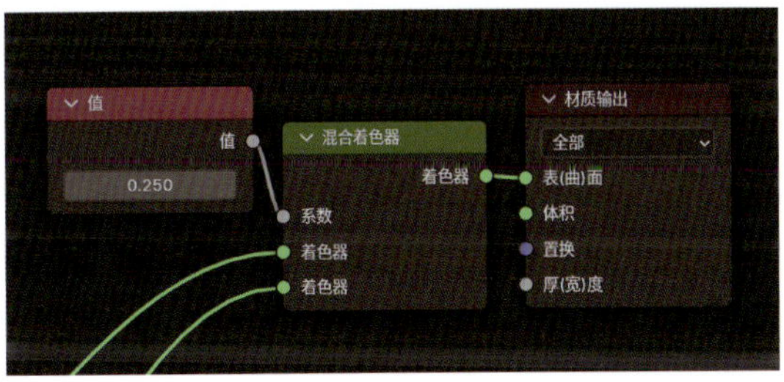

图 4-4-14　混合着色器节点连接方式

根据“系数”值（0 ～ 1）调整两个着色器的影响占比，组合成一个新着色器。系数 = 0，完全显示第一个着色器。系数 =0.5，两者各占 50%。系数 =1，完全显示第二个着色器。支持通过纹理或渐变驱动系数值，实现局部材质混合（如金属上的锈迹）。

7）透明 BSDF 节点（图 4-4-9 ⑦）

模拟可被光线穿透的透明体效果，可以被 Alpha 通道图控制透明度。

• 颜色：仅用于调整透射光的色调（默认白色 = 透明白，红色 = 透明体变红）。

• 一般配合混合着色器使用。例如将“漫射BSDF”节点和“透明BSDF”节点输入“混合着色器”中，用 Alpha 通道或黑白贴图控制混合值（如树叶贴图的 Alpha 通道）输出到“混合着色器”的“系数”接口中。这样就能做出透明物体，例如树叶、孔洞、破损等效果（图 4-4-15）。

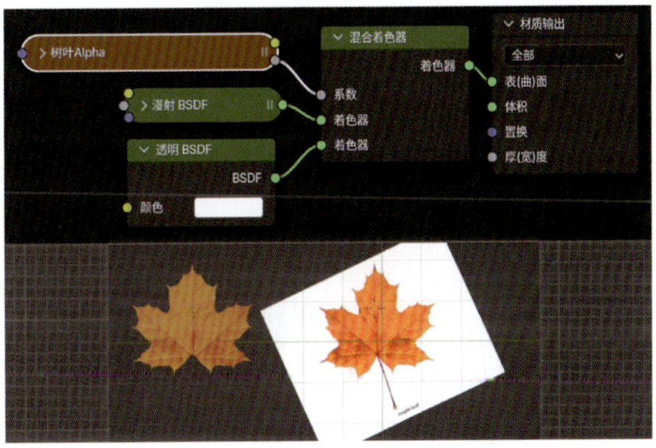

图 4-4-15　透明 BSDF 节点和混合着色器制作镂空树叶

（4）纹理类节点

纹理类节点用于生成或加载各种纹理图案，为材质定义表面颜色或增添细节与变化。下面介绍常用的纹理类节点（图 4-4-16）。

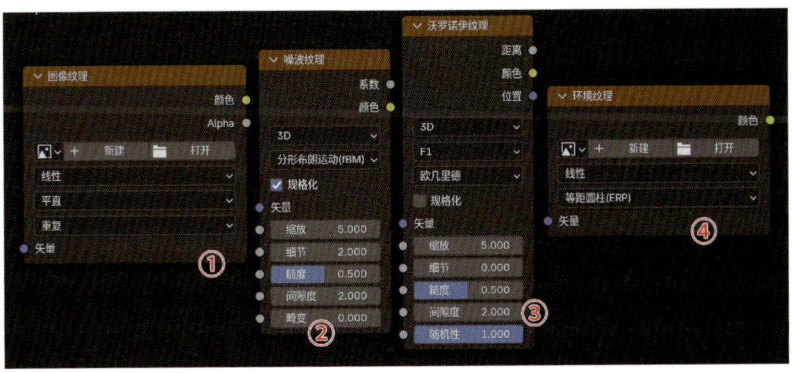

图 4-4-16　纹理类节点节选

1）图像纹理节点（图 4-4-16 ①）

支持导入外部图像文件（如 JPG、PNG 等格式）作为表面纹理，常用于创建基于真实照片的材质效果，如木纹、金属锈迹等。

• 纹理插值：当需要对纹理图像进行放大或缩小时，选择一种为纹理像素之间进行像素插值的方法，影响纹理的渲染效果。

• 纹理映射方式：提供四种映射方式，将纹理映射到未拆分 UV 的物体上（图 4-4-17）。具体使用时需要切换来尝试哪种映射方式合适，然后配合“纹理坐标”节点在“图像纹理”节点之前进行矢量调节。

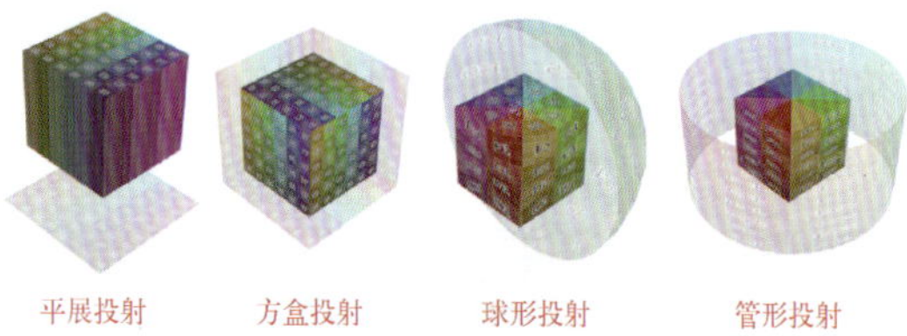

图 4-4-17　四种纹理映射方式

• 超出原始边界的图像外插方式：有四种处理纹理边界的方式。重复：在水平和垂直方向上重复图像。扩展：将纹理拉伸并覆盖物体。裁剪：剪切到原始图像大小，并将所有外部像素设置为透明的黑色。镜像：水平或垂直翻转图像。

• 图像来源：提供了各种不同的图像来源类型。单张图像：单个静态图像。图像序列：按帧数命名的一系列图像，可作为动画播放。影片：视频文件。

• 色彩空间：RGB（颜色贴图）、非颜色（法线、粗糙度等数据贴图）等。

• Alpha：几种不同的模式，只影响节点的 Alpha 输出接口。一般默认即可。

2）噪波纹理节点（图 4-4-16 ②）

通过算法生成随机噪波图案，可调节尺寸、粗糙度等参数。输出到光泽、凹凸、金属度等通道上，用于添加随机化的表面细节（图 4-4-18）。

3）沃罗诺伊纹理节点（图 4-4-16 ③）

基于沃罗诺伊图算法生成蜂窝状或碎裂状程序纹理，通过控制细胞大小和分布，生成独特的蜂窝状或碎裂状图案（图 4-4-19），可模拟鳞片、龟裂等特殊表面效果。

图 4-4-18　噪波纹理

图 4-4-19　沃罗诺伊纹理

4）环境纹理节点（图 4-4-16 ④）

用于加载 HDR、EXR 全景贴图，主要用于环境光照、反射或折射背景的模拟。为物体提供真实的环境光照和反射信息。

（5）颜色校正类节点

颜色类节点对颜色数据进行处理和调整，改变其它节点输入的 RGB 颜色的属性和纹理颜色的外观。下面如图 4-4-20，介绍常用的颜色类节点。

1）伽马节点（图 4-4-20 ①）

用于调整纹理的伽马（Gamma）值，从而控制颜色的明暗对比和中间调分布以补偿显示差异。常用于确保贴图色彩的明暗还原，修复失真。

默认值 1.0：不改变输入颜色。伽马值 > 1.0：提亮中间调，修复暗沉贴图。伽马值 < 1.0：压暗中间调，抑制过曝区域。

2）亮度 / 对比度节点（图 4-4-20 ②）

通过“亮度”参数控制颜色的明暗，“对比度”参数调节颜色的明暗差异度。

• 提高亮度：提亮整体颜色。降低亮度：压暗过曝区域（高光抑制）。

• 高对比度：强化明暗差异，突出细节。低对比度：弱化明暗，增加灰度。

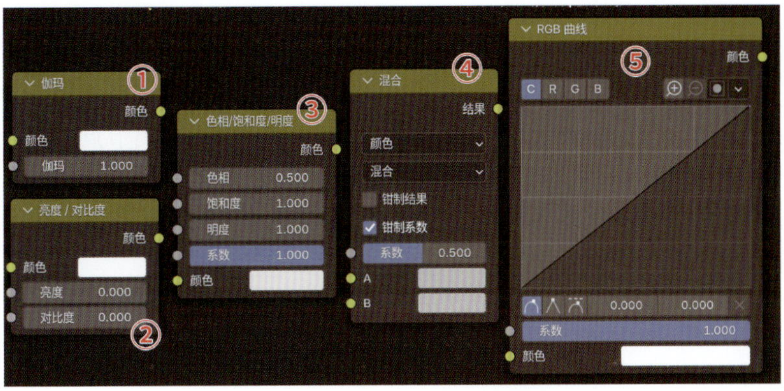

图 4-4-20　颜色类节点节选❶

3）色相 / 饱和度 / 明度节点（图 4-4-20③）

提供色相、饱和度、明度三通道（HSV）独立调节。

• 色相：沿色相环旋转颜色，改变基础色调（叠加一个新色相进行覆盖）。

• 饱和度：控制颜色鲜艳程度（0= 灰阶，1= 原始，＞ 1= 过饱和）。

• 明度：调整亮度（0= 纯黑，1= 原始，＞ 1= 更亮），修复曝光问题。

4）混合节点（图 4-4-20④）

它提供十几种颜色混合模式，可以像 Photoshop 一样将两种颜色或纹理输入节点，通过“系数”参数控制混合比例，进行混合后输出。

5）RGB 曲线节点（图 4-4-20⑤）

支持 RGB 通道或亮度值的曲线编辑，通过添加控制点实现曲线梯度调色。可精确调整颜色或贴图的整体样貌，也可对 R 通道、G 通道、B 通道进行单通道调节。

（6）矢量类节点

矢量类节点用于处理矢量数据（坐标、向量），可控制纹理映射的位置 / 旋转、矢量位移方向、表面法向等。下面介绍常用的矢量类节点（图 4-4-21）。

1）凹凸节点（图 4-4-21①）

通过灰度图中包含的数值在物体表面模拟凹凸效果，而不影响实际几何表面。将纹理（如噪波纹理）连接至“高度”输入接口，输出“法向”至材质节点的“法线”接口。

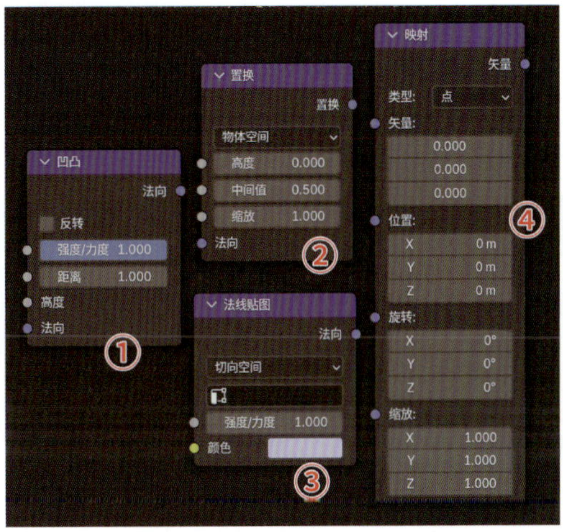

图 4-4-21　矢量类节点节选

• 强度：控制凹凸强度（0= 黑，1= 白）。

• 距离：缩放纹理色阶。

• 高度：定义凹凸的整体偏移，整体变高或整体变低。

• 法向：可接入法线贴图输入凹凸节点，将两者的凹凸合并后输出。

2）置换节点（图 4-4-21②）

通过灰度图中包含的数值在网格物体表面产生真实的表面起伏（改变模型）。将非彩色贴图（如噪波纹理）输入“高度”接口，将“置换”数据输出至“材质输出”节点的“置换”接口。特别适合创建地形、石头等需要真实几何变形的物体。

• 高度：连接“非彩色”灰度图（白色凸起，黑色凹陷）。

❶ 中文版 Blender 软件界面的“伽玛”应为“伽马”。

• 中间值：定义置换凹凸的基准数值（0~1），例如默认的中间值为 0.5。当一个点高度数值大于 0.5，模型越外凸；当一个点高度数值小于 0.5，模型越内凹。高度数值通常由纹理输入。

• 缩放：控制整体变形强度，叠加在“高度”与“中间值”之后。

3）法线贴图节点（图 4-4-21 ③）

通过法线贴图改变材质表面的法向，以较低计算成本模拟近似高模细节。

用法：将法线贴图载入“图像纹理”节点中，色彩空间设为“非色彩”以提供正确的结果；将图像纹理节点的“颜色”输入法线贴图节点的“颜色”接口中；最后将法线贴图节点的“法向”输入着色器节点的“矢量”接口中（图 4-4-22）。

图 4-4-22　法线贴图节点的连法

4）映射节点（图 4-4-21 ④）

通过调整“矢量”输入的变换参数（位置、旋转、缩放），控制纹理在物体表面的映射方式。常用于瓷砖纹理等需要精确调整纹理映射位置，以精确对齐纹理的场景。

• 矢量：要变换的矢量对象类型，有点、纹理、矢量、法向四种类型。

• 位置、旋转、缩放：矢量数据在 X、Y、Z 轴上的变换。

• 映射节点需要放置在“UV 映射”类节点和“纹理贴图”类节点中间；将 UV 数据输入映射节点进行矢量变换后，输出到纹理贴图节点的矢量数据中，影响纹理映射方式。

* 注：一般情况下，都尽可能养成在纹理节点前插入一个映射节点的习惯。

（7）转换器类节点

用于转换数据类型或对数据进行运算后输出数据。下面介绍常用的转换器类节点（图 4-4-23）。

1）颜色渐变节点（图 4-4-23 ①）

创建方向性映射数值为颜色渐变，输出带有方向性数值变化的颜色。常用于处理其它节点输出的强度值、粗糙度等数值，也可以处理纹理贴图。生成平滑的颜色过渡或平滑的数值变化，输出为“颜色”。

2）分离颜色与合并颜色节点（图 4-4-23 ②）

“分离颜色”节点将 RGB 颜色分解为独立的红、绿、蓝通道，“合并颜色”节点则将三个通道重新组合为 RGB 颜色。

适用于需要对颜色通道进行单独调整的场景，如对纹理的绿色通道进行精细亮度调整后，混合回 RGB 颜色，改变颜色的外观；也可以将某通道作为数据输出到某个节点使用。

3）运算节点（图 4-4-23 ③）

提供数学运算功能，通过选择一个运算符对一个或两个输入数值（根据运算符的不同）进行运算，输出结果可用于控制其它节点属性或作为条件判断依据。属于高级节点，适用于给节点系统加入自动判断和自动赋值的场景。

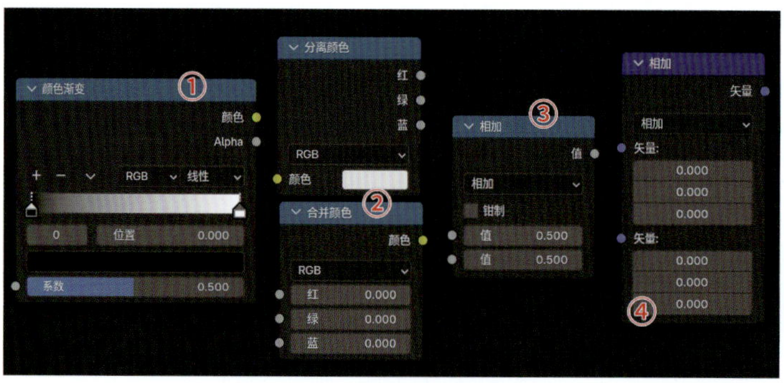

图 4-4-23　转换器节点节选

4）矢量运算节点（图 4-4-23 ④）

对矢量数据进行数学运算，改变矢量方向，常用于调整纹理坐标或创建特定表面效果。

4.5 PBR材质

4.5.1 PBR材质知识

（1）PBR 材质的概念

PBR（Physically Based Rendering），是一种基于物理原理精确描述材质表面特性的着色技术，能够确保材质在不同光照环境下呈现逼真的效果（图 4-5-1）。目前，绝大多数先进游戏引擎和 3D 工具都支持 PBR 材质，被认为是最高效、通用、稳妥的技术，被广泛熟知和应用。

图 4-5-1　PBR 材质效果

（2）PBR 材质的特性

• 真实材质表现：解决了由于算法落后（很多着色器是十几年前开发的），对物体表面只能做近似猜测带来的失真和表现力低下的问题。

• 强环境通用性：PBR 材质可无缝适配不同的 3D 工具、光照系统与渲染引擎，确保同一套资产在不同场景甚至不同软件中保持视觉一致性，大幅减少重复适配、调整工作。

• 标准化工作流：作为行业通用规范，PBR 使不同艺术家能遵循同一套参数体系，保证团队协作时作品风格统一、技术标准统一。

（3）为什么要优先掌握 PBR 材质

• 简单易学：记住一套固定的材质知识与节点配置套路即可掌握。

• 资源众多：网络上已经有了非常丰富的 PBR 贴图资源，它们多数是免费的。

• 一通百通：掌握一套 PBR 材质的配置方法，即可入门 Blender 的材质工作流。

4.5.2 PBR材质的结构

（1）PBR 材质结构

PBR 在 Blender 中是一套固定结构，因为它们都使用一个着色器节点，也就是“原理化 BSDF”。首先要理解 PBR 材质通道的构成（图 4-5-2），最终效果就是由各类通道输出影响和相互影响，叠加成无穷无尽的材质结果，可以满足绝大多数材质的要求。通道可以是颜色、颜色渐变、位图纹理或程序化纹理。

＊注：在 Blender 中，除了“原理化 BSDF”方法之外，PBR 流程也有不同的构建方式，因其它构建方式过于繁琐和复杂，最终也只能达到“原理化 BSDF”方式的类似效果，所以本书仅讲解“原理化 BSDF”方式。

（2）PBR 纹理贴图通道类型介绍

PBR 材质通道（图 4-5-2 黄色部分）（图 4-5-2 蓝色部分）。不同通道对应不同数据类型。支持纹理输入替代纯数值数据：彩色纹理输出 RGB 值、灰度纹理输出浮点值、法线纹理输出矢量值。

下面按图 4-5-2 从上到下的通道顺序，依次简单介绍每个通道。

① 颜色（反照率 Albedo）：定义材质的固有颜色，即无光照影响时的颜色（图 4-5-3）。

• 颜色贴图是 RGB 图像纹理，也可以是 RGBA 图像纹理（带有 Alpha 透明通道）。

• 环境光遮蔽贴图（AO 贴图）用于模拟模型表面因环境光遮挡而产生的自然阴影效果。该贴图通过加深模型缝隙、凹陷等区域，增强真实感（图 4-5-4）。

• 如果有环境光遮蔽贴图，使用“混合颜色”节点将颜色贴图与环境光遮蔽贴图相乘（正片叠底），一同输入着色器节点的颜色通道中。

② 金属度（Metallic）：控制材质是否（或部分）为金属（0= 非金属，1= 金属）。

• 金属度：非彩色图（灰度图），用来控制哪些部分是金属，哪些不是金属，以及强度（图 4-5-5）。

③ 高光（Specular）：决定表面高光质感的强度和颜色。

＊注：高光在传统渲染流程中很常见，但在新的 PBR 标准中已被金属度、粗糙度体系取代。

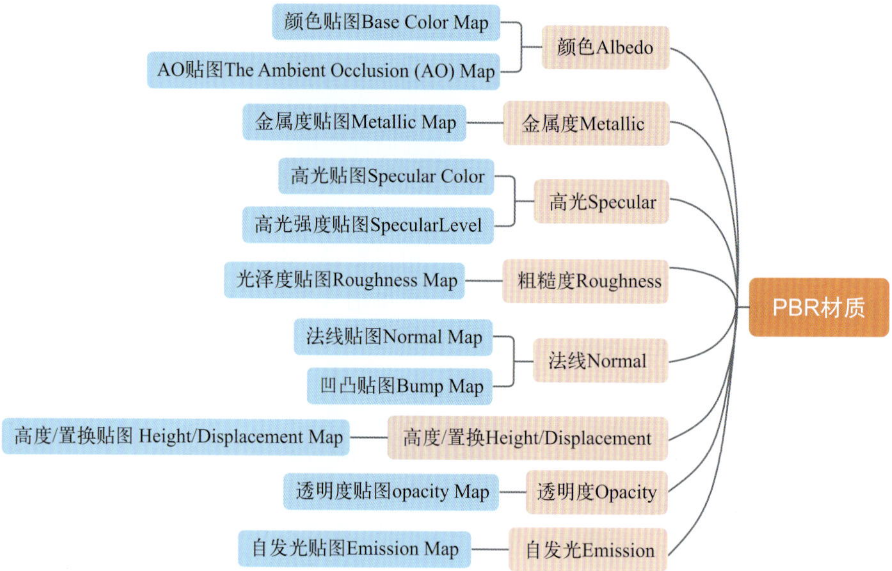

图 4-5-2　PBR 材质通道结构图

图 4-5-3　颜色（反照率 Albedo）

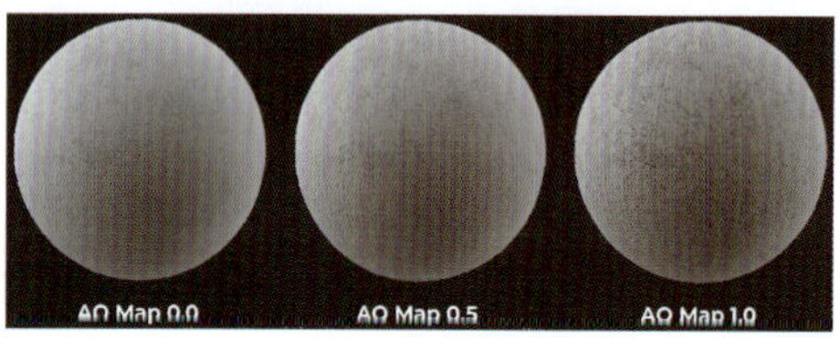

图 4-5-4　AO 贴图

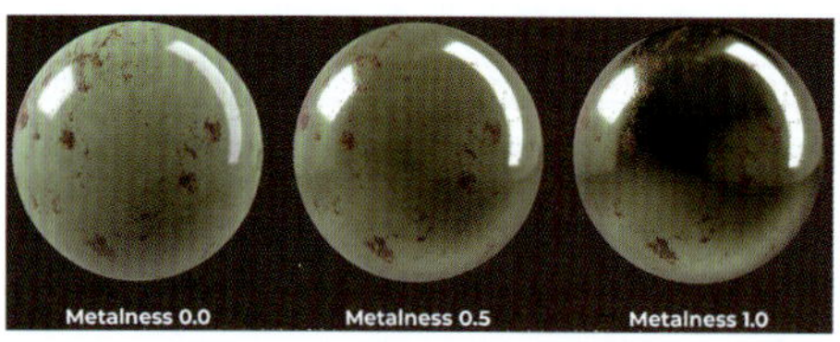

图 4-5-5　金属度（Metallic）

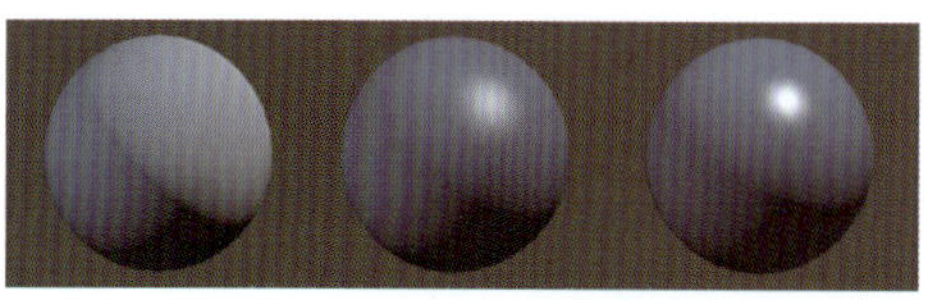

图 4-5-6　高光（Specular）

• 高光贴图：是 RGB 贴图，决定了光线照射到表面时高光的颜色。

• 高光强度：非彩色图决定表面的高光强度与分布（图 4-5-6）。

④ 粗糙度（Roughness）：控制表面光滑度（0= 镜面反射，1= 完全漫反射）。

• 强度 / 力度：非彩色图（白色 = 粗糙，黑色 = 光滑）控制粗糙程度（图 4-5-7）。

⑤ 法线（Normal）、凹凸（Bump）：通过法线与凹凸贴图改变局部法向，来模拟微观凹凸细节（图 4-5-8）。这两种凹凸方式是“伪”凹凸，不改变模型本身。

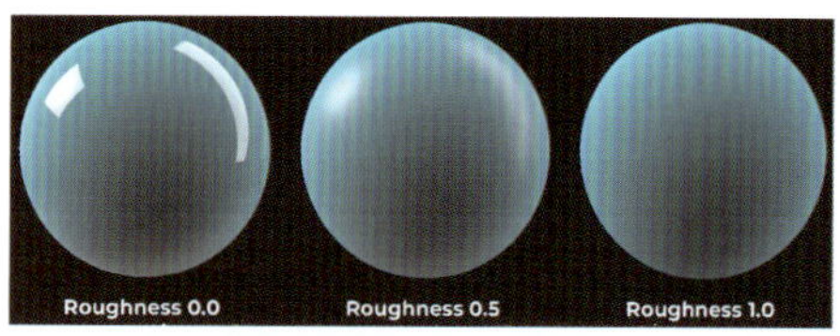

图 4-5-7　粗糙度（Roughness）

• 以 RGB 格式存储不同方向上的法线偏移数值，将其以非彩色图输入“法线贴图”节点后输入材质（而非直接输入）。

• 凹凸贴图为非彩色图，输入“凹凸”节点输出到着色器节点。

• 一般将“凹凸贴图”作为矢量信息输入给“法线贴图”节点，将它们的矢量信息混合输出给着色器。

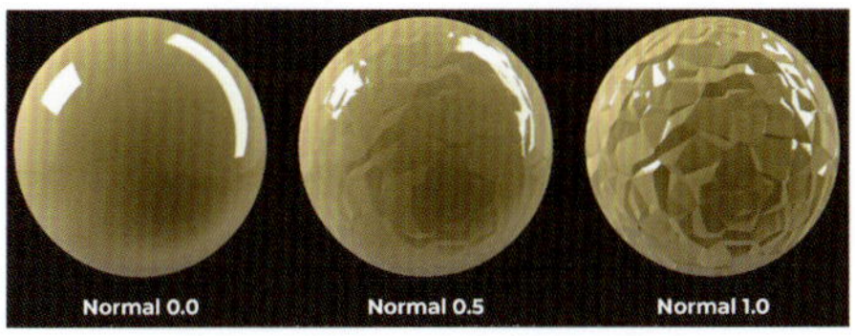

图 4-5-8　法线（Normal）贴图

⑥ 置换（Displacement）与高度（Height）：可用于在材质上创建真实的凹凸，实际位移对象的顶点（直接影响模型）。

• 置换贴图是用于增强 3D 模型表面细节的非彩色贴图（图 4-5-9），它们能通过调整顶点位置来真实改变模型的几何形状，而不仅仅是模拟光影效果（如凹凸、法线贴图）。

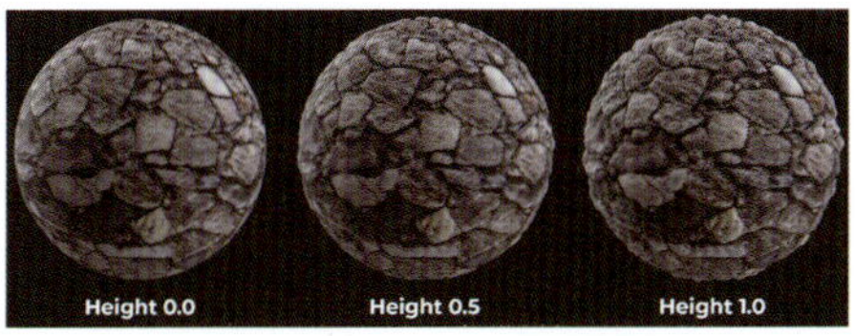

图 4-5-9　置换（Displacement）贴图与高度（Height）

• 高度贴图作为置换贴图的补充，来二次定义置换强度。

* 注：优秀的置换贴图是 16 位深的灰度图（无 RGB 通道），一般被存储为 .tif 或 .exr 格式。

⑦ 透明度（Opacity）：定义了表面哪些地方不透明，哪些地方透明（图 4-5-10）。

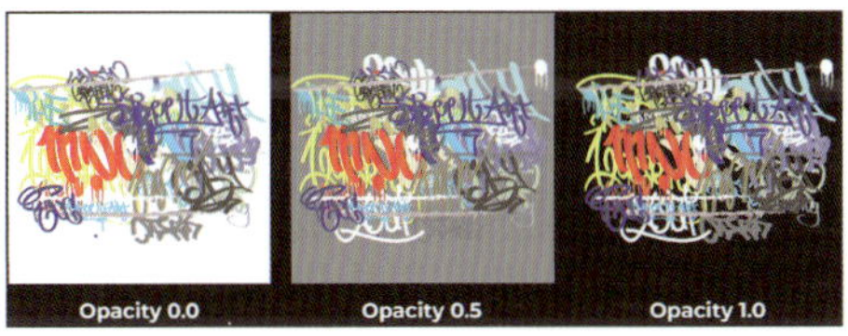

图 4-5-10　透明（Opacity）贴图（背景色为黑色时）

• 可以使用 Alpha 通道来定义透明，也可以使用非彩色颜色通道来定义。

⑧ 自发光（Emission）：定义了哪些部分发光。

• 自发光贴图能够赋予材质表面（或部分表面）发光特性。这类 RGB 贴图特别适合表现 LED 灯、霓虹灯等发光元素（图 4-5-11）。

• 自发光颜色：使用 RGB 颜色图改变发光色。

• 强度 / 力度：使用非彩色图定义发光强度。

* 注：虽然理论上可用作场景照明，但其效果远不如传统光源系统精确可控。

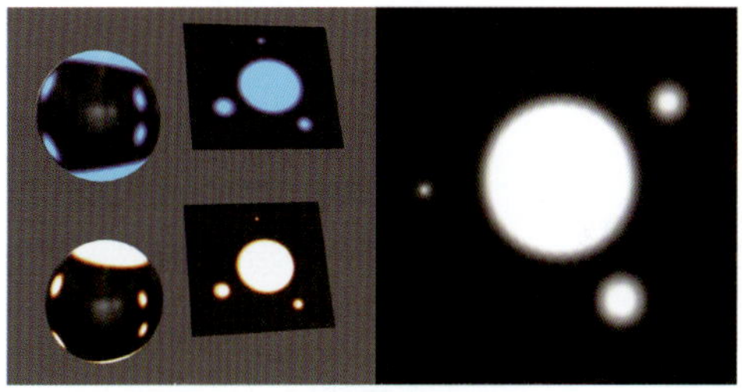

图 4-5-11　自发光颜色贴图（左）、强度 / 力度贴图（右）

知识拓展 4-1：法线贴图

案例实践 4-2：部署 PBR 材质

案例4-2步骤　　案例4-2视频

课后实践

为低多边形角色制作纹理

任务：使用第三章课后实践中创建的低多边形角色模型，或使用一个任意简单角色模型，为其制作并应用基础的纹理。具体步骤如下：

• 使用手动标记缝合边并展开，为角色身体生成 UV 贴图，并导出 UV 布局图片。

• 使用任何绘图软件绘制或寻找一张简单的服装图案的图片制作衣服纹理，用纯色加画笔绘制皮肤和五官纹理。

• 将皮肤部分和衣服部分赋予不同的材质（原理化 BSDF），并且载入并正确显示纹理。

• 调整材质的粗糙度、凹凸等属性，使服装看起来与皮肤材质有所区分。

第 5 章

用EEVEE或Cycles渲染场景

本章学习目标：

- 从头讲解Blender中配置渲染环境、添加灯光和摄像机、设置渲染器属性，最后解析渲染的一整套知识；精练讲解内容，用尽可能少的选项帮助读者快速地开启渲染。
- 渲染是培养“流程整合”能力的契机，即能够将散落各处的设置和参数，以想要的效果为目的，思考并串联成高效的工作流。

本章学习重点：

- 学习灯光、摄像机的创建和配置。
- 熟悉EEVEE和Cycles下渲染参数的配置和世界环境配置。
- 通过一个案例来掌握一套渲染前的标准化设置流程。

本章学习难点：

- 由于要同时学习两套渲染器，理解它们的共同点和差异就变得十分困难，很多特性和参数都容易记混。推荐优先掌握Cycles的各项参数，将EEVEE暂时作为“预览器”使用。
- Blender渲染配置流程中的必要选项配置被分散在数个编辑器的不同位置，需要通过一个较为系统的渲染流程来将它们的逻辑贯通并集中记忆各自的位置。

5.1 开始使用渲染器

5.1.1 初识EEVEE和Cycles

（1）实时渲染器——EEVEE

Extra Easy Virtual Environment Engine（超简易虚拟环境引擎），简称 EEVEE，是 Blender 自 2.8 版本起内置的一款 GPU 实时 PBR 渲染器，专注于速度和交互性。它不仅能够驱动视图渲染来实时创作，还能作为最终帧的渲染器（图 5-1-1）。

缺点：EEVEE 并非光线追踪渲染，而是光线和反射的近似效果，其渲染效果在大多数情况下并不完美。

（2）光线追踪渲染器——Cycles

Cycles 是一款基于物理的光线路径追踪渲染引擎。它支持通过 CPU 或 GPU 进行渲染。

Cycles 支持 GPU 渲染，可用于加快渲染速度。在“偏好设置”的“系统”选项卡中提前选择好适用于自身硬件的选项，详见本书第 1 章用户偏好设置章节。

缺点：在同级别光线追踪渲染器里能力偏弱。其光线追踪计算在低采样数的情况下会产生大量噪点，在高采样数的情况下又十分缓慢。

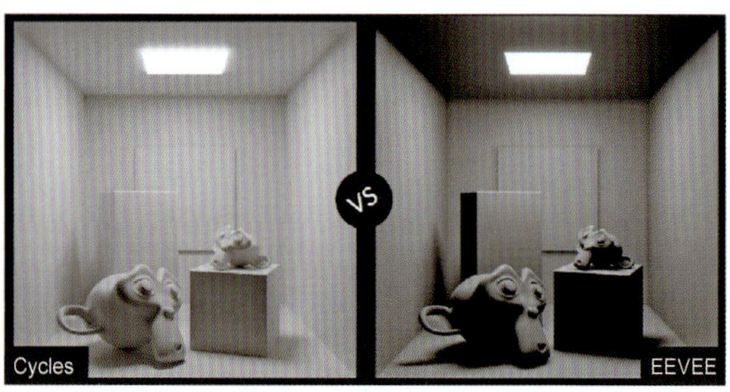

图 5-1-1　Cycles 与 EEVEE 的渲染效果对比

＊注：建议初学者使用 Cycles 作为最终帧渲染器，而将 EEVEE 作为模型、材质、灯光效果预览器，即在中间制作环节使用。原因是基于原理化路径追踪的 Cycles 可以帮助建立对 3D 渲染的全面认识，同时其最终效果也更好。

（3）视图渲染器——工作台

工作台（Workbench）是一款实时渲染引擎，是 Blender 的 3D 视图渲染器，不适用于最终帧渲染。

5.1.2 快速开始渲染

新建一个默认场景，会发现它其实是一个配置好的渲染场景，包含渲染所需的四大要素：可被渲染的物体（立方体）、灯光、摄像机、全套的渲染参数与世界环境设置。

所以我们可以认为这是一个设置好的渲染场景，可用来快速体验渲染。本节介绍的四个部分功能，是每次渲染都要反复使用的最常用的工具。

（1）切换当前渲染器

在属性编辑器的渲染面板中找到渲染引擎（图 5-1-2），可将当前渲染引擎切换为 EEVEE 或 Cycles。这会同时改变视图渲染和最终渲染的引擎，并自动切换渲染属性面板内的参数。

图 5-1-2 切换渲染引擎

（2）开启视图渲染

• 在 3D 视图标题栏的“视图着色方式”切换栏中，点击着色方式：渲染（图 5-1-3）。

图 5-1-3 视图着色方式：渲染

• 在 3D 视图中长按 Z 键弹出着色方式饼菜单并滑选到“渲染”（图 5-1-4）。

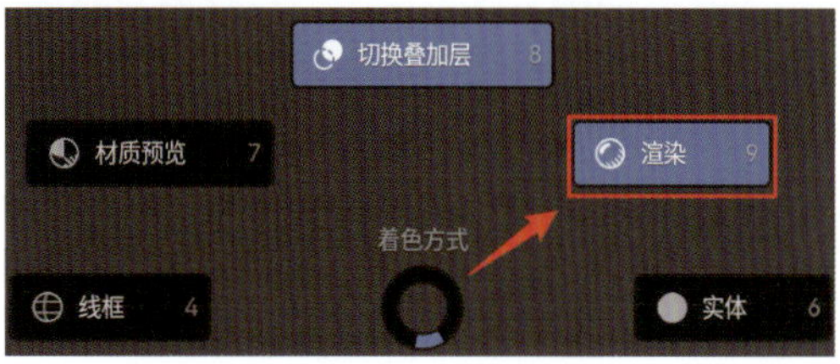

图 5-1-4 视图着色方式饼菜单：渲染

• 开启视图渲染后，按数字小键盘的 0，或者执行“视图”菜单→“摄像机”→“活动摄像机”，视图切换为摄像机，看到最终的渲染角度。

• 在视图渲染中可以实时预览渲染，根据效果来调整灯光、材质等，为最终渲染做好所有调试和准备。

（3）标题栏主菜单——渲染

主标题栏的“渲染”菜单里包含了关于开始渲染和查看渲染结果的一系列命令。

• 渲染图像（图 5-1-5 ①）：使用当前渲染器，打开渲染窗口，并开始渲染活动摄像机镜头范围内的场景当前帧。渲染完成后会自动将渲染好的图像缓存（关闭进程后清除），并可使用设置好的输出路径和格式输出图像文件。快捷键是 F12。

• 渲染动画（图 5-1-5 ②）：使用当前渲染器，打开渲染窗口，并开始渲染帧范围内且在活动摄像机镜头内的每一张场景动画序列。渲染完成的帧图像会被缓存（关闭进程后清除），可使用设置好的输出路径和格式输出一个视频文件或序列帧图像。快捷键是 Ctrl+F12。

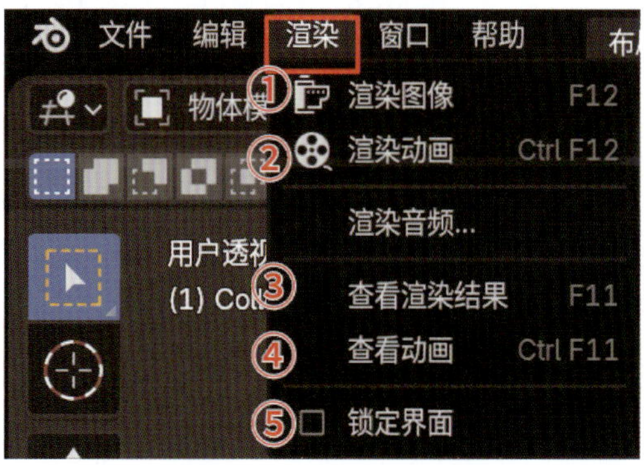

图 5-1-5 “渲染”菜单

• 查看渲染结果（图 5-1-5 ③）：显示渲染窗口，查看上一次渲染完成后缓存的结果。

• 查看动画（图 5-1-5 ④）：在内置视频播放器中播放渲染完成的动画序列缓存。

• 锁定界面（图 5-1-5 ⑤）：在渲染期间锁定界面，不允许任何操作，以便为渲染引擎提供更多内存并防止误操作造成的渲染中止或错误。建议在渲染前打开锁定界面功能。

（4）使用渲染窗口查看渲染结果

在默认场景中按下 F12 弹出渲染窗口，并开始渲染图像。渲染完成后弹出如下窗口（图 5-1-6）。渲染窗口本质上是一个图像编辑器。

• 菜单栏（图 5-1-6 ①）：容纳图像编辑器的所有选项。

• 当前图像切换栏（图 5-1-6 ②）：可以切换、复制、打开和断开图像连接。

• 选取槽（图 5-1-6 ③）：渲染结果缓存读取和对比工具。8 个槽每个可容纳一个渲染结果缓存。例如，分别切换到 Slot1 和 Slot2 各渲染一次图像后（使用不同渲染参数），在 Slot1 和 Slot2 之间切换可对比两次渲染结果，用于对比不同渲染参数的影响。

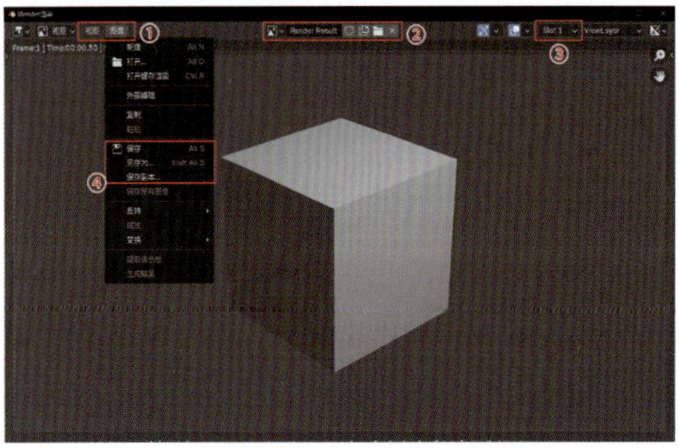

图 5-1-6　渲染窗口

• 保存结果（图 5-1-6 ④）：使用保存、另存为和保存副本来将渲染结果保存为图像。

5.2 ▸ 配置与使用摄像机

5.2.1　初识摄像机

摄像机是一种特殊的“空物体”，它可以被移动、旋转和缩放，但无法被渲染。

摄像机为最终帧渲染提供定位和视野范围（图 5-2-1）。它定义了场景中哪一部分在渲染中可见。只有配置了“活动摄像机”的场景才可以开启渲染。

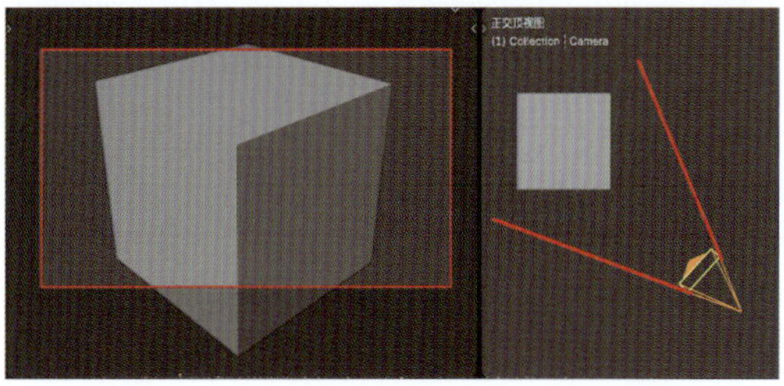

图 5-2-1　摄像机定义的视野范围

当摄像机移动、旋转时，渲染的范围和角度也会跟随移动、旋转（图 5-2-2）。可以将摄像机看作日常拍摄时所持的手机，在对准角度和取景时，可以参考日常的拍摄经验。

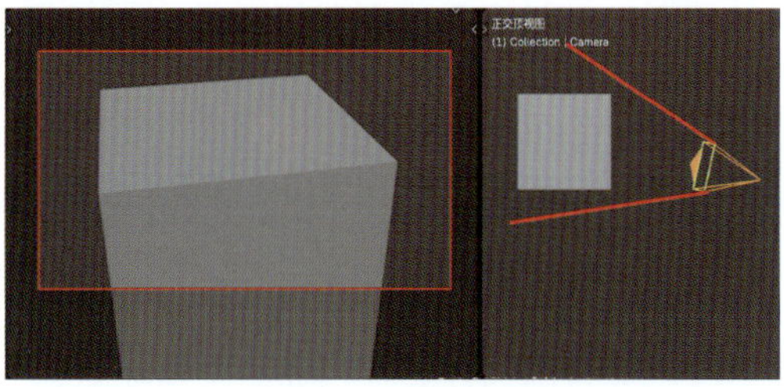

图 5-2-2　摄像机移动会改变渲染角度

5.2.2　属性编辑器中配置摄像机

当摄像机处于活动状态时，属性编辑器中的数据面板会切换显示摄像机的详细属性面板。

（1）镜头栏

表 5-2-1 介绍了镜头栏调节摄像机镜头的各项参数（图 5-2-3）。

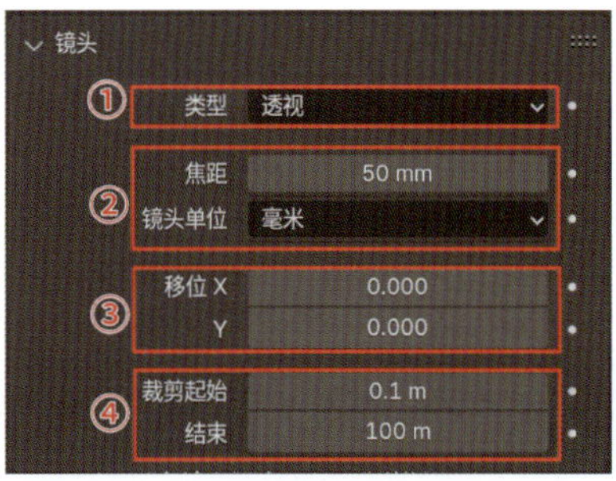

图 5-2-3　配置摄像机属性的镜头栏

（2）景深栏

表 5-2-2 介绍摄像机景深的参数。景深控制画面的清晰范围，近景、远景虚化，由光圈大小、焦距和拍摄距离决定。模拟现实中摄像机的聚焦和虚焦（图 5-2-4）。

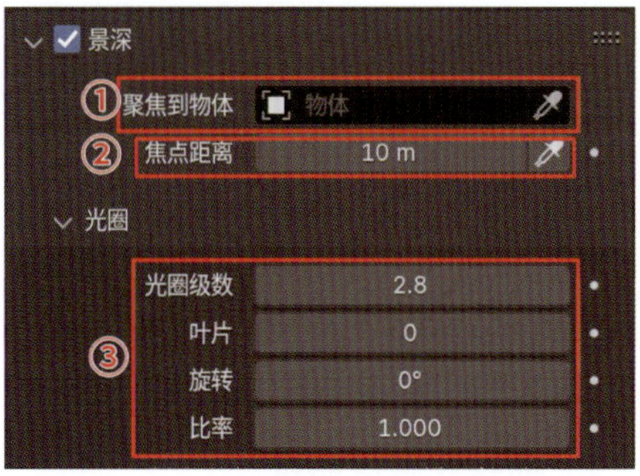

图 5-2-4　配置摄像机属性的景深栏

（3）背景图栏

开启“背景图”选项后，点击“添加图像”按钮，载入一张外部图像作为摄像机视图的背景图。该背景图仅用于 3D 视图显示，不会被渲染，用于视图参考。

（4）视图显示栏

表 5-2-3 介绍了视图显示栏内的选项，是关于 3D 视图内摄像机自身的图示尺寸、摄像机视角外透明度、摄像机视角下的各类指示类标志（图 5-2-5）。

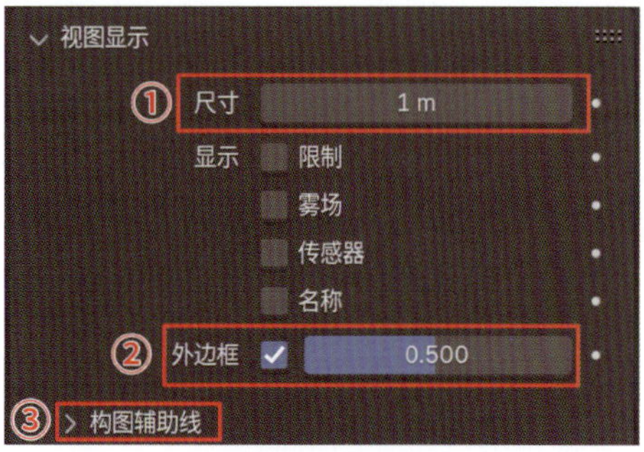

图 5-2-5　配置摄像机属性的视图显示栏

5.2.3　摄像机的常用操作

（1）在摄像机视图下操作摄像机

1）在 3D 视图下调整摄像机的位置和旋转与任何 3D 物体的变换方式相同。

表5-2-1　摄像机属性镜头栏参数

图中编号	名称	解释
①	摄像机类型	透视：正常摄像机；正交：无透视的正交视图摄像机；全景：只有Cycles可用的全景摄像机
②	焦距	数值越小视野越广，数值越大视野越窄
③	位移	不移动摄像机本身使视野上下和左右偏移
④	裁剪	超出裁剪区间的物体将被摄像机剔除出渲染

表5-2-2　摄像机属性景深栏参数

图中编号	名称	解释
①	聚焦到物体	指定目标物体，自动计算焦点距离
②	焦点距离	数值越小焦点越近，近、远景虚化越强
③	光圈级数	数值越小景深越浅（近、远景更虚化）
③	叶片、旋转	决定光斑形状、控制光斑角度偏移
③	比率	光圈椭圆度，数值≠1时产生椭圆形光斑虚化

表5-2-3　摄像机属性视图显示栏内的选项

图中编号	名称	解释
①	尺寸	摄像机物体自身图示在3D视图内的显示尺寸
②	外边框	摄像机视图下边框外透明度，设为黑色（值=1）可专注取景
③	构图辅助线	显示一些虚拟的线条和图示来帮助设计构图

2）进入摄像机视图的方法

• 快捷键：数字键盘 0。

• 执行“视图”菜单→“摄像机”→“活动摄像机”。

• 大纲视图中单击摄像机物体名称右侧的绿色“摄像机”图标。

3）在摄像机视图下调整摄像机的位置和旋转

首先进入摄像机视图，然后在大纲视图中将摄像机选择为当前活动物体：

• 移动：在摄像机视图下，按 G 键并移动鼠标，平移摄像机视图平面。

• 旋转：在摄像机视图下，按 R 键并移动鼠标，旋转摄像机视图平面。

• 使用 Shift+～进入行走导览，按 W、A、S、D 键并移动鼠标可自由调整。

4）锁定摄像机视角

• 在摄像机视图下，找到并打开“侧栏（N）”→“视图”→“视图锁定”→“摄像机到视图方位”（图 5-2-6），用操作 3D 视图的方式来操作摄像机视图，而不会退出摄像机视图。

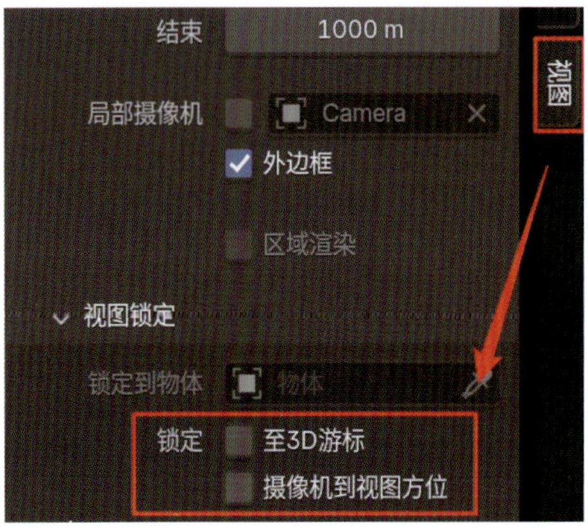

图 5-2-6　将摄像机锁定到视图方位

5）活动摄像机对齐选中的物体

在摄像机视图下，执行“视图”菜单→“对齐视图”→“活动摄像机对齐选中的物体”。

（2）设置摄像机视图的尺寸

找到“属性编辑器”→“输出”→“格式”→“分辨率”，在分辨率中设置 X（宽度）和 Y（高度），不同的分辨率会直接改变摄像机视图的形状（图 5-2-7）。而“%”选项可以按百分比放大或缩小渲染尺寸。

* 注：由于渲染的范围就是摄像机视图的范围，所以设置摄像机视图的尺寸即为定义最终渲染尺寸。

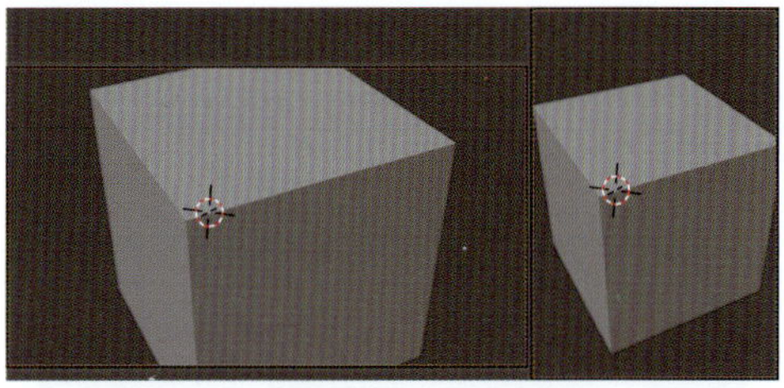

图 5-2-7　不同横纵比的摄像机视图

（3）切换场景摄像机

• 添加多个摄像机：按 Shift+A，在“添加”菜单中选择摄像机，创建几个新摄像机。

• 切换活动摄像机：选中目标摄像机，按 Ctrl+0（数字键盘 0）将其设为活动摄像机，或在“属性编辑器”→“场景”→“场景栏”→“摄像机”下拉菜单中选择（图 5-2-8）。

图 5-2-8　切换活动摄像机

（4）清空摄像机的位置和旋转

选中目标摄像机，按 Alt+G 清空位置，按 Alt+R 清空旋转。摄像机将回到初始位置。

5.3 ▸ 配置灯光

5.3.1　初识灯光

灯光是在渲染时发射光线的物体，本质上是一个空物体。灯光有多种类型，既可以在“添加”菜单中添加对应类型的灯光，也可以添加完成后在属性编辑器中切换。

表5-3-1 常用“数据”（灯光）面板属性参数

编号	名称	解释
①	颜色	发光的颜色，会影响照射范围内所有可渲染物体
②	能量	光的能量单位是瓦特（W），可以简单理解为光照强度
③	投射阴影	是否产生投影，关闭后光线会穿透照亮范围内的所有物体
④	多重重要性采样	启用此选项将使用间接光采样，可用于降低噪点
⑤	节点	是否启用灯光节点。启用后可以在着色器编辑器顶部的“调用着色器数据类型”中选择“物体”，在节点视图中做出非常规的节点化灯光效果（例如IES灯光）

（1）“数据”（灯光）面板中的参数

选择一个灯光物体，在属性编辑器中的“数据”（灯光）面板中可以找到所有关于灯光的属性参数配置（图 5-3-1），其属性介绍如表 5-3-1。

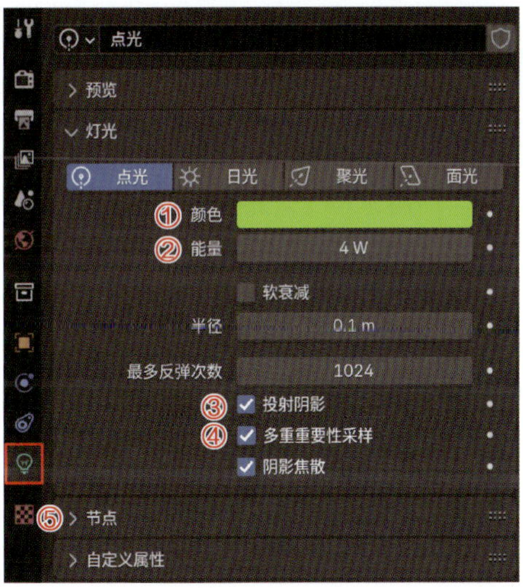

图 5-3-1 属性编辑器中的数据（灯光）面板

（2）灯光的种类和特性

选择灯光物体后，可在属性编辑器的数据面板中的灯光栏，随时切换当前灯光类型（图 5-3-2）。灯光类型分为四类，通常需要配合使用。

图 5-3-2 数据面板的灯光栏

1）点光（Point Light）

点光是由一点向四周（球形范围）均匀发射光线的光源（图 5-3-3），在 3D 视图中用黄色圆形点表示（图 5-3-4）。常用于模拟灯泡、蜡烛等全向发光物体。

*注：点光的照射强度由光向量到物体表面连线决定，从中心到四周光线的照射角度越来越大，所以点光的照射强度会产生明显的从中心到四周的衰减（图 5-3-3）。衰减程度受能量值、半径等参数影响。

图 5-3-3 点光效果

图 5-3-4 灯光类型：点光

• 半径：若半径值大于零，光线将从球体表面而非单一点发射。较大的光源半径会带来更柔和的阴影和模糊的高光；由于光线分布面积扩大，单位面积的亮度也会降低。

2）日光（Sun Light）

日光是一种将光按角度填满场景且不衰减（恒定强度）、无限远（无距离衰减）的平行光源，沿单一方向照射（图 5-3-5）。3D 视图中表现为带放射线的黄色圆形和表示方向的黄色虚线（图 5-3-6）。常用于模拟户外阳光或作为场景平均基础照明。

图 5-3-5　日光效果

图 5-3-6　灯光类型：日光

• 角度：默认产生锐利硬阴影，通过调整角度参数可模拟大气散射形成的柔和阴影效果。同时，日光的角度参数会影响阴影的模糊程度。

3）聚光（Spot Light）

聚光灯以锥形区域定向发射光线，产生逐渐扩散的圆形光斑（图 5-3-7），适用于舞台灯光、手电筒等需要明确照射范围的场景（图 5-3-8）。

图 5-3-7　聚光效果

图 5-3-8　灯光类型：聚光

聚光灯的结构如图 5-3-9 所示，其主要参数如下：

• 半径：发光体半径大小，增大尺寸会增加照射面积，产生更加柔和的阴影和高光。

• 尺寸：控制光束夹角大小（1°～180°），改变光照锥形角度。

• 混合：调节内锥体占比，值越大边缘过渡越柔和，但清晰照明区域会减小。

• 显示锥形区域：在 3D 视图中可视化光照范围，便于观察覆盖范围。

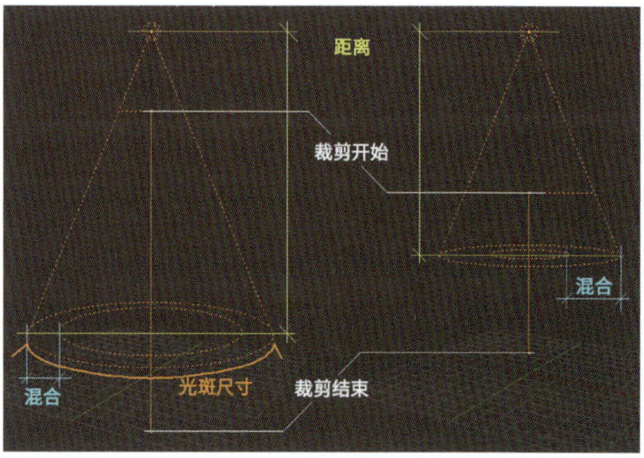

图 5-3-9　聚光灯结构

4）面光（Area light）

面光源（区域光）模拟从方形面或圆形面发射垂直光线（图 5-3-10）。它可以显示为发光面，且能产生柔和的阴影效果——光源面积越大，阴影过渡越自然（图 5-3-11）。适合表现广告灯箱、窗户等发光体。

图 5-3-10　面光效果

图 5-3-11　灯光类型：聚光

• 形状：可选择矩形、正方形、碟形（圆形）或椭圆形发光面。

• 日光入口：启用后可仅作为光入口，自身不会发光，把其它光线引入另一侧。

• 扩散：调节光线的散射范围。数值越小，光线越集中，阴影就越锐利。

（3）特殊灯光

1）特殊灯光类型——IES 灯光

将“.IES”格式的文件作为贴图附加在灯光上。文件中包含灯光的形状和颜色，可模拟射灯、筒灯等现代灯光效果（图 5-3-12）。使用方法如下：

• 添加点光源，在“属性编辑器”→“数据”→“节点”中启用“使用节点”。

• 在着色器编辑器中，将“调用的数据类型”设置为“物体”（图 5-3-13）。

• 添加“IES 纹理”节点，在纹理属性中载入外部“.IES”格式的文件。

• 将节点的“系数”输入“自发光节点”的“强度 / 力度”（图 5-3-13）。

图 5-3-12　IES 灯光效果

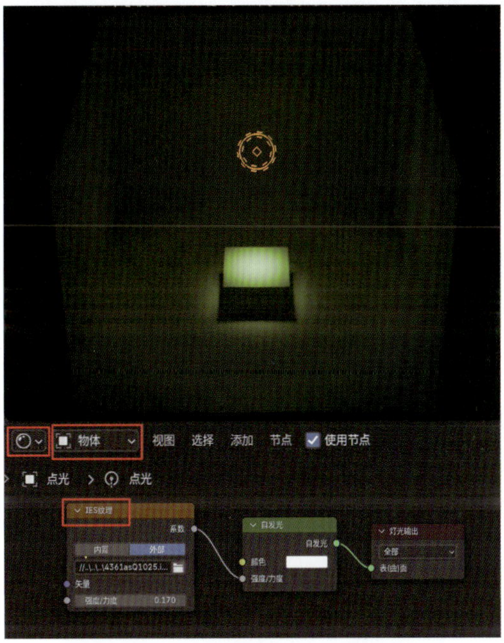

图 5-3-13　特殊灯光类型——IES 灯光

2）特殊灯光类型——发光物体

通过自发光材质可将任意物体转化为光源，具体操作如下：

• 首先添加“自发光”着色器，连接到“材质输出”节点（图 5-3-14 下）。

• 然后调整自发光颜色和强度参数。

• 最后在“属性编辑器”→“物体”→“可见性”→“射线可见性”中，关闭“阴影”选项，可使物体仅发光而不投射阴影，变成纯发光体（图 5-3-14 上）。

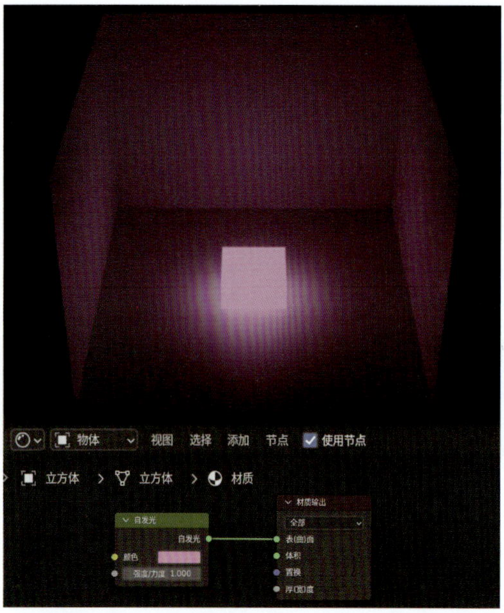

图 5-3-14 特殊灯光类型——发光物体

5.3.2 常见的打光方式

3D 创作中的灯光布置需结合场景需求灵活调整，没有固定模式。以下介绍几种基础布光方法供初学者参考。

（1）单点布光

使用单一光源（正面光、背光或伦勃朗光）照明，能营造强烈的阴影效果，适合表现阴影明显的强烈氛围。主光源通常位于摄像机的侧面、拍摄对象的前方（图 5-3-15）。

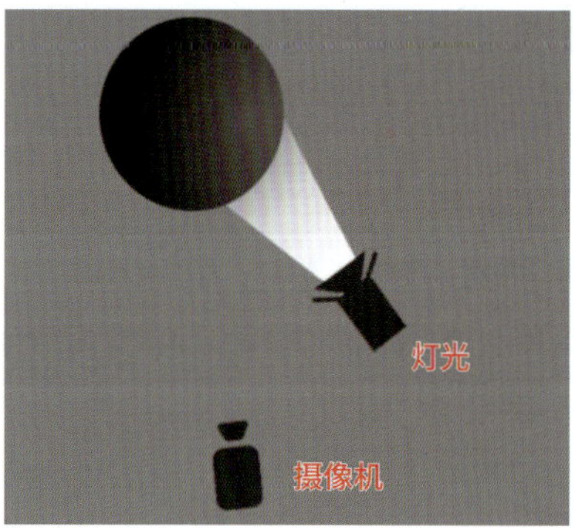

图 5-3-15 单点式布光

（2）两点布光

由主光源和辅助光源构成，常见布局包括上下布光和对角线布光。辅光源照亮了主光源在拍摄对象上产生的阴影，有助于展现一些原本会被黑暗掩盖的细节。辅光源的亮度低于主光源，通常放置在摄像机的另一侧（图 5-3-16）。

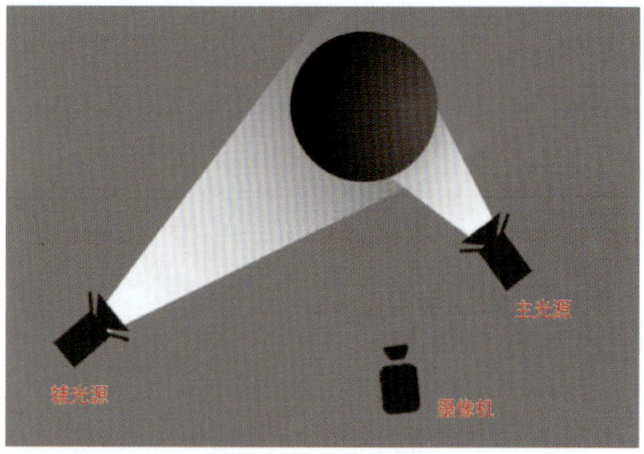

图 5-3-16 两点布光

（3）三点布光

经典布光方案，包含主光源、辅光源和背光源三种光源（图 5-3-17）。背光源（根据位置不同，也称为“边缘光”或“发丝光”）位于拍摄对象后方，有助于拉开拍摄对象与背景间的距离，从而增强画面的纵深感。

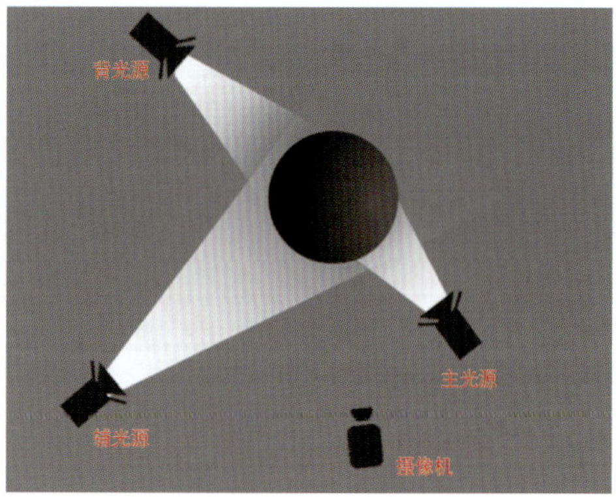

图 5-3-17 三点布光

5.4 配置渲染器的属性

5.4.1 属性编辑器中的渲染面板（EEVEE）

（1）渲染面板的构成

当切换到 EEVEE 渲染器时，属性编辑器中的渲染面板自动切换为 EEVEE 面板（图 5-4-1），表 5-4-1 概括了渲染面板中各栏的功能。

表5-4-1 渲染面板中各栏介绍

图中编号	名称	解释
①	采样	采样控制画面质量
②	钳制	限制直接光和间接光的影响，防止过亮区域曝光
③	光线追踪	启用后使用BSDF算法近似光线追踪，关闭则依赖光照探头“烘焙”算法模拟光线追踪
④	体积	调节体积物体（雾、火焰、烟尘）的精度
⑤	曲线	控制毛发曲线的渲染精度和计算方式
⑥	简化	全局限制细分修改器、粒子和体积的细分量，也可以一键全局缩小纹理，减少渲染时的资源消耗
⑦	景深	全局管理摄像机的景深效果参数
⑧	运动模糊	为动画添加运动模糊效果并调整模糊参数
⑨	胶片	包含过滤尺寸（为渲染图的物体边缘像素添加模糊值来避免锯齿）、透明（使背景是否呈现透明）
⑩	性能	设置EEVEE的内存限制和合成器性能参数

图 5-4-1 属性编辑器中的渲染面板

（2）EEVEE 下渲染面板中各栏的属性

1）视图与渲染采样（图 5-4-2）

• 采样：3D 视图和最终渲染的采样数越高，噪点越低，图像质量越好。但是采样数与质量均有上限，对不同的场景需要测试出一个合适的采样数，过量采样既无法带来质量提升同时还会过量消耗系统资源和渲染时间。

• 时序重投影：开启后可减少视角变换时的画面模糊和闪烁现象。

• 抖动阴影：为视图渲染阴影添加抗锯齿效果（渲染时永远有效）。

• 光线数量：提升阴影采样质量，越复杂的几何体越需要高阴影采样。

• 步数：与光线数量共同决定最终的阴影采样数（光线数量 × 步数）。

• 分辨率：全局控制阴影质量的比例参数。

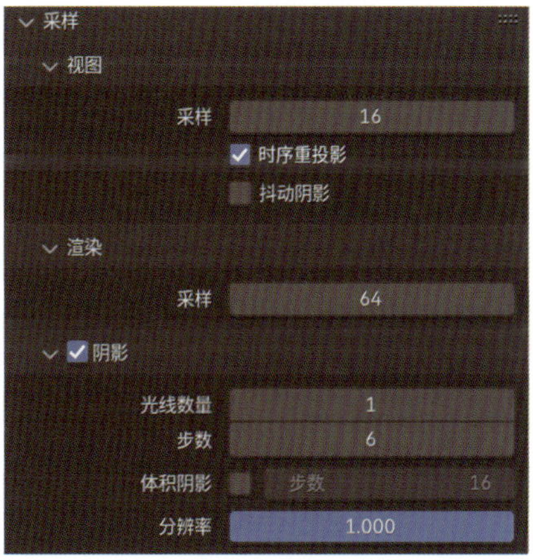

图 5-4-2 EEVEE 视图与渲染采样栏

2）光线追踪（图 5-4-3）

EEVEE 的光线追踪采用近似算法，其效果并非物理光线追踪，而是通过 BSDF 或光照探头的“烘焙”数据来模拟光线追踪。

• 方法：屏幕 BSDF 光线追踪或使用预过滤光照探头的“烘焙”方式。

• 精度：可增强屏幕空间追踪的精确度，但会缩短最大追踪距离。

• 降噪：启用降噪功能可以减少原始光线追踪输出中的噪点。这可以提高图像的稳定性，但也会使最终的光线追踪模糊。

• 快速 GI 近似：光线追踪管线中针对屏幕 BSDF 光线追踪的后备方案，一般不使用。

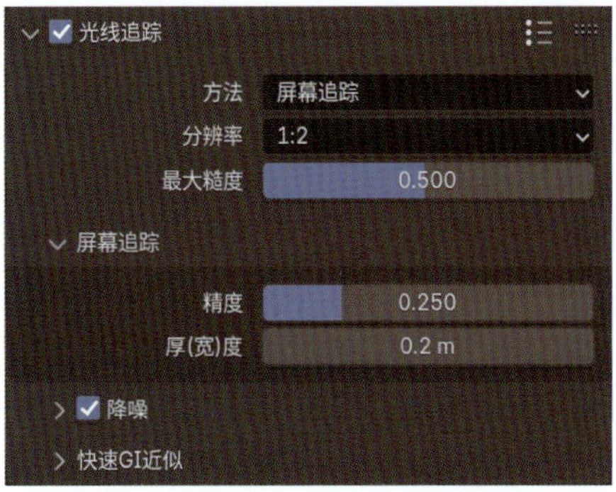

图 5-4-3　EEVEE 的光线追踪栏

5.4.2　属性编辑器中的渲染面板（Cycles）

Cycles 渲染的常用属性参数主要涉及采样、降噪和性能优化。由于物理光线追踪对硬件资源消耗较大，因此需要根据电脑配置在渲染质量和性能之间找到平衡。

（1）切换渲染设备

渲染设备可根据硬件配置选择 CPU 或 GPU 计算（图 5-4-4）。若使用兼容 CUDA 或 OptiX 的 NVIDIA 显卡（显存 ≥ 8GB），GPU 渲染通常比 CPU 渲染更快。若显卡性能不足或不兼容，建议选择 CPU 计算。

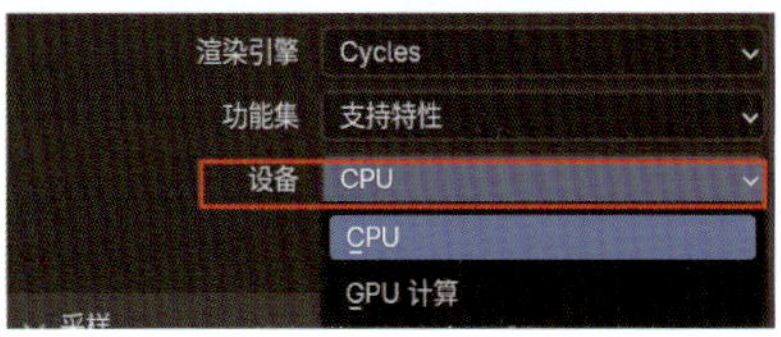

图 5-4-4　Cycles 下调整渲染设备

（2）采样设置

1）噪波阈值

勾选后启用此功能（图 5-4-5），用于控制采样终止条件。数值范围通常为 0.001 ～ 0.1，数值越低，噪点越少，采样时间越长。设为 0 时，Cycles 将根据总采样数自动推算阈值。该参数本质是噪点容忍上限，建议开启并在不同阶段调整数值：预渲染测试时可设为 0.2，最终渲染建议设为 0.01 或更低。

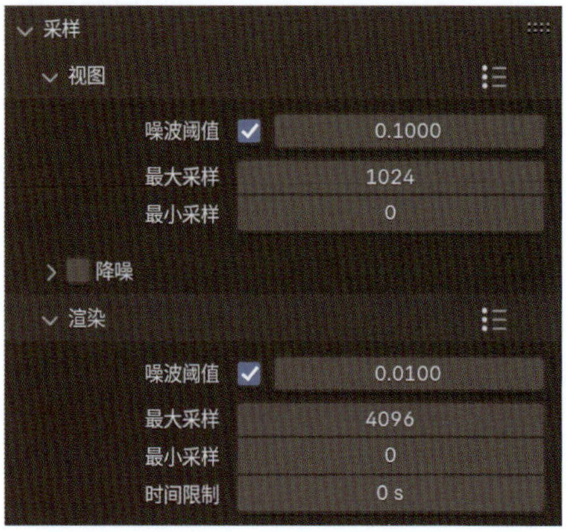

图 5-4-5　Cycles 的采样栏

2）最大采样数

定义每个像素采样使用的射线数量。采样数越高，噪点越少且图像精度越高（图 5-4-6）。推荐预渲染设为 64，成品渲染建议设为 1024 以上。

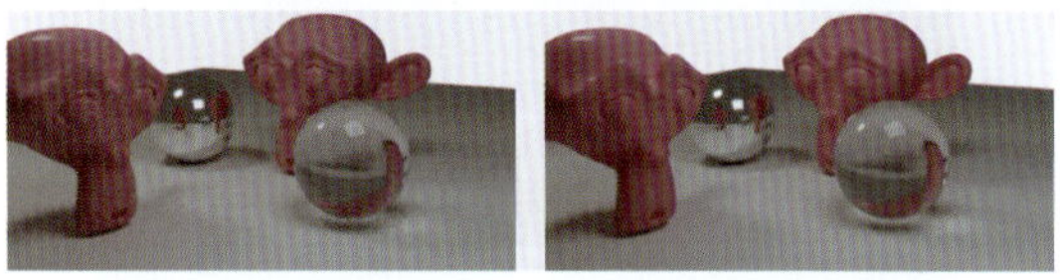

图 5-4-6　低采样（左）、高采样（右）

3）最小采样数

每个像素的最小采样数默认值为 0，表示自动匹配“噪波阈值”推算值，通常无需修改。

4）时间限制

设置渲染时长上限（秒），与最大采样数共同控制渲染终止条件，即先达到两个条件中的一个即停止采样。设为 0 时，仅依赖采样数限制。为渲染增加一个以时间为单位的额外限制条件，如果对设置最大采样数没有经验，导致渲染时间过长，可以添加时间限制来强行确保渲染时间。

知识拓展 5-1：光线追踪采样

（3）降噪设置

该功能用于在 Cycles 渲染中消除噪点，可通过渲染设置的复选框启用（图 5-4-7）。

降噪处理在采样完成后执行，通过算法自动优化图像质量（图 5-4-8）。但需注意，降噪基于原始图像计算近似值，若基础渲染质量太差（噪点过多），可能导致细节大量丢失和表面错误。因此，不能完全依赖降噪而忽视高质量采样的作用。

* 注：建议预渲染测试时关闭降噪以准确评估采样和噪点的关系，确定好合适的采样数后再开启降噪，这样可以防止降噪干扰观察噪点数量。

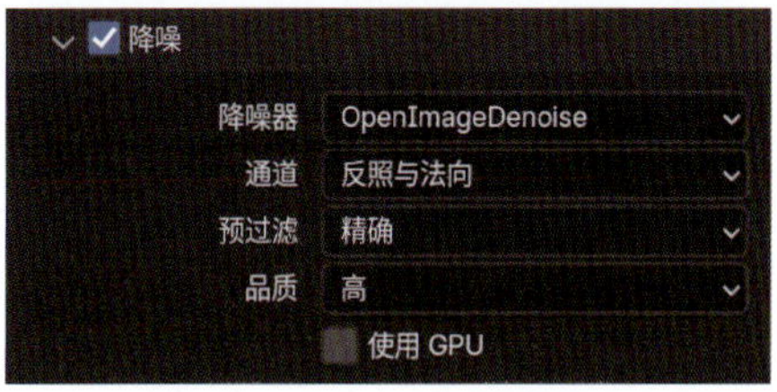

图 5-4-7　Cycles 的降噪栏

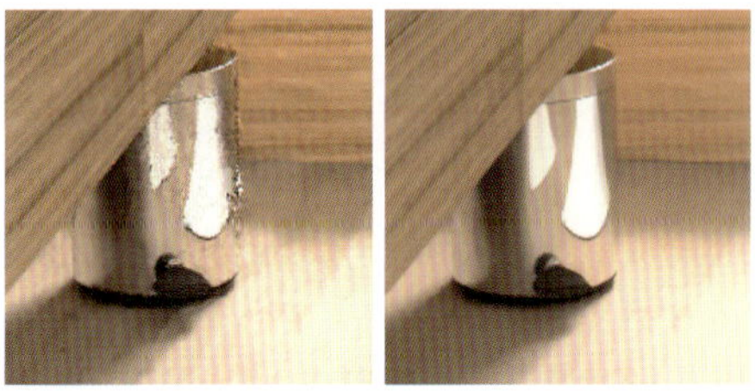

图 5-4-8　降噪前 vs 降噪后

1）降噪器（OpenImageDenoise）

CPU 降噪方案，能有效消除路径追踪产生的蒙特卡罗噪声，可大幅降低所需采样数。具体取决于不同场景的不同采样要求，一般封闭场景（如室内）要求的采样数更高。

2）降噪器（Opitx）

GPU 降噪方案，采用 NVIDIA 研发的 AI 降噪技术，通过 GPU 加速的神经网络快速生成高质量无噪图像。仅支持 NVIDIA 支持 Opitx 光线追踪计算的显卡。

（4）光程

Cycles 的路径追踪算法本质上是从摄像机或灯光发射“光线”来反向追踪对象物体或灯光的颜色、亮度、透射、阴影等信息，这些“光线”分为四种：摄像机光线、反射光线、透射光线、阴影光线。

1）最多反弹次数（图 5-4-9）

控制每个通道发射多少光线参与反向路径追踪。虽然理论上越高越好，但实际上较低值已能满足需求。可分别为每个通道设置反弹次数，但它们的最大值无法超过“总数”。

* 注：根据经验，“漫射”“透射”“透明”可设为较高值，“光泽”“体积”建议设为低值。

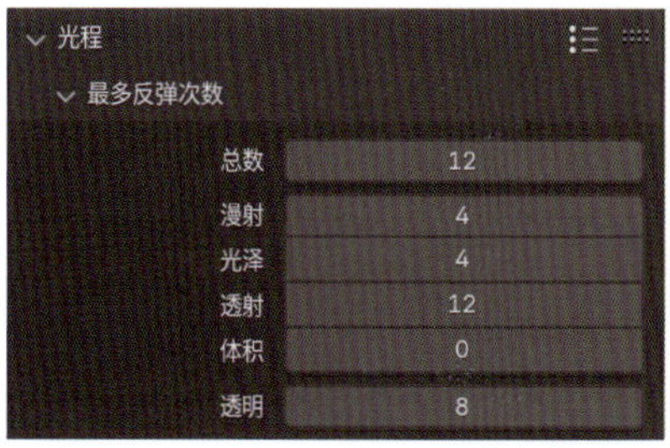

图 5-4-9　Cycles 光程栏的最多反弹次数

2）钳制（图 5-4-10）

钳制又称光照钳制。通过限制光线追踪计算前的光照强度，可以有效抑制因光线过亮随机产生的光斑（Fireflies），这些光斑随机出现在物体表面，本质属于渲染引擎的漏洞，很难避免。但需注意，若将直接光（Direct Light）和间接光的钳制值设置过低，会导致场景整体亮度下降。

* 注：如果在测试渲染时（不打开降噪），发现有较多光斑（Fireflies）出现在物体各处（光照部分、阴影部分和明暗交界线都有）时，可以为“直接光”分配一个数值后测试渲染。当“直接光”使光斑数减少到极限后，再调整“间接光”数值，继续尝试消除光斑。

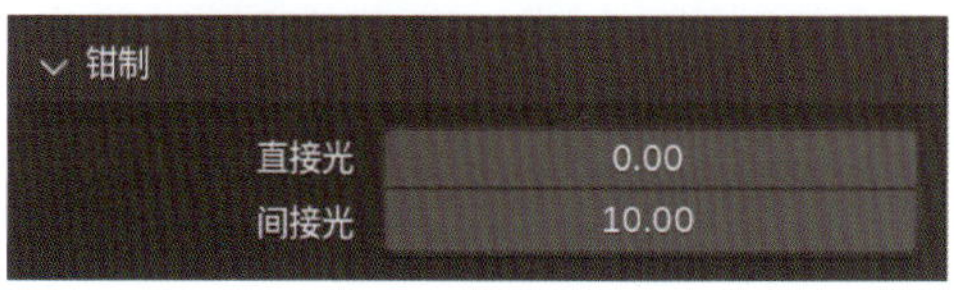

图 5-4-10　Cycles 光程栏的“钳制”

3）焦散（图 5-4-11）

模拟光线穿过带有厚度的透明体后，在之后的物体上会形成光学折射造成的光子分散（波光粼粼）。Cycles 中的焦散计算会产生大量噪点并增加渲染时间，非必要情况下建议关闭焦散下的反射、折射选项。

• 滤除光泽：滤除光泽的值越大，光泽越模糊（默认值为 1），可减少光泽噪点。

• 焦散开关：全局开关反射、折射焦散计算。

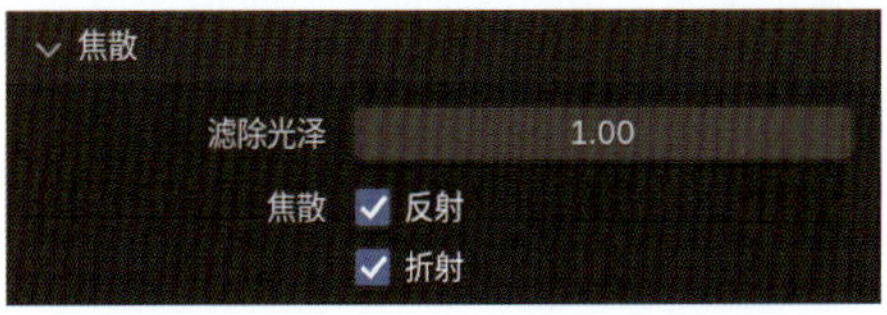

图 5-4-11　Cycles 光程栏的“焦散”

4）体积（图 5-4-12）

用于控制渲染云雾、火焰等效果的渲染质量，数值为采样数的倍数，倍数越高，质量越好。

• 步进率（步长）：增大步进率可提升渲染速度但会降低细节精度，程序化纹理可单独调整。

• 最大阶数：设置采样数上限，防止极端参数导致的渲染时间过长。

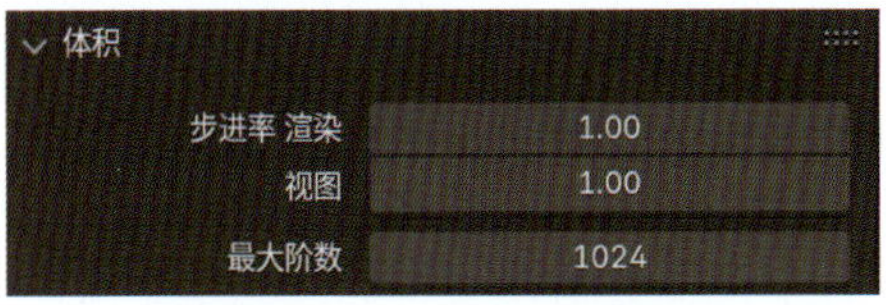

图 5-4-12　Cycles 体积栏

（5）运动模糊

运动模糊功能通过为动画中的高速运动物体添加径向模糊效果，使之更具速度感（图 5-4-13）。

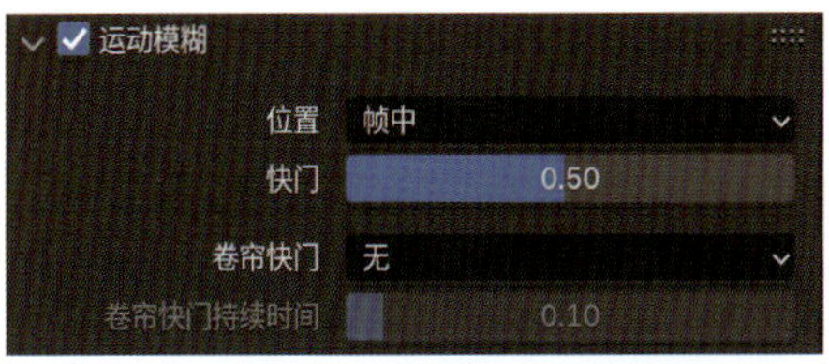

图 5-4-13　Cycles 的运动模糊栏

• 位置：设置快门相对于当前帧的位置，可选“帧前”“帧中”或“帧后”，决定运动模糊效果在一帧内的起始时间。

• 快门：控制快门开启到完全关闭的时间范围。取值范围为 0 ～ 1（单位：帧），1 表示持续 1 整帧的时间。快门时间越长，模糊越明显。

• 卷帘快门：模拟 CMOS 传感器逐行曝光的特性，通过设置快门持续时间控制运动模糊强度，适用于表现高速运动物体的动态模糊效果，能产生更自然的运动拖影。

（6）性能设置

1）线程（图 5-4-14）

设置渲染时使用的最大 CPU 核心数。降低该值可减少渲染占用的 CPU 资源，匀出一部分核心供其它应用程序使用。

图 5-4-14　Cycles 的线程栏

2）内存（图 5-4-15）

启用“使用平铺”后，Cycles 将采用分块采样模式。较小的平铺尺寸可减少显存和内存的占用。推荐在出现显存或内存溢出时打开“使用平铺”，并调小平铺尺寸参数。

* 注：简单的场景通常可以关闭“使用平铺”。复杂场景需要打开，且越复杂的场景越需要让“平铺尺寸”变得更小。这里的复杂场景是指包含大量模型、材质、纹理的场景，例如，纹理数量过多、尺寸过大，显存、内存溢出，导致渲染崩溃的情况。

图 5-4-15　Cycles 的内存栏

3）加速构架、最终渲染（图 5-4-16）

• 使用空间分离：创建场景的 BVH（Bounding Volume Hierarchy）缓存数据存储于内存中，大幅提高光线追踪效率。场景越大越复杂（大量灯光、材质、纹理），渲染时间越长的项目效果越显著。但会极大增加内存的占用，容易造成内存溢出，使渲染崩溃。所以，可以优先打开，如果内存反复崩溃就将其关闭。

• 使用紧凑 BVH：压缩 BVH 缓存体积以节省内存，但会增加计算时间。

• 维持数据：渲染后将数据保留在内存

中，可加快后续多角度渲染或动画渲染的渲染速度，但会占用额外内存。

图 5-4-16　Cycles 的加速构架栏与最终渲染栏

5.4.3　属性编辑器渲染面板中的通用属性

属性编辑器的渲染面板中有很多选项是通用的，无论切换到 EEVEE 还是 Cycles，它们的名称和作用都是一致的。

（1）曲线

这些设置将全局应用于所有粒子、毛发实例。

1）形状

• 圆滑丝带：将曲线渲染为平滑的平面带状几何体，采用固定细分（2 的幂次方）。

• 3D 曲线：渲染为圆形截面的 3D 几何体，自动细分至平滑要求，适合近景观察。

2）视图设置（材质预览模式下）

• 发股线：显示为 1 像素宽的细线（忽略“曲线直径”参数）。

• 条带：显示为平滑的扁平带状几何体。

（2）简化

统一限制场景中所有物体的细分最大级数（表面细分修改器）、按比例减少粒子系统中的子粒子数目和全局纹理最大分辨率，确保大场景的渲染效率和稳定性（图 5-4-17）。

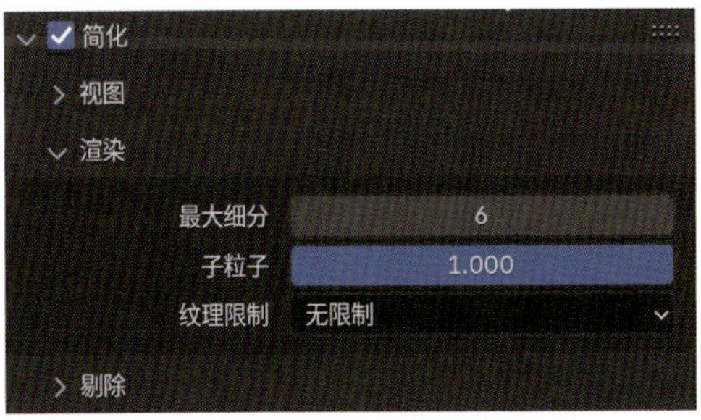

图 5-4-17　Cycles 的简化栏

选项分为“视图”和“渲染”两套，分别对应视图渲染和最终帧渲染下的简化配置。

＊注：场景的简化没有固定配置方法，需要根据场景的情况和渲染测试结果来灵活配置。一般只有在渲染出现内存、显存溢出崩溃时，或粒子太多、渲染时间过长时，才需酌情设置。

• 最大细分：限制并覆盖“表面细分修改器”的最大细分级别设置。

• 子粒子：按比例减少粒子系统中子集毛发、粒子的最大数量比例。

• 纹理限制：全局限制纹理最大分辨率不超过设定值，极大减少内存的占用，在场景纹理尺寸过大（4K 及以上）导致占满显存或内存时，须将此选项设置为 1024 或更低。

• 剔除：启用摄像机 / 距离剔除功能，优化大场景资源占用（特别是 3D 视图渲染）。

（3）胶片

针对渲染图像处理，包括曝光调整、抗锯齿优化和透明通道控制。

• 曝光度：调节输出图像的提前曝光（于后期处理前）。

• 像素过滤（抗锯齿）：渲染图像的像素过滤方式，包含三种方式。方框：保持原始像素锐度（无过滤）。高斯：采用高斯方式给与物体边缘像素一定的模糊过渡，使其更自然。布莱克曼 - 哈里斯：给与物体边缘像素一定的模糊过渡，并平衡细节与模糊效果。一般采用后两种方式。

• 宽度：控制过滤强度，低值保留清晰度，高值增强模糊效果。

• 透明：启用后为渲染结果移除空背景（没有任何物体，露出场景背景）并生成透明 Alpha 通道（支持 PNG、TIFF 等格式）。例如，世界环境背景色为红色，打开“透明”时导出渲染结果，红色背景被抠掉没有任何红色，且抠掉的部分变成透明 Alpha；关闭“透明”时，导出渲染结果会看到红色背景被显示且非透明。

（4）色彩管理

为渲染后的图像叠加前期色彩处理（图 5-4-18），涵盖视图渲染、帧渲染。

＊注：这些设置并非“后处理”而属于“前处理”，也就是说在渲染前就改变渲染器的设置，

影响最终渲染的全部通道。但在日常使用中，可以当作“后处理”调色工具。

• 显示设备：设置目标显示器的色彩空间。普通显示器：sRGB（默认）。HDR 显示器：Rec.2020（广色域）。Apple 设备：Display P3。

• 查看变换：选择预设色彩空间配置，全局调整项目色调与明暗关系。

• 风格效果：调节“查看变换”预设色彩空间的强度。

• 曝光度、伽马：用于通过调节伽马值改变输入纹理图像的亮度。

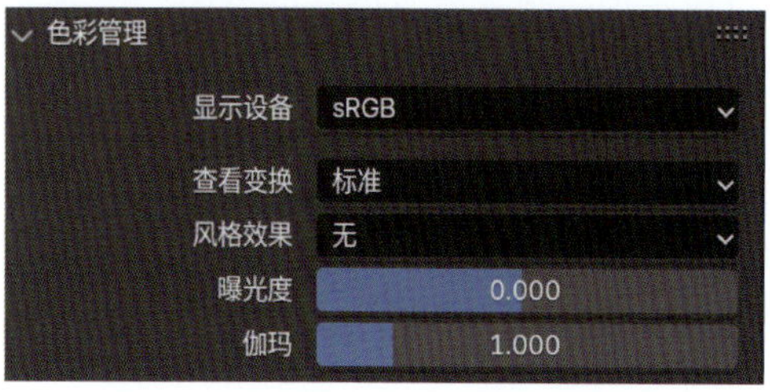

图 5-4-18　Cycles 的色彩管理栏

5.5 配置其它渲染参数

5.5.1 配置世界环境

“世界环境着色器”控制渲染世界环境背景色（可透明）和世界环境光照（场外照明）。它不仅定义世界环境背景（场景中没有物体的部分）的外观，还作为环境光源直接影响场景照明（图 5-5-1 中），包括使用 HDRI 环境制造物体表面受光与阴影（图 5-5-1 右）。

通过着色器编辑器可配置世界环境着色器，实现从简单纯色到复杂 HDRI 环境的效果。其光照效果会与场景中的其它光源叠加计算。挑选一张优秀的 HDRI 作为世界环境背景，也可以打造“无光源”照明场景，即没有任何灯光物体的照明环境。

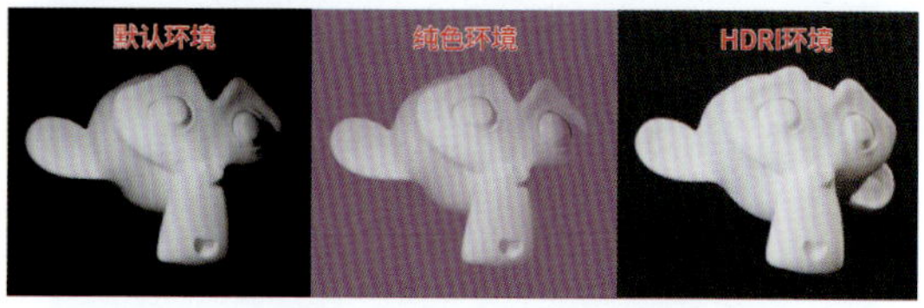

图 5-5-1　世界环境着色器影响物体和背景

（1）属性编辑器的世界环境面板

找到世界环境（地球图标）面板（图 5-5-2），各栏介绍见表 5-5-1。

图 5-5-2　属性编辑器的世界环境面板

1）射线可见性栏

提供 5 个通道选项，控制世界环境对各全局通道的影响。每关闭一个通道，就排除了这个通道对世界环境的影响（图 5-5-3），从而造成对场景内所有物体的整体影响。

• 摄像机：关闭后世界环境背景显示为黑色。

• 漫射、光泽、透射：全局开关世界环境背景光照是否影响某个通道，每个通道的关闭都会影响场景中的每个物体。

• 体积散射：全局开关世界环境背景光照是否影响场景内的体积物体和散射材质。

表5-5-1　世界环境面板各栏介绍

图中编号	名称	解释
①	预览	显示当前世界环境的预览图
②	表（曲）面	通过“世界环境着色器”设置世界环境背景色或环境贴图，在着色器编辑器中可编辑其节点材质
③	体积	对应材质编辑器中的“世界环境着色器”中“世界输出”节点的“体积”输出，可以添加云雾等效果
④	射线可见性	控制世界环境背景在不同渲染通道的可见性

• 例如图 5-5-3 中，关闭了“漫射”通道，环境光就不会影响物体的漫射了。

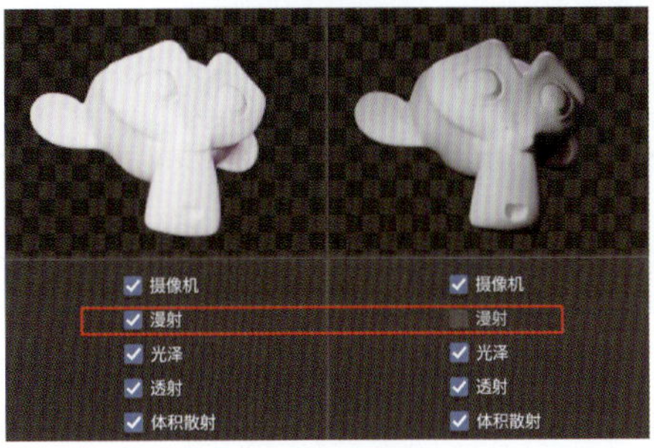

图 5-5-3　关闭环境漫射通道前后对比

2）在渲染后让世界环境背景透明化

• 如果需要导出带有透明背景的渲染图像，找到“属性编辑器”→“渲染”→“胶片”→“透明”开关（图 5-5-4），打开后渲染的图像会自动抠除世界环境背景使背景透明（图 5-5-5），最后保存为带有透明通道的图像格式（如 .png 或 .tif）。之后在其它软件中为渲染图添加自定义背景。

图 5-5-4　胶片栏的“透明”开关

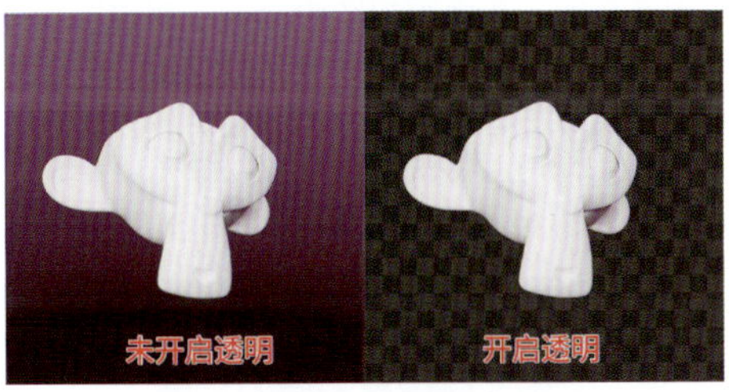

图 5-5-5　开启世界环境背景透明

• 启用透明栏下“透明玻璃”选项后（图 5-5-4），将自动处理所有带 Alpha 通道的材质，将渲染后的图像透明化。例如当玻璃材质的透明度设为 40% 时，渲染输出的对应区域会变成 40% 透明度的 Alpha 通道。

（2）配置一个 HDRI 环境作为环境照明

HDRI（高动态范围图像）以“.hdr”格式（或 .exr）存储完整的光照信息，能为 3D 场景提供真实的环境光照、反射和阴影效果（图 5-5-6）。

图 5-5-6　使用 HDRI 作为环境照明

① 方法一：从属性编辑器中添加 HDRI 世界环境。

• 在属性编辑器中世界环境面板的颜色中选择“环境纹理”（图 5-5-7）。

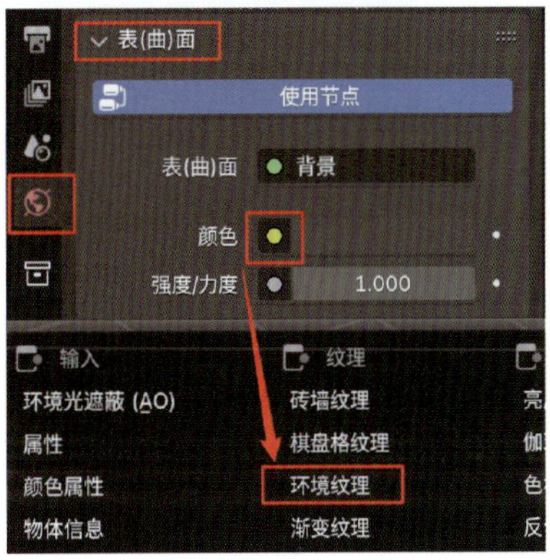

图 5-5-7　在世界环境面板添加 HDRI 背景

• 载入“.hdr”文件后即可生效，通过渲染视图可预览效果。

• 可以在节点设置中切换“投影方式”，选择等距圆柱（ERP）和镜像球。

• HDRI 环境现在能够照亮场景。可以开启视图渲染查看 HDRI 灯光效果。

② 方法二：从“着色器编辑器”的“世界环境”中以节点形式添加 HDRI 世界环境。

• 打开一个着色器编辑器，在左上角“调用着色器的数据类型”中将“物体”切换为“世界环境”（图 5-5-8），这样就切换成“世界环境”节点视图了。

• 删除所有现有节点，按顺序添加新节点：“纹理坐标”“映射”“环境纹理”“背景”“世界输出”。

• 将映射节点中的“类型”切换为“点”，然后将所有节点按图连接（图 5-5-9）。

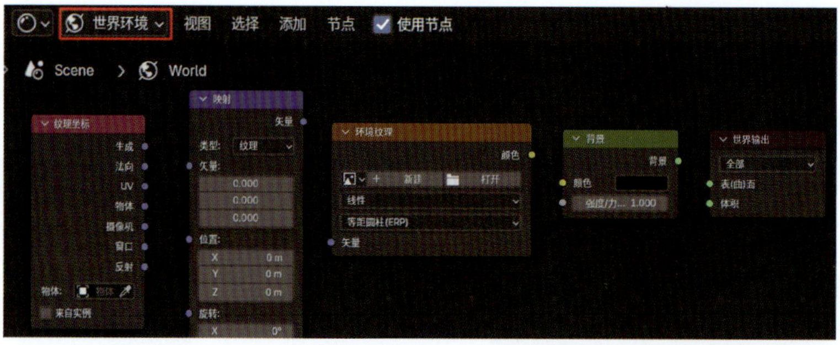

图 5-5-8　着色器编辑器中切换到“世界环境”并添加节点

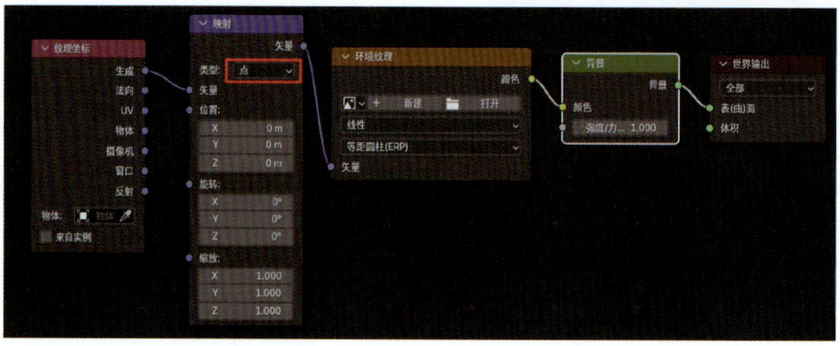

图 5-5-9　世界环境 HDRI 节点连接方式

• 单击“环境纹理”节点中的打开按钮，选择一张 HDRI 图像（.hdr）载入。在节点设置中切换“投影方式”，选择等距圆柱（ERP）或镜像球。

• 打开视图渲染，然后根据渲染效果调整“映射”节点中的“旋转”属性，就可以实时调整 HDRI 背景的角度；调整“背景”节点中的“强度”值，可以调整 HDRI 背景的亮度。

• 如打开“属性编辑器”→“渲染”→“胶片”→“透明”仍可将世界背景透明化。

• 在“属性编辑器”→“世界环境”→“射线可见性”中仍可关闭某个通道。

• 可以在“环境纹理”与“背景”节点中间插入一个“伽马”节点，调节伽马值。

5.5.2　物体和集合的渲染可见性

“渲染可见性”用于在渲染时排除特定物体或物体通道的影响。

（1）在大纲视图中调整集合在渲染中的可见性

启用“阻隔”与“仅间接”：在大纲视图右上角点击过滤按钮，找到默认被隐藏的“阻隔”和“仅间接”两个按钮并点击启用（图 5-5-10）。

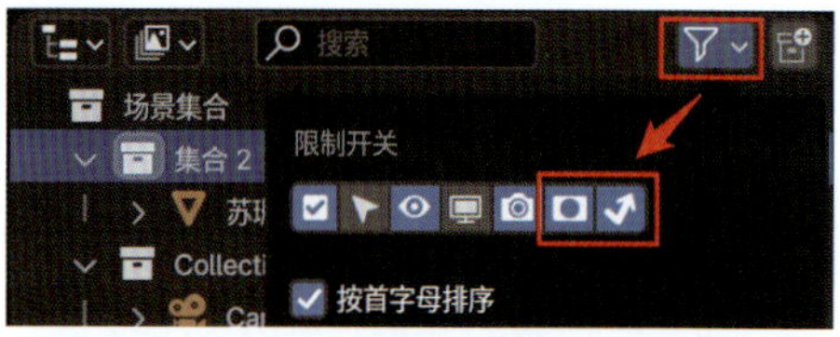

图 5-5-10　在大纲视图中打开“阻隔”和“仅间接”选项

这样在每个集合的右侧，会找到一排限制开关（图 5-5-11），具体介绍见表 5-5-2。

图 5-5-11　大纲视图中集合的限制开关

注：上述开关也可以在“属性编辑器”→“物体”→“可见性”中找到。

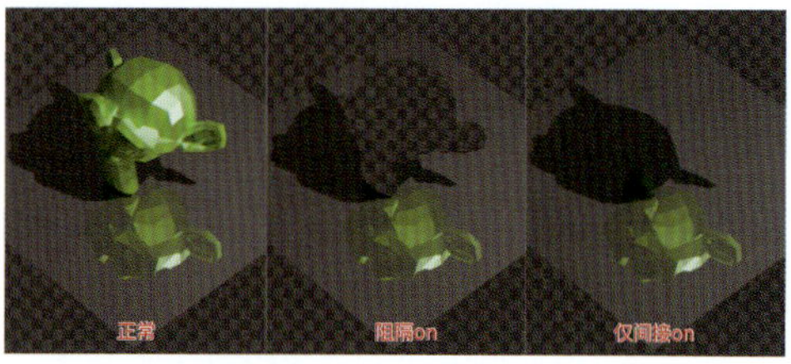

图 5-5-12　阻隔与仅间接

表5-5-2　大纲视图中集合的限制开关

图中编号	名称	解释
①	在视图层中排除该集合	完全隐藏并禁用整个集合的显示与渲染
②	在视图中隐藏	仅在视图中隐藏，渲染时仍可见
③	在渲染中禁用	视图中可见但渲染时禁用
④	阻隔	将集合物体转为透明体（保留阴影和间接光照影响），同时使其遮挡的物体也变为透明（图5-5-12中）
⑤	仅间接	（仅Cycles有效）排除几何物体渲染但保留间接光照影响和阴影，不产生透明体效果（图5-5-12右）

表5-5-3　射线可见性的通道影响

图中编号	名称	解释
①	摄像机	排除物体本身但保留阴影和间接光照影响（同“仅间接”）
②	漫射	禁用物体对其它物体的漫射光照反弹影响
③	光泽	关闭物体对其它物体的高光和反射影响
④	透射	关闭物体对其它物体的透射影响
⑤	体积散射	排除物体对体积散射的影响
⑥	阴影	关闭物体投射阴影

（2）用射线可见性调整物体在渲染中的可见性

选中任何一个物体，可以在“属性编辑器”→“物体”→“可见性”→“射线可见性”中，找到一系列的可见通道（图 5-5-13、表 5-5-3），通过它们可以启用、禁用该物体在视图渲染和最终渲染中的某个通道的影响（指对其它物体的影响）。

图 5-5-13　射线可见性

5.5.3　配置渲染输出

（1）属性编辑器的输出面板

属性编辑器中的输出面板容纳了有关保存输出文件的属性设置（图 5-5-14、表 5-5-4）。渲染的最终目的是输出图像和视频，输出是渲染的最后一步。

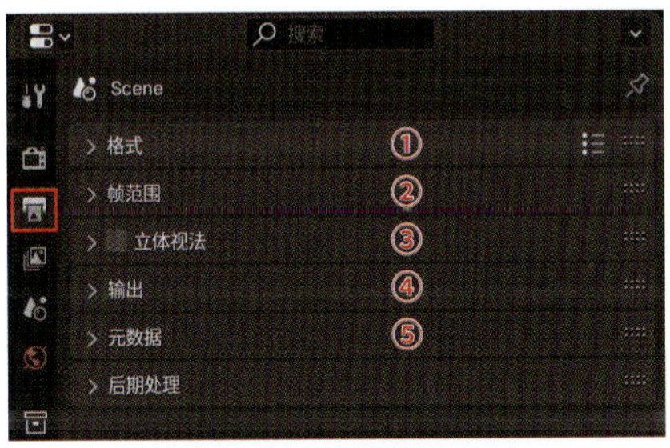

图 5-5-14　输出面板

1）格式栏（图 5-5-15）

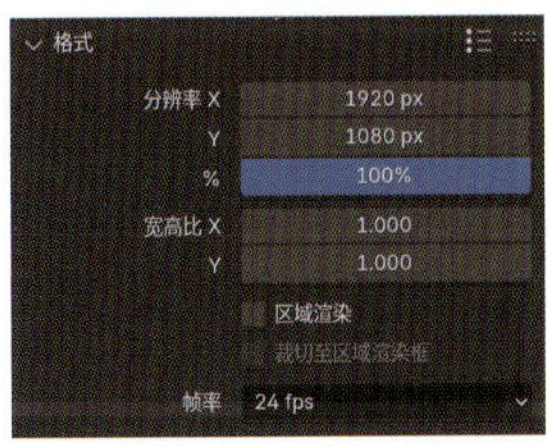

图 5-5-15　输出面板的格式栏

渲染前需设置分辨率（静帧）和帧率（动画）：

• 分辨率 X、Y：定义输出图像的像素尺寸。

• 百分比：按比例缩放分辨率，适合测试渲染时按比例缩小渲染尺寸。

表5-5-4　输出面板各栏解释

图中编号	名称	解释
①	格式	设置渲染输出的图像分辨率、帧率
②	帧范围	配置动画渲染的起始帧和结束帧
③	立体视法	支持输出并排式立体3D图像和动画
④	输出	配置渲染结果的自动保存路径及文件格式
⑤	元数据	包含分层渲染设置

• 宽高比 X、Y：强制调整像素宽高比（一般默认）。

• 帧率：设置动画的每秒帧数，这是全局帧率的唯一设置方法，需要牢记。

*注：测试渲染建议使用 20% ～ 50% 的分辨率，以提高测试效率。分辨率超过 100% 会显著增加渲染时间，并占用大量内存和显存。

2）输出（图 5-5-16）

• 输出路径：设置渲染结果的保存位置，可包含自动编号的文件名。如“D：\rendertest\rendertest_05”，之后按 F12 键渲染，按目录与文件名保存所选格式。

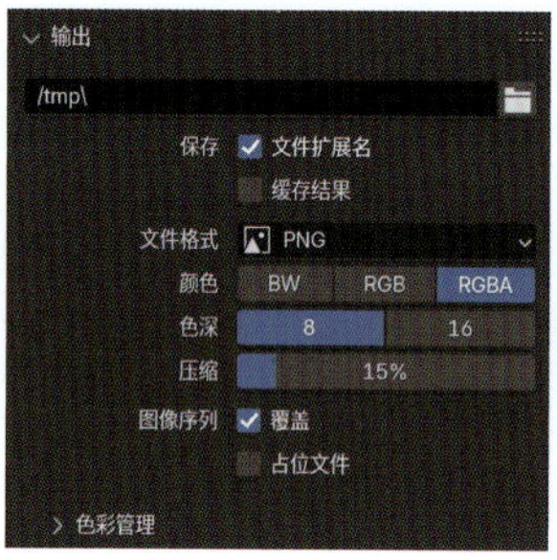

图 5-5-16　输出面板的输出栏

• 文件格式：选择输出文件格式（部分格式不支持 Alpha 通道）。

• 颜色模式：BW（黑白）、RGB（彩色）、RGBA（带透明通道）。

• 压缩：通过有损压缩减小文件体积。

• 覆盖：是否覆盖同名文件，关闭后遇同名文件跳过保存。

• 占位符：预生成空白文件占位（渲染后替换）。

• 色彩管理：用以下设置临时覆盖渲染属性中的色彩设置。

（2）保存最终帧渲染图像

• 在渲染窗口中保存图像：渲染完成后，在渲染窗口的“图像”菜单中选择“保存”进行保存（图 5-5-17）。

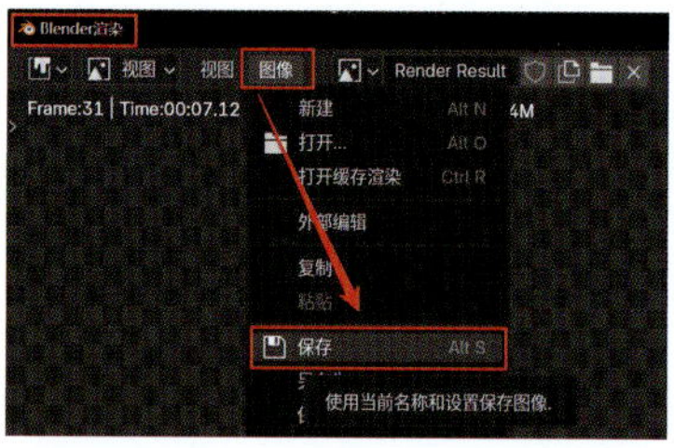

图 5-5-17　渲染窗口中保存结果

• 开启自动保存渲染图像：在属性编辑器的输出面板中的输出栏中，通过预设路径、文件名和格式，渲染后将图像自动保存至指定目录。

案例实践 5-1：配置渲染流程

案例5-1步骤　　案例5-1视频

课后实践

Cycles 采样与降噪

在 Cycles 下，对一个复杂场景进行渲染。首先使用较低的采样数（如 64）渲染一张图，观察噪点。然后逐步提高采样数（如 256、1024），并启用“OpenImageDenoise”降噪器。保存几张不同的渲染图片并在文件名中标注参数和渲染时间，对比各种参数的影响，作为今后的参考。

第 6 章
动画系统入门

本章学习目标：

- 从动画概念入手，理解什么是关键帧动画。
- 学习关键帧相关操作，制作物体关键帧动画和骨骼关键帧动画。
- 正视动画系统入门难点，迎难而上，并在创作出第一个简单动画的过程中，建立探索这一高度复杂领域的信心。

本章学习重点：

- 关键帧动画的基本概念，包括时间、帧率、关键帧与时间线。
- 学习与动画相关的两大主要编辑器：时间线编辑器与曲线编辑器。
- 学习全套基础骨架和骨骼的知识、功能、操作，以及在姿态模式下制作骨骼动画。

本章学习难点：

由于媒介的限制，本章主要帮助读者建立基础知识框架。由于关键帧动画的制作并不直观，需要将动画物体的运动过程与抽象的时间线、关键帧、动画曲线等建立对应关系，所以动画系统对于初学者来说难点非常多，每个名词概念都需要当作重点去学习记忆。掌握了本章的全部知识，就可以看懂大多数其它动画制作教学视频。

6.1 ▶ 动画入门知识点

6.1.1 动画是如何运行的

（1）帧与动画

动画来源于人眼的错觉，又称视觉暂留。按固定速率快速显示连续“画片”，让人眼产生错觉，认为是连续运动的技术就是动画，其中的每一张“画片”被称为帧（图 6-1-1）。

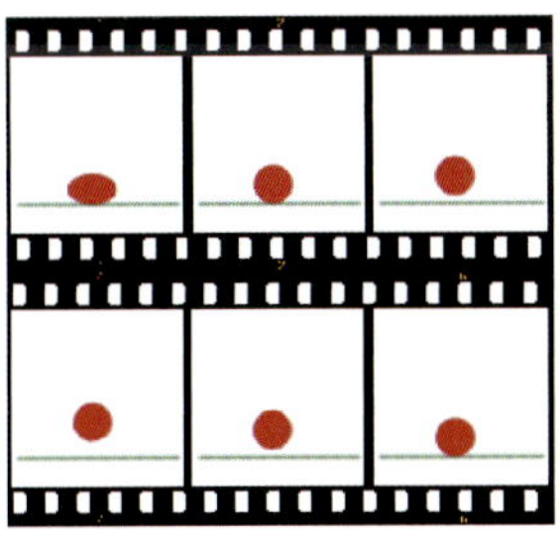

图 6-1-1 动画与帧

（2）时间与帧率

- 动画的时间概念与现实一致，通常以秒为单位。
- 帧速率，简称帧率，常用单位是帧/秒，每秒帧数（FPS）通常是指连续图像（帧）的显示频率，广泛应用于胶片电影、游戏、动画和手机视频等。
- 按帧率播放一段时间，就可以将一张张静止的图片转化为动画（图 6-1-2）。
- 把帧按照时间单位横轴排列成一排，就是动画时间线（又称时间轴）。

6.1.2 关键帧与插值补间

关键帧是指在动画和电影制作中定义何时产生变化的关键时间点，动画设计师会先在某几个时间点建立几个重要的关键帧，形成关键帧序列，然后用软件补充间隔（简称插值补间）。

图 6-1-2　图像沿时间运动就形成了动画

*注：关键帧的本质是一个存储了属性值（变换数值、颜色、发光度等）的时间标记。

插值补间（又称关键帧插值），指动画软件根据前后两个或多个关键帧的属性值，通过特定算法自动计算帧与帧的过渡数值，使得数值在帧与帧之间产生平滑过渡，动画的本质就是数值的过渡。常见的插值类型包括常量（表现为“瞬移”“跳转”动画）、线性（表现为“直来直去”动画）和贝塞尔（表现为“转折平滑”的动画）三种（图 6-1-3）。不同的插值方式会显著影响动画运动轨迹，这些差异可以直接通过“曲线编辑器”中的函数图形进行观察，不同的插值方式表现为非常具有特征的函数图形。

6.1.3　为可以被动画的属性插入关键帧

（1）如何给一个属性插入关键帧

多数“可输入数值属性”支持插入关键帧。例如，在属性编辑器中的物体变换属性栏，可动画的属性右侧会显示一个“小圆点”标记，单击后该标记会变为“菱形”，同时属性值变为黄色，表示当前帧已插入关键帧（图 6-1-4）。

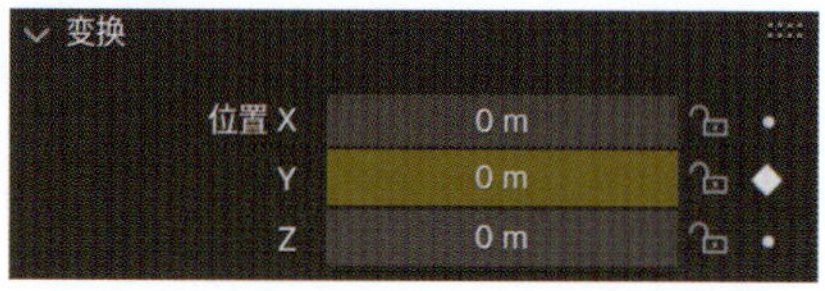

图 6-1-4　单击属性右侧的圆点插入关键帧

此外，着色器编辑器和几何节点编辑器中的大多数节点属性也支持关键帧动画（图 6-1-5）。由于节点属性没有“圆点”标记，插入关键帧的方法如下：

• 将鼠标悬停在属性上，按 I 键。

• 或在属性滑块上单击右键，在菜单中选择“插入关键帧”（图 6-1-6）。

*注：以上两种方法同样适用于其它所有可动画属性。

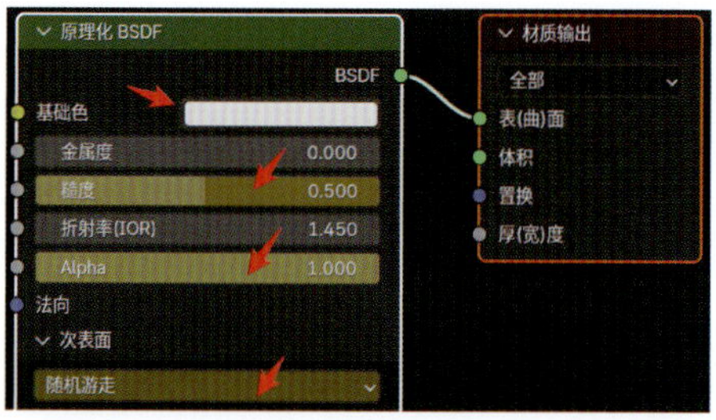

图 6-1-5　给任意节点属性插入关键帧

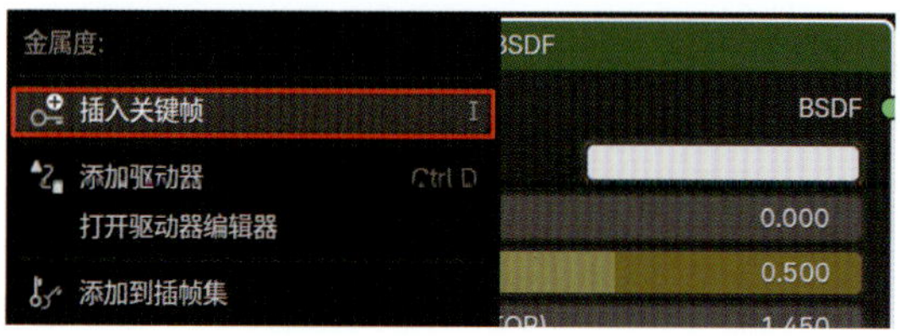

图 6-1-6　任意节点属性单击右键插入关键帧

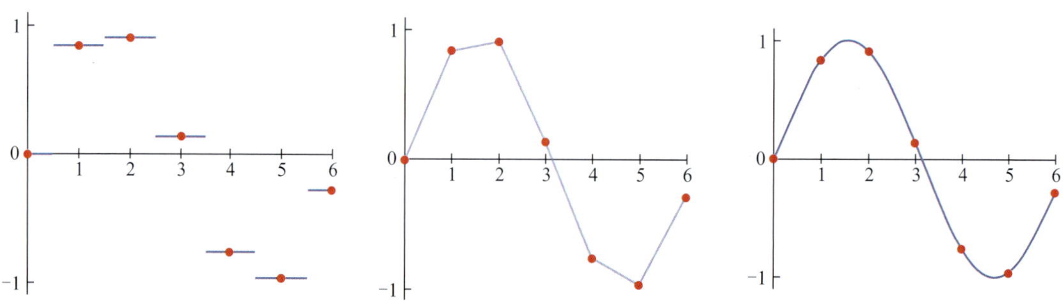

图 6-1-3　三种插值方式：常量、线性、贝塞尔

（2）哪些属性可以插入关键帧

可插入关键帧的属性主要分为两类（表 6-1-1）：

• 数值型：位置坐标、旋转角度、缩放比例、颜色值、亮度、平滑度、影响权重等。

• 布尔型：例如，可见性开关、轴向约束开关等。

表6-1-1　列举可被插入关键帧的常用属性

编号	名称	解释
①	变换数值	包括位置、旋转和缩放等基础变换参数
②	属性编辑器中的属性	所有带有“圆点”标记的可动画属性
③	节点数值	材质节点中的颜色、纹理、粗糙度等参数
④	物体属性面板的可见性栏	物体显示、隐藏等状态属性
⑤	摄像机、灯光参数	焦距、光圈、亮度、颜色等参数
⑥	修改器、约束中的数值属性	强度、半径、影响等参数
⑦	影响值	形态键、修改器、约束等的影响值

（3）属性被插入关键帧后的颜色状态

在各种面板中，已插入关键帧的属性会以不同颜色显示（图 6-1-7）。

图 6-1-7　被插入关键帧的属性的三种颜色状态

• 黄色：表示当前帧已存在该属性的关键帧，此时属性值被关键帧固定，任何未更新关键帧的修改都会自动“跳回”关键帧值（更改但未更新显示为橙色）。

• 绿色：表示当前帧无关键帧，但其它帧存在该属性的关键帧。例如，某属性值在第 1 帧有关键帧（黄色），当前关键帧切换到没有关键帧的第 5 帧时，属性颜色就表现为绿色。

• 橙色：表示当前帧存在关键帧（黄色），但属性值已变更且未更新关键帧，如未及时给新数值更新关键帧，改变当前帧时属性会“跳回”旧关键帧数值（橙色）。

• 紫色：表示该属性已绑定驱动器（Drivers），其数值由驱动器控制而非关键帧。

（4）替换已有关键帧

替换已有关键帧需要满足两个条件：当前帧已存在该属性的关键帧，该属性数值已被修改。

具体操作方法：

• 手动替换：修改属性值后，将光标指向属性按 I 键。橙色变为黄色，新值覆盖旧值。

• 右键菜单：修改属性值后，在修改后的属性上单击鼠标右键，选择“替换单项关键帧”。

• 自动插帧：开启自动插帧（红色圆点图标）后，直接修改数值即可自动更新关键帧。

（5）删除单项属性的当前关键帧

特指删除属性的当前关键帧，该操作仅在当前帧有关键帧时生效。成功删除后，若该属性仅有一个关键帧，属性颜色会由黄色变为无色；若存在多个关键帧，则颜色由黄色转为绿色。

• 将当前关键帧切换到该属性的关键帧位置，用鼠标右键单击属性名称，选择“删除单项关键帧”即可移除当前关键帧。

• 单击属性右侧的“菱形”图标。

• 在时间线上直接选中该属性的某个关键帧标记后删除。

（6）清除一个属性的所有关键帧

此操作会移除该属性的所有关键帧，属性颜色将变回灰色。

• 在时间线编辑器中清除关键帧：打开时间线编辑器左侧的通道栏，展开后双击通道栏上该属性的名称，选择全部帧，按 X 键或 Delete 键删除。

• 在属性输入框上清除关键帧：鼠标右键单击属性数值（或开关），在菜单中选择“清除关键帧”即可删除时间轴上所有该属性的关键帧。

6.2 ▶ 时间线编辑器与关键帧

6.2.1 初识时间线编辑器

（1）时间线编辑器的位置

时间线编辑器，顾名思义，它的本质是一个编辑器。所以可以将任何一个编辑器切换为时间线编辑器，在默认的 Layout 布局下，时间线编辑器在最下面的区块（图 6-2-1）。

（2）时间线编辑器的构成

时间线编辑器主要分为四大部分：标题菜单栏、时间线视图、左侧通道栏（默认隐藏）、右侧属性栏（默认隐藏），它的构成如表 6-2-1。

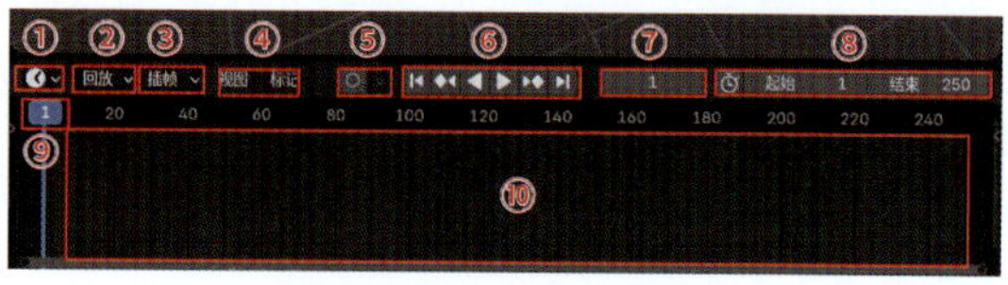

图 6-2-1 时间线编辑器

（3）时间线编辑器的左侧通道栏

在时间线编辑器左侧，点击小箭头或执行“视图”菜单中的“通道”，展开通道栏（图 6-2-2），树状展示所有含关键帧的物体属性通道，按物体名称及其包含通道分层排列。展开通道后在时间线视图中显示对应通道的关键帧，支持分通道调整物体属性的关键帧。通道栏的构成，见表 6-2-2。

表6-2-1 时间线编辑器的构成

图中编号	名称	解释
①	编辑器切换	通用切换按钮
②	回放设置	设置回放和播放选项
③	插帧设置	有关自动插帧属性范围的“插帧集”
④	菜单栏	集成各类功能设置的菜单
⑤	自动插帧	启用或禁用自动插帧功能
⑥	播放栏	提供时间线上的播放和跳转功能
⑦	当前帧	显示和输入当前帧序号
⑧	起始或结束	设置动画帧范围（也称为场景帧范围）
⑨	当前帧标记	时间线上指示当前帧位置的标记，它所在的位置就是当前帧位置，支持拖拽调整或“当前帧”输入
⑩	时间线视图	用于展示和管理所有关键帧的显示区域

表6-2-2 时间线编辑器通道栏的构成

图中编号	名称	解释
①	物体名称	含有关键帧的物体的名称，默认只有选中物体才可以显示，多选物体的话显示多个
②	当前动作片段名称	每个动作片段存储一段动画
③	变换通道	分通道展示该物体包含的所有带关键帧的属性，可以编辑所有通道，也可以分通道编辑关键帧；每个属性占有一个通道，且拥有单独的轴
④	其它物体属性通道	多选时，排列多个包含关键帧的物体，其中黄色名称的物体为当前活动物体，其它物体为灰色

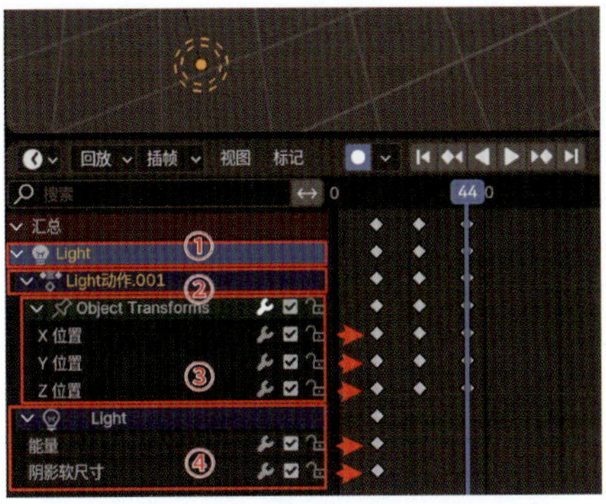

图 6-2-2　时间线编辑的左侧通道栏

（4）播放与跳帧

① 方法一：在时间线的播放栏上单击对应功能按钮（图 6-2-3）。

• 图 6-2-3 中①和⑥：当前关键帧跳转至当前帧范围的起始帧或结束帧。

• 图 6-2-3 中②和⑤：当前关键帧跳转至上一个或下一个关键帧的位置。

• 图 6-2-3 中③和④：开始正向或反向播放动画（播放速度由帧率决定）。

图 6-2-3　时间线播放栏

② 方法二：直接在时间线视图上点击、拖动交互。

• 在时间线上单击左键可跳转当前关键帧至指定帧。

• 在时间线上按住鼠标左键拖动，可以让当前帧标记跟随光标移动，松开左键时当前帧标记停在任意帧位置，即为新的当前帧。也可以将此功能当作快速播放动画的方法。

③ 方法三：使用快捷键播放和跳帧。

• 空格键：按帧率播放或暂停动画。

• 上或下方向键：在时间线上的现有关键帧间跳转。

• 按左 / 右方向键：逐帧移动当前帧标记，按一下向前或向后跳一帧。

• 长按左或右方向键：按住后根据帧率连续播放，松开按键停止播放。

（5）设置帧范围

1）起始帧与结束帧的作用

起始帧和结束帧用于界定动画播放和输出的帧区间，它们决定了动画的长度。

*注：动画时长由帧率（FPS）和总帧数共同决定：帧率固定时，帧范围内包含的帧数越多，动画持续时间越长。在制作动画时，要先确定帧率，并规划好动画时长，再计算所需帧数并设置对应的帧范围。

2）帧范围设置方法

• 在时间线编辑器右上角的“起始”和“结束”输入框直接输入数值。

• 通过“属性编辑器”→“输出”→“帧范围”进行设置。

3）非零起始帧的应用场景

起始帧不一定从 0 或 1 开始，典型情况包括：

• 物理模拟（如刚体、布料）需要预计算帧（如 0 ～ 50 帧）来稳定效果，此时可将正式动画设为 51 ～ 500 帧。

• 其它特殊制作流程，例如多段动画分别制作后拼接时，需要错开帧范围。

6.2.2　在时间线编辑器上操作关键帧

（1）移动关键帧

选中单个或多个关键帧（按住 Shift 键多选）后按 G 键拖动，可在时间线上自由移动关键帧的位置。移动时默认会自动吸附到整数帧，可键入数值输入移动帧数。

（2）缩放关键帧的间距

选中多个关键帧后按 S 键，可缩放所选关键帧的总时长跨度，实现动画节奏的调整。

（3）编辑单通道关键帧

展开时间线编辑器左侧通道栏，选中特定通道的单个关键帧后按 G 键移动，可单独调整该通道的选定关键帧位置（图 6-2-4）。

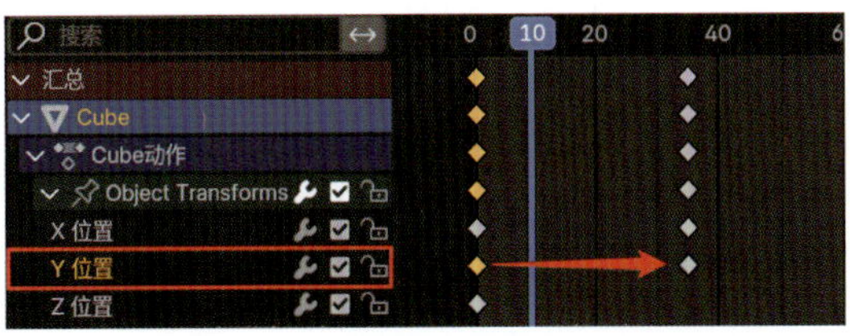

图 6-2-4　移动单个通道上的关键帧

（4）复制关键帧

选中关键帧后按 Shift+D 复制，将新关键帧移动到相应位置后按左键确认，按右键取消。

（5）删除关键帧

选中关键帧后按 X 键选择“删除关键帧”，或直接按 Delete 键删除。

（6）时间标记

按 M 键给当前帧添加时间标记，标记可以按 X 键删除，按 G 键移动，用于标注重要动画节点位置，且可以执行“标记”菜单的“跳转到上一个 / 下一个标记”随时跳转。

案例实践 6-1：物体变换动画

案例6-1步骤　　案例6-1视频

6.2.3　使用曲线编辑器来深入编辑动画

本节将使用上一节的动画案例演示，需要完成上一节的动画流程，并使用该文件来学习本节内容。

（1）什么是曲线编辑器

动画曲线（F-Curve）是函数曲线，用于描述属性值随时间变化的规律（图 6-2-5）。其使用插值计算的方式，使得动画设计师无需在每一帧都手动设置属性值——这种操作既繁琐又不切实际。只需定义时间轴上的若干包含不同值的关键帧，便能自动计算出关键帧之间的所有中间帧数值，让数值在关键帧之间形成过渡，播放时就成了连续动画。

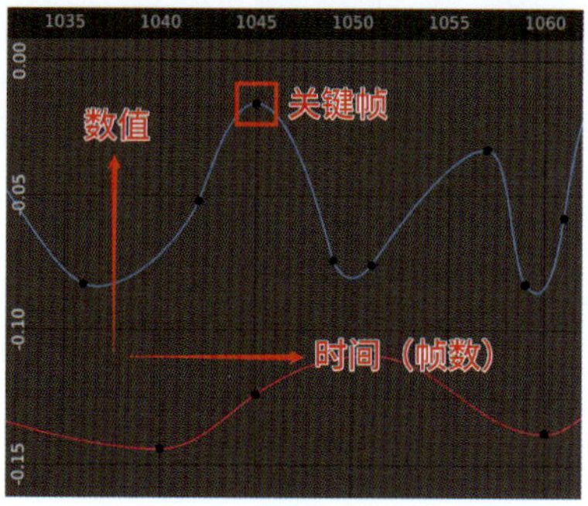

图 6-2-5　动画曲线的构成

动画曲线直击关键帧动画的本质，熟练的动画设计师仅通过调节曲线，就能创作出极具表现力的动画作品。

（2）认识曲线编辑器

如图 6-2-6 中所示的界面即为曲线编辑器，它可以从任意区块的编辑器切换而来。它主要分为四大部分：曲线视图、菜单栏、左侧通道栏和右侧栏，表 6-2-3 介绍了其主要构成。

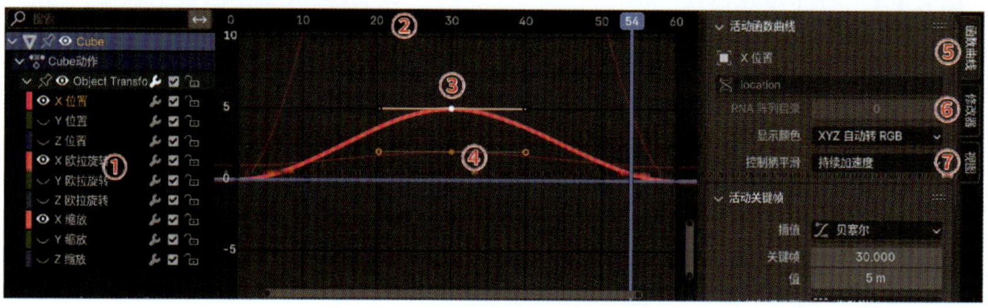

图 6-2-6　曲线编辑器的构成

表6-2-3　曲线编辑器的构成

图中编号	名称	解释
①	左侧通道栏	同时间线编辑器的通道栏
②	时间线	显示帧数值，与时间线编辑器用法相同
③	当前激活曲线	高亮表示当前激活（选中）的曲线，和当前选中的关键帧，关键帧以贝塞尔点的形式出现
④	未激活曲线	未隐藏且未激活的曲线以暗色曲线表示
⑤	右侧栏：函数曲线	调整所有当前激活曲线和关键帧的参数
⑥	右侧栏：修改器	可以为当前函数曲线增加修改器，改变曲线的样子
⑦	右侧栏：视图	游标工具设置

（3）使用曲线编辑器编辑动画

下面将引用上一节案例实践中制作的简单动画（立方体、动画、摄像机）来讲解本节内容。

① 选择立方体，将时间线编辑器切换为曲线编辑器。

② 在曲线编辑器界面中可见多条动画曲线。展开左侧通道栏中的通道树状列表。

③ 本环节将通过编辑 X 轴位置曲线来演示动画曲线功能。需要隐藏不需要的通道：

• 在通道栏中单击“X 位置”通道使对应曲线高亮显示（图 6-2-7）。

• 逐个点击除“X 位置”其它通道名称前的“可视性”图标（眼睛图标）进行隐藏。

• 或使用快捷键 Shift+H 隐藏未选通道（Alt+H 恢复显示）。

④ 按下空格键开始播放动画，下面将在动画播放期间，通过选择关键帧并移动，操纵曲线变形，通过观看 3D 视图中立方体的运动变化来直观感受曲线的作用。

⑤ 停止动画播放，选中 30 帧处的“X 位置”通道关键帧（图 6-2-7）。

• 按下 G → Y 并向上拖动，令数值增大，立方体移动距离变远（“X 位置”值增加）。

• 若向下拖动，关键帧值减小，立方体移动距离缩短，甚至反向移动（“X 位置”值变为负值）。

⑥ 在动画播放时选中 30 帧的“X 位置”通道关键帧，按下 G → X 键并左移关键帧，曲线整体左移使立方体移动动画提前（时间线左移缩短运动时间）。

⑦ 保持动画播放，选中上述关键帧，然后选中该关键帧左侧的控制柄（当前的函数曲线的本质为贝塞尔曲线）。按 G 键随意拖动控制柄，可以观察到其对曲线形状造成的形变。

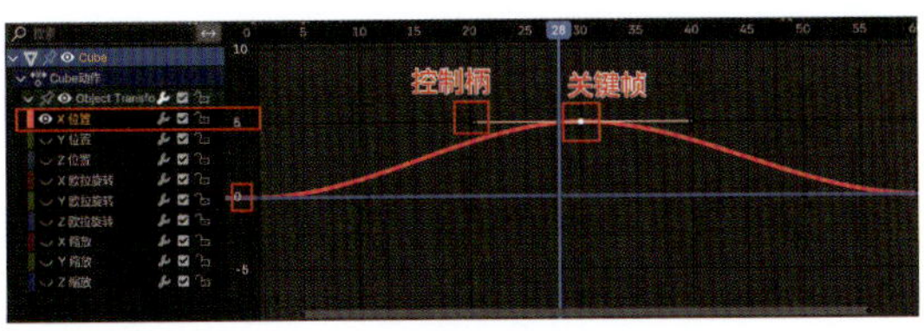

图 6-2-7　关键帧和曲线点控制柄

⑧ 如图 6-2-8，通过手动调整使曲线变为不同形状（如陡坡、缓坡等），边调整边播放，直观感受曲线形状对动画运动方式与运动节奏的影响。

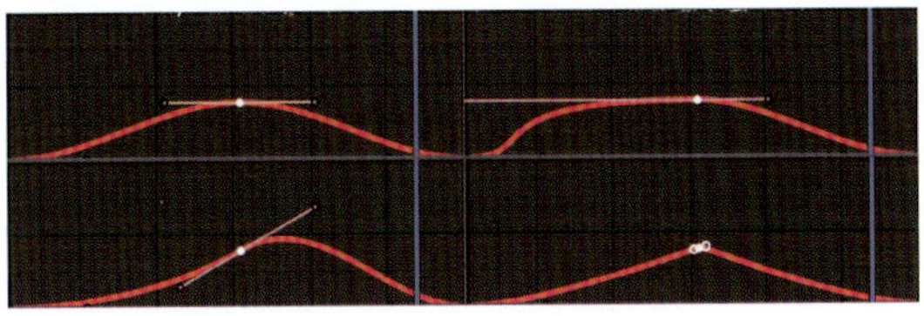

图 6-2-8　贝塞尔曲线的形状对运动会产生直接影响

⑨ 停止动画播放，并将当前帧设为 45 帧。选中通道，按 W 键在弹出的菜单中选中“插入关键帧”，这样就为曲线插入了一个新关键帧（45 帧）。之后尝试将曲线调整为如图 6-2-9 所示的形状，然后播放动画，可以看到简单的运动缓冲效果。之后可以边播放边操作关键帧，来感受曲线动画的趣味。

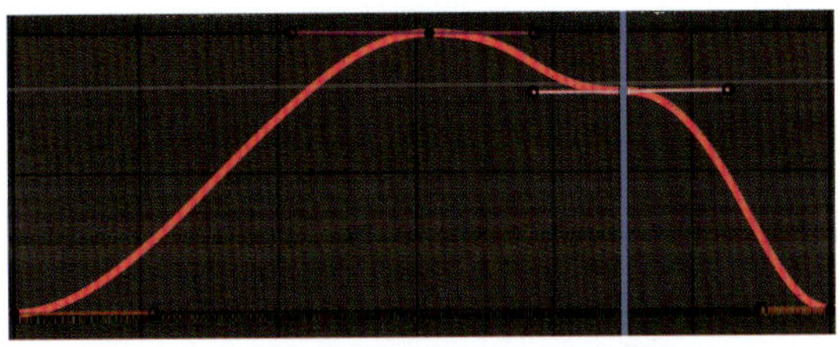

图 6-2-9　插入新的关键帧并用它调节曲线形状

（4）控制柄类型与曲线插值模式

通过新增关键帧和移动关键帧，将上一个小节的动画曲线调整到如图 6-2-10 所示的形状。

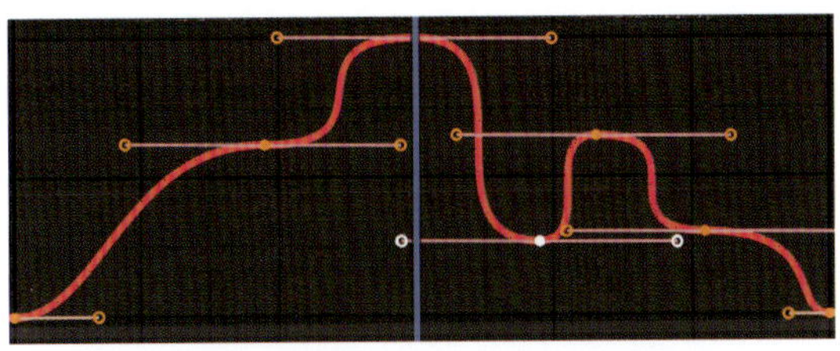

图 6-2-10　制作一个用于演示的曲线效果

1）控制柄类型

选中中间的关键帧，按下 W 键在弹出的菜单中找到“控制柄类型”（图 6-2-11）。不同的控制柄类型可以完全改变曲线的形态，具体影响见表 6-2-4。

表6-2-4 曲线控制柄类型的影响

编号	名称	解释
①	自由	可分别移动一个关键帧两侧的控制柄，两侧控制柄互不干扰
②	对齐	控制柄始终指向相反的方向，动一侧，另一侧自动调整，使得曲线始终表现为自动贝塞尔平滑状态
③	矢量	自动对齐控制柄，能生成直线段（如同线性插值）
④	自动	自动型控制柄，产生最大化光滑的曲线
⑤	自动钳制	自动控制并钳制控制柄，以防止关键帧之间的曲线方向过冲

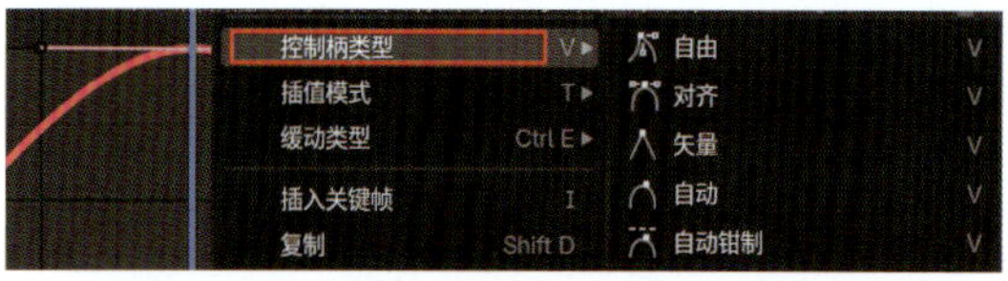

图 6-2-11 调整一个关键帧的控制柄类型

按 A 键全选所有关键帧，逐个切换控制柄的类型，随意尝试对控制柄的操作，理解图 6-2-12 中每一种控制柄的区别。

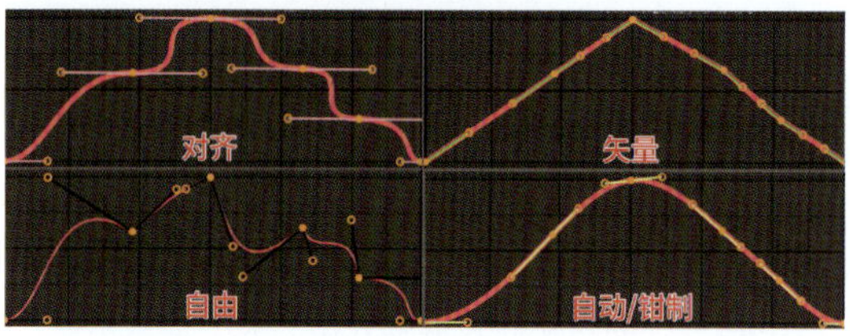

图 6-2-12 不同控制柄带来的曲线形态变化

2）曲线插值模式

如图 6-2-13 所示的插值模式决定了当前关键帧与下一个关键帧之间的过渡计算方式（插值计算）。不同的插值模式会生成完全不同的函数曲线形态，直接影响动画的运动节奏，甚至完全改变运动方式。

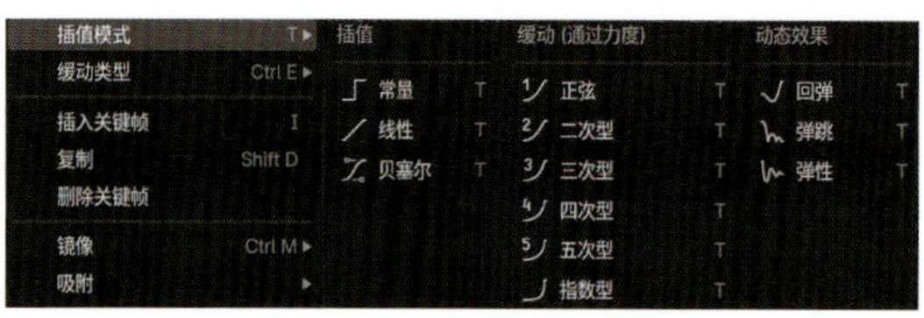

图 6-2-13 关键帧的插值类型

按 A 键全选所有关键帧，逐个切换曲线插值模式，通过播放动画来理解每一种曲线插值模式的区别（图 6-2-14）。

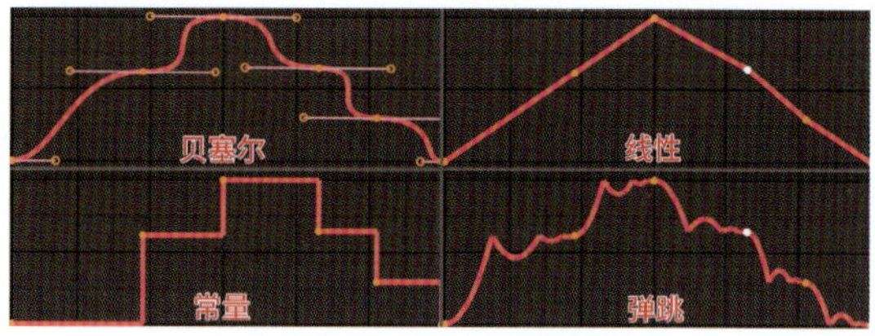

图 6-2-14 曲线插值类型

6.3 骨架和骨骼

6.3.1 骨架与骨骼简介

骨架（Armature）是一种物体类型，它和一般物体一样包含变换属性和其它通用属性，但不可渲染。而骨骼（Bone）是骨架的组成部分，它只能被骨架包含。一根骨骼被分离后就成为一个骨架，一个骨架至少包含一个骨骼。

骨骼的用途：与网格物体绑定后（骨架修改器），在“姿态模式”下变换骨骼时，驱动网格物体上同名（骨骼与顶点组同名）的顶点组，带动顶点组内包含的顶点，使用顶点组权重控制“变形力度”使网格物体变形（图 6-3-1）。

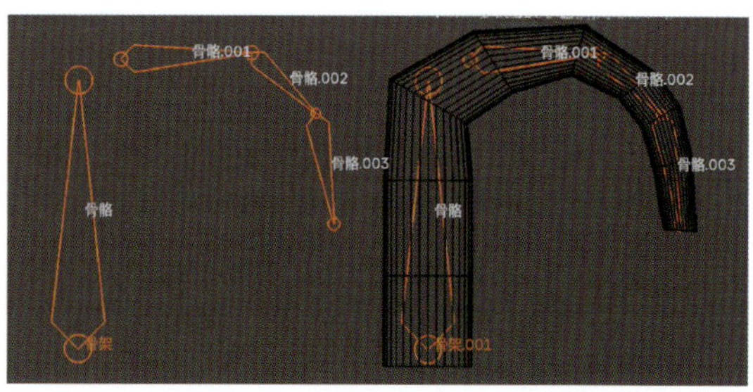

图 6-3-1 使用骨架给物体变形

*注：可以将骨架理解为一个人体包含了头、胳膊、躯干、双腿共6条主“骨骼”，每个主“骨骼”都要遵从于人体的整体运动而运动。而主骨骼又会带着下一级骨骼运动，例如手臂带动手腕、手腕带动手掌、手掌带动手指。

6.3.2 骨架与骨骼的基础知识

（1）添加骨架和骨骼

1）添加骨架

添加骨架的方式与其它物体完全一致，在3D视图中按下Shift+A，打开添加菜单的“骨架”中的“单段骨骼”。这样就会在3D游标位置添加一个骨架物体，它包含一个骨骼。

2）为骨架添加新骨骼

选择骨架，按Tab键选择编辑模式，进入骨架的编辑模式。此时有多种添加新骨骼的方式。

• 按Shift+A，可以直接在3D游标处添加一个单段骨骼。

• 选中一个骨骼后，按Shift+D，就可以复制并移动骨骼。

• 选中一个骨骼后，按W键在弹出物体菜单中选择“细分”，可以将此骨骼从中间变为两段骨骼，并可以在左下角调整细分切割次数。

• 选中一个骨骼的头部或者尾端的“圆球”，按下E键可以从选中处挤出一个新的骨骼。

（2）删除和融并骨骼

• 删除骨骼：进入骨架的编辑模式后，可以选中一个骨骼，按X键删除。

• 融并骨骼：在骨架的编辑模式下，选中多个骨骼后，按W键选择“融并所选骨骼”，将其合并为一（图6-3-2）。

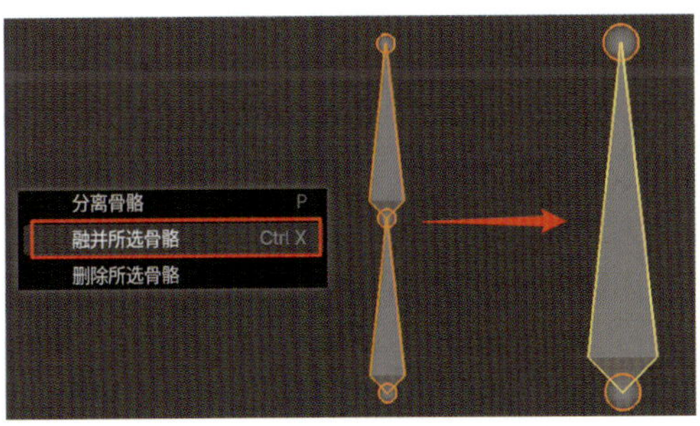

图6-3-2 将多段骨骼融并

（3）形变骨与控制骨

进入一个骨架的编辑模式后，单击一个骨骼，找到“属性编辑器”→“骨骼”→“形变”，找到“形变”开关（图6-3-3）。此开关默认打开，处于打开状态时代表此骨骼可以影响其绑定的顶点组；如果关闭，即使骨骼绑定了顶点组，它也不会对网格产生变形。

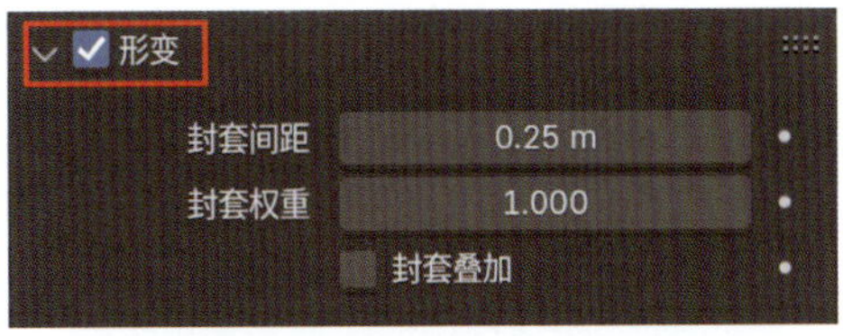

图6-3-3 骨骼的形变开关

• 变形骨骼：指开启“形变”开关并绑定顶点组权重的骨骼，可驱动网格顶点按权重跟随骨骼变换。

• 控制骨骼：指关闭“形变”开关的骨骼，不能直接影响顶点组，主要用于驱动其它骨骼、作为约束目标来间接控制骨骼运动，或单纯作为非变形父级骨骼。

（4）骨骼的构成和属性

1）骨骼的构成（图6-3-4）

• 头部（Head）：骨骼顶部的球关节。

• 主体（Body）：连接头部与尾端的部分，具有方向性（尾朝向头）。

• 尾端（Tail）：骨骼底部的球关节。

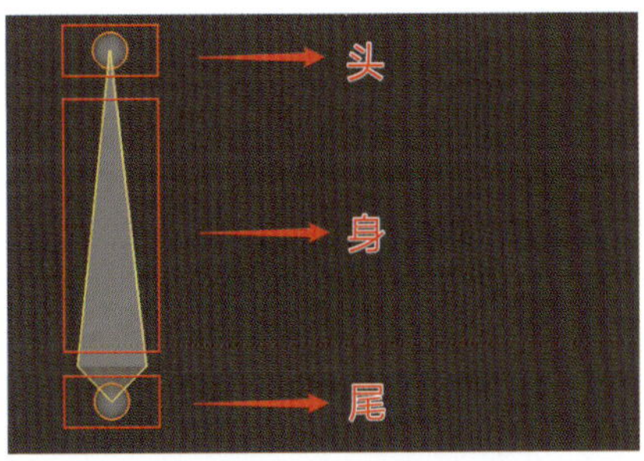

图6-3-4 骨骼的构成

2）各部分作用

• 头部和尾端的位置决定骨骼方向，它们仅可移动，不能旋转和缩放。

• 骨骼主体可进行移动、旋转、缩放等变换操作，同时带动头和尾移动。

• 头尾两端均可挤出新骨骼，并可以与其

它骨骼连接。

（5）骨骼集合

骨骼集合用于对骨架中的骨骼进行分组管理。通过将复杂的骨骼分配到不同的集合，可以更高效地组织和选择多个骨骼、骨架。骨骼集合在属性编辑器中有单独的栏进行管理（图6-3-5）。

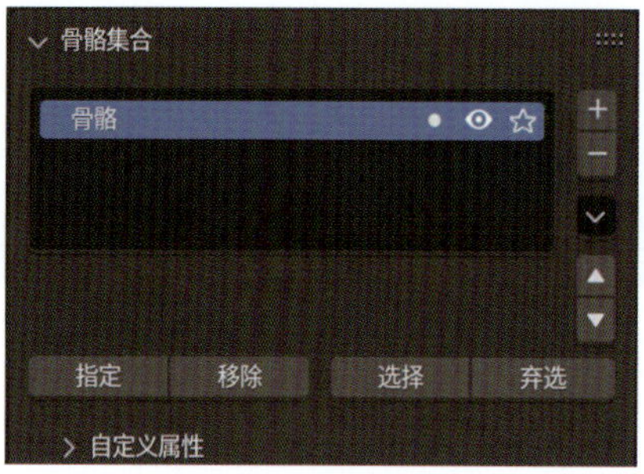

图 6-3-5　骨骼集合栏

• 单击“+”和“–”可以添加和移除分组。

• 选择骨骼后指定和移除可以将骨骼添加到或移出一个分组。

• 通过选择和弃选，可以快速选中分组下的骨骼。

（6）骨骼的父子级关系

1）一个骨骼有三种关系状态

• 孤立骨骼：指没有父子级关系的独立骨骼。

• 子级骨骼：有唯一父级的骨骼，它可以单独变换，也可以被父级带动一起变换。

• 父级骨骼：有一个或多个子级骨骼，它的变换会带动所有子级骨骼一起变换。

• 子级骨骼有两种方式与父级骨骼连接：“保持偏移量”与“相连项”（图6-3-6）。

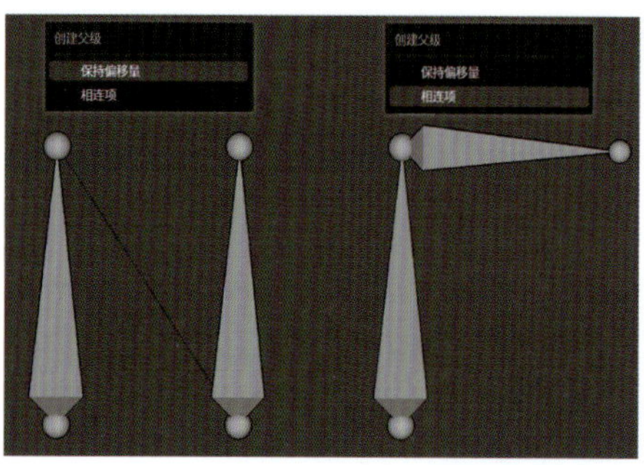

图 6-3-6　父子级骨骼的两种连接方式

2）建立骨骼的父子级关系

骨骼的父子级关系只能在一个骨架内相互建立，所属不同骨架的骨骼无法建立父子级关系。建立父子级关系的操作流程：

• 进入包含多个骨骼的骨架的编辑模式（仅编辑模式可建立父子级）后，先选择目标子级骨骼（可多选），最后选中目标父级骨骼作为当前活动项，按 Ctrl+P 完成绑定。

• 在“属性编辑器”→“骨骼”→“关系”中，可查看一个子级骨骼的当前父级骨骼名称，若没有父级可通过下拉菜单选择并设置父级骨骼；同时该操作可以更换父级骨骼。

• 关系栏如图 6-3-7，有两种连接方式：“相连”（保持骨骼头尾融合）和“保持偏移”（保持相对位置不变），对应图 6-3-6 中的两种连接方式。

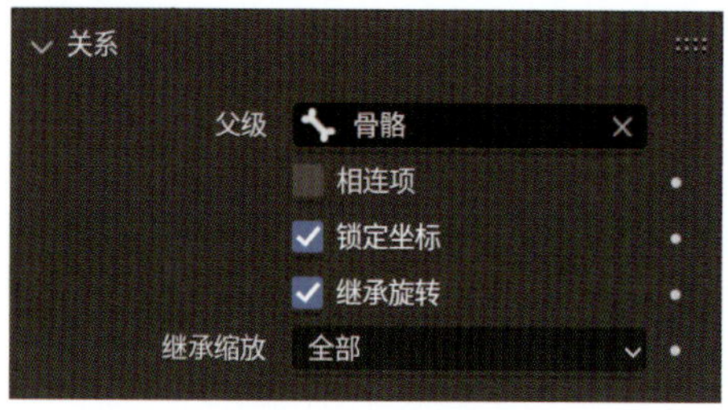

图 6-3-7　关系栏

3）清空骨骼父级

• 选中需解绑的骨骼（可多选），按 Alt+P 在弹出的菜单中选择“清空父级”选项。

• 在关系栏中，点击父级名称右侧的“×”图标（图 6-3-8）同样可实现解绑。

（7）骨骼的变换和扭转

单个骨骼可以理解为一个特殊的“物体”，所以它可以被变换。

1）骨骼的变换

在编辑模式下，骨骼变换操作逻辑与物体变换相同。默认变换轴心为骨骼原点（中心点），可通过 3D 视图标题栏中部的“变换轴心点”功能切换。

2）骨骼的扭转

由于骨骼旋转的本质是头尾位移而非物体旋转，所以骨骼的旋转不包含自身轴心的旋转。Blender 提供了专门的“扭转”（Roll）功能用于沿骨骼自身 Z 轴旋转：

• 选中骨骼后按 Ctrl+R，拖动鼠标可设置扭转值。

• 按 Alt+R，可快速清空扭转值。

• 按 Shift+N，在弹出的重算扭转菜单中可按轴向直接变换骨骼扭转。

3）骨骼的变换栏（图 6-3-8）

在“属性编辑器”→“骨骼”→“变换”或 3D 视图侧栏中可查看或修改以下参数：

• 头部、尾端的 X、Y、Z：控制骨骼两端的位置，决定骨骼的位置和方向。

• 扭转（滚动）：直接输入骨骼沿自身 Z 轴的扭转值。

• 长度：调整骨骼头与尾的间距，本质上是沿 Z 轴移动头部。

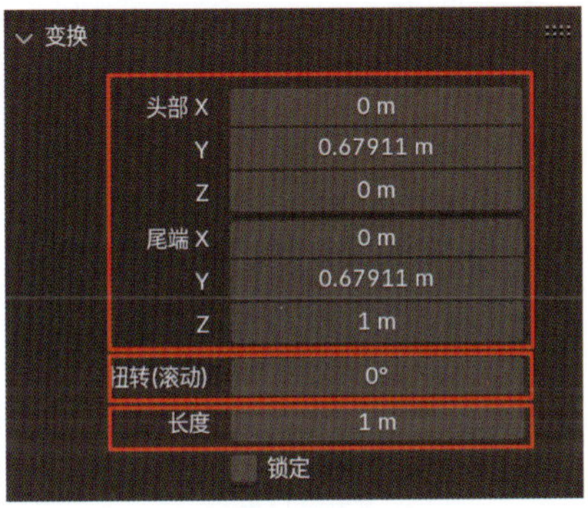

图 6-3-8　骨骼的变换栏

（8）骨架的视图显示栏

在选择一个骨架物体后，找到“属性编辑器”→“数据（骨架）”→“视图显示”，找到一系列骨架物体的 3D 视图显示设置（图 6-3-9）。

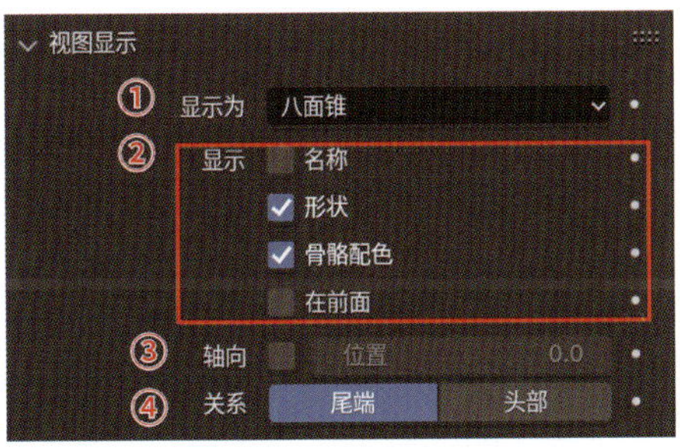

图 6-3-9　骨架物体的视图显示栏

① 显示为：切换骨架在 3D 视图中的显示方式。

在 3D 视图中选中骨架后，通过“属性编辑器”→“数据”→“视图显示”，可调整骨架的显示方式。此设置将统一控制该骨架下所有骨骼的视图显示效果（图 6-3-10）。初学者只采用默认的“八面锥”方式即可。

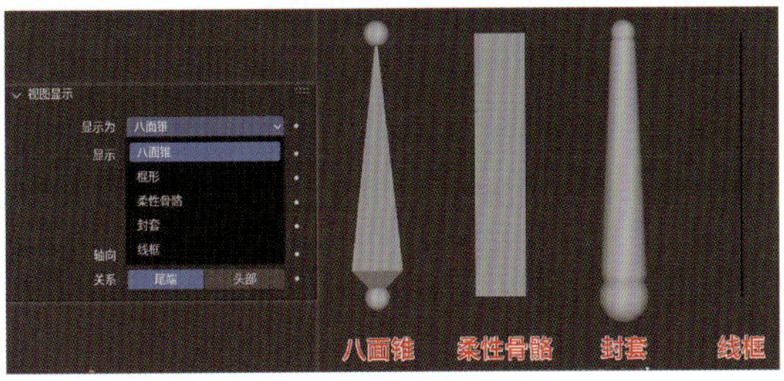

图 6-3-10　骨架的显示方式

② 显示选项。

• 名称：在 3D 视图中显示骨架中的每一根骨骼的名称。

• 形状：启用时，在物体模式、姿态模式下显示骨骼的自定义形状。

• 骨骼配色：是否显示骨骼的自定义颜色。

• 在前面：启用后，该骨架的所有骨骼在 3D 视图中将始终显示在所有物体的前面，防止被遮挡，在骨骼绑定中很有用。

③轴向：启用后，在物体模式、姿态模式、编辑模式下均显示每个骨骼的自身坐标轴。

• 位置：调节显示的坐标轴靠近骨骼的头部还是尾端。

④关系：调节子级骨骼指向父级骨骼的关系线指向父级骨骼的头部或是尾端。

6.3.3　骨架的姿态模式

（1）什么是姿态模式

姿态模式是骨骼物体的专属模式。在该模式下，骨架中的各个骨骼在“编辑模式”中的位置会被定义为“静置位置”。所有在“姿态模式”下对骨骼的变换操作（移动、旋转、缩放）都不会影响“编辑模式”中的骨骼基础布局。且“姿态模式”下所有对骨骼的变换都可随时复位至“静置位置”。

（2）进入姿态模式

① 创建骨架后，可通过以下方式进入姿态模式：

· 3D 视图左上角的模式切换菜单。

· 按住 Tab 键调出模式饼菜单后滑选到“姿态模式”。

② 进入后，骨骼选择状态显示为蓝色（图 6-3-11）。骨骼选择状态颜色说明：

· 灰色：默认未选状态。

· 橙色或黄色：编辑模式下选中骨骼或选中当前活动骨骼。

· 蓝色或亮蓝色：姿态模式下选中骨骼或选中当前活动骨骼。

· 绿色：存在骨骼约束。

· 暗橙色：绑定了 IK 解算器（反向运动学约束）。

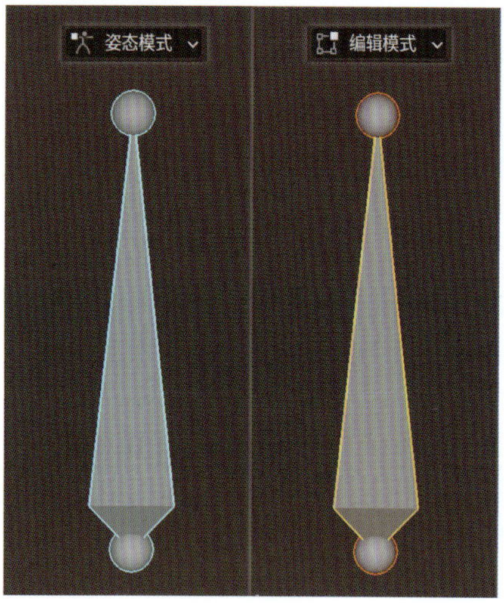

图 6-3-11　姿态模式（左）与编辑模式（右）下的骨骼

（3）姿态模式下变换骨骼与清除变换

· 在姿态模式下可以任意变换骨骼，其操作方式与编辑模式或物体模式相同。同时，在打开自动插帧时，可以自动插入变换通道的关键帧。

· 清空变换：清空骨骼变换，是姿态模式下的一种特有功能，用于在变换骨骼后一键清空骨骼变换数据，或单独清空位置、旋转、缩放数据。清空骨骼变换后，姿态模式下的骨骼回到静置位置。

· 清空骨骼变换方法：执行“姿态”菜单→“清空变换”→“选择一项”（图 6-3-12），包括“全部”“位置”“旋转”“缩放”。

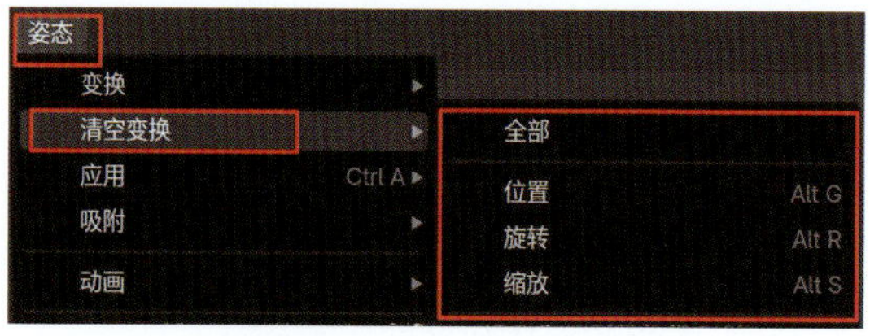

图 6-3-12　清空骨骼变换

（4）骨骼约束

任意骨架物体进入姿态模式后，在属性编辑器中可以找到骨骼约束面板。骨骼约束在姿态模式下对单个骨骼产生约束效果，如同对单个物体一样。

骨骼约束可用于限制姿态变换中骨骼的自由度，还可以使用约束来使骨骼自动对准另一个物体或骨骼等。骨骼的 IK 解算器特性也主要通过“反向运动学”约束获得，该约束让特定骨骼变换时反向控制其父级骨骼的变换。

*注：“骨骼约束”仅用于姿态模式下的单根骨骼。“约束”仅用于物体模式下的骨架整体。它们均处于属性编辑器的选项卡上，但使用不同的面板和标识。

知识拓展 6-1：骨骼 FK 与 IK

6.3.4　骨骼与绑定

（1）将物体绑定到骨骼

任何物体都可以作为子级绑定到骨骼上。这种绑定方式中，骨骼仅作为父级代理（类似空物体），并非通过骨骼对顶点组权重的绑定产生作用。

优势：利用骨架的姿态模式，被绑定的物体可随时回归静置位置，便于重新调整。

· 首先选中目标子级物体，然后按住 Shift 右键单击一个骨架（图 6-3-13 左）；按 Tab 键在弹出模式中选择饼菜单，滑选切换到骨架的姿态模式后，右键单击选中目标父级骨骼。

· 此时，目标子级物体和目标父级骨骼都处于被选中状态，被选中的骨骼呈现蓝色（图 6-3-13 中）。按下 Ctrl+P，在弹出的父级菜单中选择“骨骼”（图 6-3-13 右）。

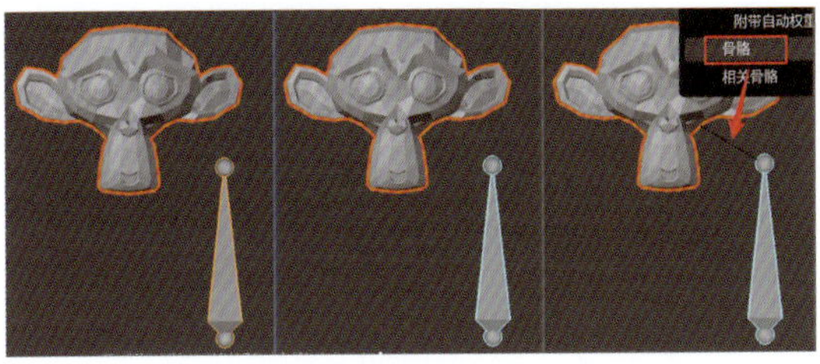

图 6-3-13　将物体绑定到一段骨骼

• 看到相互连接的虚线后，就说明绑定成功，可以移动骨骼，看到物体跟随其移动。

（2）切换绑定的骨骼

1）从关系栏为物体切换父级骨骼

• 选中物体，找到“属性编辑器”→“物体”→“关系”，可以看到物体被绑定到了骨架下的一段骨骼（图 6-3-14）。

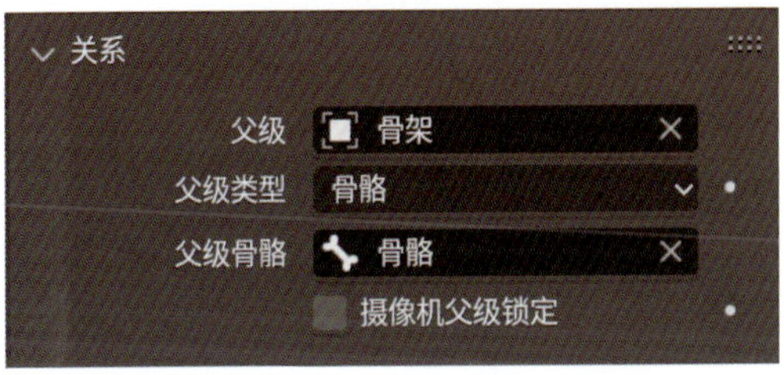

图 6-3-14　查看物体的父级骨骼

• 此时单击父级物体右侧的“×”，就会解除父级绑定或者单击父级骨骼名称更换父级。

2）从 3D 视图为物体切换父级骨骼

• 首先选中目标子级物体，然后按住 Shift 键用鼠标右键单击骨架；按住 Tab 键在弹出模式中选择饼菜单，滑选切换到骨架的姿态模式后，右键单击选中新的目标父级骨骼。

• 此时，目标子级物体和新目标父级骨骼都处于被选中状态，被选中的骨骼呈现蓝色（图 6-3-15 左）。按下 Ctrl+P，在弹出的父级菜单中选择“骨骼”，这样就会看到物体的关系线连接到了新的父级（图 6-3-15 右）。

（3）将骨骼与物体原点对齐

如图 6-3-14 所示，虽然为物体绑定了父级骨骼，但由于骨骼在物体之外，所以当移动骨骼时，将轴心变换为骨骼的尾端（图 6-3-16 左），这样变换骨骼易产生轴心错误或对齐错误；一般可以将骨骼与物体原点对齐，这样更加精准直观。

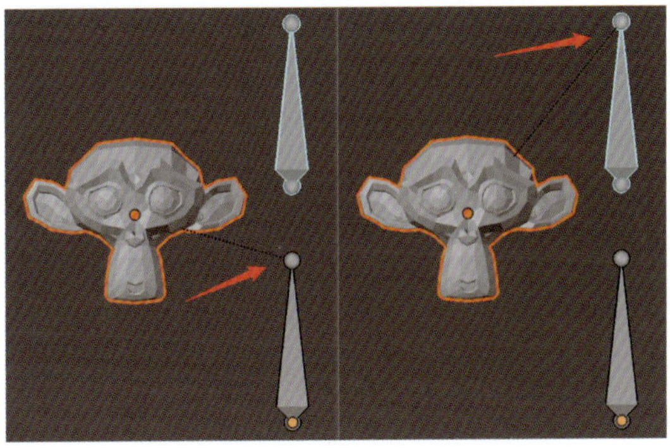

图 6-3-15　切换物体的父级骨骼

① 选中骨架后，打开选项：“属性编辑器”→“数据（骨架）”→“视图显示”→“在前面”，这样骨架和骨骼不会被任何物体遮挡，便于将骨骼放在网格物体内部时不影响显示和操作。

② 选中猴头物体，按下 Alt+P，在弹出的清空父级菜单中选择“清空父级”，这样就可以变换父级骨骼而不会改变猴头的位置。

③ 选中猴头物体，按下 Shift+S，在弹出的吸附饼菜单中滑选至“游标 -> 选中项”，将 3D 游标吸附至物体原点（图 6-3-16 中）。

④ 选中骨架，按 Tab 键进入编辑模式，选择目标父级骨骼后按 Shift+S 滑选至“选中项 -> 游标”，将骨骼吸附到 3D 游标，回到物体模式。

⑤ 按之前介绍的将物体绑定到父级骨骼上的方法绑定好，进入骨架的姿态模式后选择目标父级骨骼变换就可以看到正确的效果（图 6-3-16 右）。

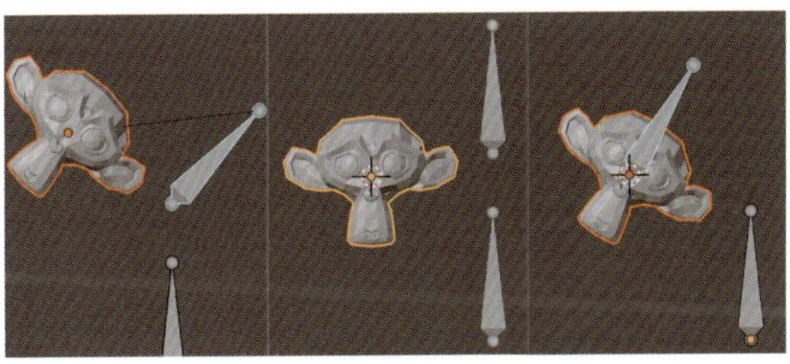

图 6-3-16　将骨骼居中到物体中心

（4）将物体与骨骼原点对齐

除了将骨骼与物体对齐，也可以将物体与骨骼对齐。两种操作方法类似，先解除绑定，然后将 3D 游标吸附到骨骼原点，选择物体后按 Shift+S，滑选到“选中项 -> 游标”；对齐后再将物体绑定到骨骼上即可。

（5）绑定骨骼后锁定物体的变换

当物体绑定到骨骼后，一般只需要骨骼带动物体变换，而不需要物体自身变换。所以此时可以将物体本身的变换锁定，防止误操作移动了物体，造成原点移动影响骨骼动画。

• 选择绑定好的目标物体，在 3D 视图中按 N 键打开侧边栏，找到“条目”中的“变换”，或在属性编辑器的物体面板找到变换栏。

• 将物体的“位置 X/Y/Z”“旋转 X/Y/Z”“缩放 X/Y/Z”右侧的所有“锁”都打开，这样就可以防止物体本身被变换（图 6-3-17）。

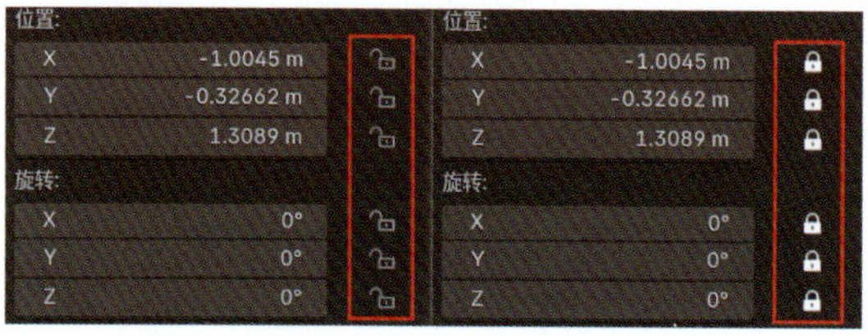

图 6-3-17　锁定物体变换防止误操作

（6）绑定后锁定骨架的变换

同样在绑定后也需要锁定骨架物体自身的变换，防止在物体模式下意外移动骨架物体，造成其中全部骨骼意外偏离，影响动画结果。锁定方式与上一节相同。在锁定了物体和骨架后，就只能通过姿态模式下骨骼变换来操作了，这是制作任何骨骼动画时都推荐使用的方式。

案例实践 6-2：为物体绑定骨骼

案例6-2步骤　案例6-2视频

案例实践 6-3：制作骨骼动画

案例6-3步骤　案例6-3视频

课后实践

1. 创建与编辑骨架

新建一个骨架物体。在编辑模式下，从根骨骼开始，使用挤出（E 键）操作，创建一条包含 3 ～ 4 节骨骼的简单链条。回到物体模式，再进入姿态模式，尝试变换不同的骨骼，观察其联动效果。

2. 为低模角色绑定骨骼

使用第三章课后实践创建的低多边形角色，或创建一个简单的“火柴人”模型。

• 为其添加一个匹配其身形的基本骨架（至少包含躯干、手臂和腿的主要骨骼）。

• 使用“权重绘制”模式或“自动权重”功能，将网格绑定到骨架上。

• 进入姿态模式，弯曲手臂或腿，检查绑定是否跟随，并观察是否存在不合理的变形。

• 利用绑定好骨骼的低多边形角色，进入姿态模式，使用时间轴和关键帧制作一个简单的循环待机动画或打招呼动画。